2030
世界深海科技创新能力格局

王栽毅　薛　钊　王云飞　等编著

中国海洋大学出版社
·青岛·

图书在版编目（CIP）数据

2030世界深海科技创新能力格局 / 王栽毅等编著.—青岛：中国海洋大学出版社，2021.8

ISBN 978-7-5670-2908-8

Ⅰ.①2… Ⅱ.①王… Ⅲ.①深海—海洋开发—科学技术—研究—世界 Ⅳ.①P74

中国版本图书馆CIP数据核字（2021）第168237号

出版发行	中国海洋大学出版社
社　　址	青岛市香港东路23号　　**邮政编码**　266071
网　　址	http：//pub.ouc.edu.cn
出 版 人	杨立敏
责任编辑	邓志科
电　　话	0532-85901040
电子信箱	dengzhike@sohu.com
印　　制	青岛中苑金融安全印刷有限公司
版　　次	2021 年 8 月第 1 版
印　　次	2021 年 8 月第 1 次印刷
成品尺寸	185 mm × 260 mm
印　　张	21.5
字　　数	450 千
印　　数	1—1000
定　　价	98.00 元
订购电话	0532-82032573（传真）

发现印装质量问题，请致电0532-85662115，由印刷厂负责调换。

编　委　会

序

深海是地球上尚未被人类充分认知的战略空间，是揭开生命起源奥秘、发现深部地球运动规律、认识地球环境历史变迁、预测气候变化等方面的重要突破口，孕育着新的重大科学发现。深海也是 21 世纪海洋高新技术发展和应用的重要领域，其科技水平可以体现出一个国家在海洋领域的综合科技实力。深海同样是多种自然资源的宝库，其蕴藏的深海生物资源、基因资源、油气资源及多金属结核等都是未来产业的潜在增长点。

当前新的科技革命和产业变革不断深入，新冠疫情也深刻地影响着世界格局。在百年未有之大变局的背景下，聚焦到深海科技领域，各国间竞争也是日趋激烈和复杂。那么，"深海领域研究前沿是什么""我国与领先国家的差距在哪里""未来，特别是经过两轮的五年计划之后，2030 年全球深海科技格局会如何变化"等等问题的回答有助于实现深海科技的自立自强，为我国的深海科技发展提供战略支撑。

展望 2030 世界深海科技创新格局是一个复杂且专业性极强的课题。当前，随着发展中国家的科技创新加速提升以及分布在美国、西欧和日本的科技创新要素向发展中国家扩展，全球科技创新格局与版图正在发生变化，特别是中国和东南亚国家科技创新方面的投入在持续加强。

2018 年 6 月 12 日，习近平总书记在青岛海洋科学与技术试点国家实验室（以下简称海洋试点国家实验室）考察时强调，建设海洋强国，我一直有这样一个信念，要进一步关心海洋，认识海洋，经略海洋。三年来，海洋试点国家实验室始终牢记使命，攻坚克难，砥砺奋进，聚焦深海多尺度动力过程与物质输运、深海暗生命能量与生命演化、深海探测与资源开发技术等科学前沿方向，布局建设深海中心，打造点、线、面、体的深海观测技术与装备体系，抢占全球深海竞争制高点。目前已成功自主研发了全海深潜标、全海深滑翔机、全海深水下相机、全海深 AUV，构建了全球首个马里亚纳海沟定点观测系统，组建了以"蛟龙号"载人潜水器、深远海综合科考船为核心的一批世界先进水平的科考平台，并正在加速完成 4000 米、6000 米、10000 米 Argo 等无人移动观测平台的谱系化，为主导参与新一轮深海 Argo 等国际大科学计划、增强国际话语权提供强有力的支撑。

当前，我国对深海领域战略科技支撑的需求尤为迫切，加快深海进入、深海探测、深海开发，已成为我国建设社会主义现代化强国的战略前沿。本书梳理的内容以及分析可为追踪探索世界深海科技发展前沿提供支撑，为我国深海科技发展相关战略举措与保障政策的制定提供一定的参考作用。最后，期待中国科学家为人类海洋事业贡献中国智慧和中国方案。

2021 年 7 月

前　言

近代以来世界格局的风云变幻总在印证"强于世者必先盛于海洋，弱于世者必先衰于海洋"的历史规律。习近平总书记指出："我国既是陆地大国，也是海洋大国，拥有广泛的海洋战略利益。建设海洋强国对推动经济持续健康发展，对维护国家主权、安全、发展利益，对实现全面建设社会主义现代化强国目标、进而实现中华民族伟大复兴都具有重大而深远的意义。"从传统的陆地大国和海洋大国走向海洋强国，是中华民族伟大复兴的应有之义和国家强盛的必由之路。

当人类迈入 21 世纪，新的科技革命和产业变革正在迅速而深刻地改变着人类与海洋的关系。全世界海洋科技正面临着"从水面到水下、从浅海到深海、从近海到远海、从机械化到智能化"的飞速变化。深海成为全人类共同的新疆域，从深海发现和产生的颠覆性、革命性原理和科技，可能将深刻影响人类未来的命运，进而重塑世界未来格局。全世界正在更大范围、更大力度、更快速度地利用陆地、空天高新科技，进入深海、探测深海和开发深海，谋求在深海新疆域的先发优势，形成在深海上的不对称竞争格局，极可能带来人类经略海洋模式的重大变革。

深海科技作为挺进深海新疆域的首要前提和关键支撑，其战略意义是不言而喻的。面向全球、面向未来，把握国际动态、认清自身位置，是研究我国深海科技发展策略的必要基础性工作。2018 年，科技部重点研发计划"深海关键技术与装备"重点专项设立"全海深样品信息系统建设及深海技术与装备领域发展战略研究"重大项目，"2030 世界深海科技创新能力格局研究"为该重大项目所属课题。课题由青岛海洋科学与技术试点国家实验室牵头，联合青岛市科学技术信息研究院、中国科学院深海科学与工程研究所两家单位共同实施，致力于从深海进入、深海探测、深海开发三个方向对国际深海科技的态势进行定性和定量分析研究，绘制知识图谱，多角度多层次准确研判深海科技研发趋势、热点与前沿，掌握创新资源布局，预测 2030 年世界深海科技创新能力格局。

在课题实施研究过程中，恰逢国家组织开展"面向 2035 年的海洋科技发展战略研究""海洋领域技术预测研究"两项国家海洋科技领域的顶层战略研究工作，课题组部分人员全面参与其中，因而得以广泛、充分地吸收、借鉴来自全国 181 家单位的 700 余位海洋科技领域专家的重要判断、观点，尤其是基于专家们异常辛勤工作而构建的 738 项核心关键技术的技术剖面，是本课题得以开展定量研究的最重要的工作基础。此外，在本书编写过程中也得到了部分国内和驻青高校院所专家学者的鼎力支持。我们对为本书的最终面世作出贡献的专家学者致以崇高的谢意！

当前，深海科技是全世界海洋科技的热点，各国发展战略、策略各有千秋，但普遍存在"干而不说""多干少说""干成再说"等特点，课题组获取世界主要国家深海科技信息的及时性、全面性、准确性因而面临相当大的挑战，尽管我们尽力而为、小心求证，但深知本书仍旧存在不少的疏漏和不足，我们诚请读者予以批评指正。

"全海深样品信息系统建设及深海技术与装备领域发展战略研究"重大项目负责人　向长生

2021 年 7 月

引 言

　　深海蕴藏着多种自然资源，是地球上尚未被人类充分认识和开发利用的潜在战略资源基地，是 21 世纪海洋高新技术发展和应用的重要领域，也是全世界热点、焦点和战略新疆域，各国围绕战略新疆域的战略安全、战略资源、战略空间和战略机遇的竞争愈演愈烈。

　　为尽可能客观地反映 2030 世界深海科技创新格局，课题组经过大范围的数据采集、大量的数据测试、多轮的专家研讨，反复征求意见、不断实践，最终形成了科学家、技术研发人员与情报分析人员合作，专家把关的多层工作模式，确保研究的专业性和质量。在研究方法上，运用大数据思维，基于论文、专利、资助项目、战略报告、调查报告及统计报告等多源数据，通过指标评价、知识图谱、专利地图、社会网络、专家调研等方法，开展国际深海科技态势研究。

　　课题研究中涉及 10 万余篇文献数据、10 万余件发明专利数据、6000 余条立项项目数据、100 余篇海洋领域相关战略报告、300 余项专家调查技术剖面、100 余份专家调查问卷以及 50 余份专家调研报告等。数据来源全面可靠，分析中采用了 10 余种大数据分析平台，得以各取所长，同时课题组成功设计了文献大数据高效分析算法。课题首次实现了基于知识图谱视角的深海科技研发热点与前沿识别，完成了全球维度的深海领域创新资源梳理，开展了基于各国深海战略布局、文献计量以及专家意见的 2030 世界深海科技创新格局判断以及我国深海技术布局分析。

　　本书包括 7 章。首先，为了使读者更好地理解书中数据、分析过程以及结论的来源，在第一章中对研究方法进行了说明。其次，以当前格局作为切入点，从深海进入、深海探测、深海生物资源开发、深海油气与矿产资源开发四个子领域进行研发概述、研发前沿以及研发力量的研究，从细分技术的角度判断深海科技的发展趋势。最后从多角度、多维度开展了 2030 世界深海科技创新格局分析研究，力图为读者描绘 2030 世界深海科技创新格局的面貌。

最后，对所有参与和支持本书编写的朋友表示由衷的感谢！

CONTENTS

目　录

第一章

思路与方法

　　课题组研究认为，深海领域主要研发国家之间的创新能力对比、结构状态及其演变构成了 2030 世界深海科技创新能力格局。深海领域具有很强的前沿性和学科交叉性，因此课题组采用了多层次和多角度的分析方法。研究过程中坚持定量优先，用数据说话，同时综合定性分析，形成相互补充和印证，试图全面深入地揭示 2030 世界深海科技创新能力格局。

　　从定量的角度来说，课题组期望通过结合指标体系、知识图谱及科学计量，在一定程度上从客观角度反映世界深海创新能力格局。在研究中，我们一直在寻找一把"尺子"，用统一的标准去衡量深海领域主要研发国家的表现。在尚无权威统计数据的情况下，我们尝试分析了文献、专利、立项课题等多种数据，通过反复测试和讨论，目前来说，只有文献和专利数据能够从完整性、可靠性、持续性及可获得性等方面相对满足深海领域全球尺度的分析。实际上，专利与文献不仅仅是一种科研的产出。从大数据的视角来看，文献和专利本身及其相关的时间、地址、作者、引用、下载及词频等种种属性，以及属性之间的共现关系、引用关系等都是基础科研和技术开发过程行为的表现。大量已有的研究表明，这些数据是可以用于反映科技创新过程和能力的，重点是如何设置合理的指标。本书涉及两套指标体系，均以文献和专利数据为基础，一是针对国家的"世界深海科技创新能力评价指标体系"，二是针对技术的"技术创新竞争力评价指标体系"。其中，"世界深海科技创新能力评价指标体系"期望从研发引领、研发力量、研发规模、研发增速及研发竞合 5 个角度分析主要国家间的差距。"技术创新竞争力评价指标体系"包括研发力量竞争力、科学研究竞争力、技术创新竞争力和市场竞争力 4 个一级指标和 11 个二级指标。该指标体系的目标是通过测算每项技术的得分，分析中国与领先国家的科技竞争力差异，该指标体系已在海洋领域国家第六次技术预测中被采用。

同时，我们也期望对深海领域相关的文献和专利进行内容分析，挖掘研发热点与前沿。中国科学院的《研究前沿》、中国工程院的《全球工程前沿》系列报告均使用了类似的方法。但在深海领域，甚至是在海洋领域尚未有类似全面深入的研究。基于知识图谱的研发前沿识别是本书研究重点之一。课题组基于论文引用网络和专利地图，首先对深海进入、深海探测、深海生物资源开发、深海油气与矿产资源开发四个子领域进行聚类，总结研发主题；其次针对每个研发主题，分析其中高被引文献、高频词、突现词以及重要专利等，尝试识别研发前沿；最后由相关领域专家进行术语和结论的判断与把控。同时，课题组针对上述研发主题进行了国家间影响力情况的比较，试图找到我国未来研发的热点、空白点和着力点。

将指标数据放在时间维度中，通过趋势分析可以粗略预判 2030 世界深海领域主要国家的表现。各国在深海领域的发文、引用、研发机构数量年度趋势、专利生命周期、合作网络中心度变化等指标可以反映出世界深海领域主要国家的研发热度、国家间关系的变化以及技术本身的发展趋势。需要说明的是，指标数据是十年尺度，趋势分析数据是二十年的尺度。同时，本书采用科学计量统计方法对主要研发机构进行梳理，根据深海进入、深海探测、深海生物资源开发、深海油气与矿产资源开发四个子领域的 17 个重点研发方向，按国家统计 2011～2020 年 SCI 论文发文引用量排名前 100 位的机构，形成该技术方向主要科研机构表单。通过专利、项目资助信息等方式开展了相关企业的不完全统计，并咨询专家意见形成主要企业表单。

此外，课题组以深海为分析对象，对美国国家科学基金会（NSF）、欧盟框架计划（FP）——地平线 2020（HORIZON 2020）、日本科研补助金数据库（KAKEN）、英国研究与创新署（UKRI）以及我国重点研发计划项目进行了不完全的统计和分析，作为 2030 世界深海科技创新格局研究的补充数据。

从定性的角度来说，主要采用的方法是文献梳理与解读、专家调研等。文献梳理主要包括深海相关战略报告、政策、规划以及综述性文献等。各国与组织海洋科技创新发展的战略、规划、愿景、目标、优先发展任务与领域的梳理和总结主要用于分析未来世界深海科技发展的预期及影响。高被引的综述性文献、重要专利的解读主要用于支撑 17 个重点研发方向发展水平的概述、研究前沿识别以及未来技术发展方向解读。

专家调研主要包括两方面的重点工作。一是针对深海进入、深海探测、深海生物资源开发、深海油气与矿产资源开发四个子领域的 17 个重点研发方向，邀请专家从国家的角度对重点研发方向中涉及的装备性能指标、技术性能指标等进行对比分析，形成对主要国家在重点研发方向发展水平的专家判断。二是借助"海洋领域第六次国家技术预测"和"面向 2035 年的海洋科技发展战略研究"中技术剖面调查工作，筛选出深海领域相关的产业化技术、第二代技术、前沿技术及潜在颠覆性/革命性技术清单及技术剖面相关内容。课题组对技术名称及技术描述进行词频统计和可视化分析，形成基于大量专家意见的词云，期望揭示出技术发展趋势。同时，结合知识图谱前沿识别结果、全领域现场德尔菲调查，总结梳理未来技术方向并进行解读。课题组对于需要解读的技术再次征求了专家意见，形成本书中的内容。

德尔菲调查是技术预见中一个广泛被使用的方法，具有定性与定量分析结合的属性。课题组针对深海领域进行了德尔菲调查问卷统计分析，为本书中我国海洋科研现状和短板的分析、未来我国深海科技研发方向的预见提供了数据支持和专家意见。

本章的第一节、第二节及第三节中重点对世界深海科技创新能力评价指标体系、基于知识图谱的研发前沿识别方法以及"海洋领域第六次国家技术预测"和"面向2035年的海洋科技发展战略研究"相关工作进行了详细阐述。

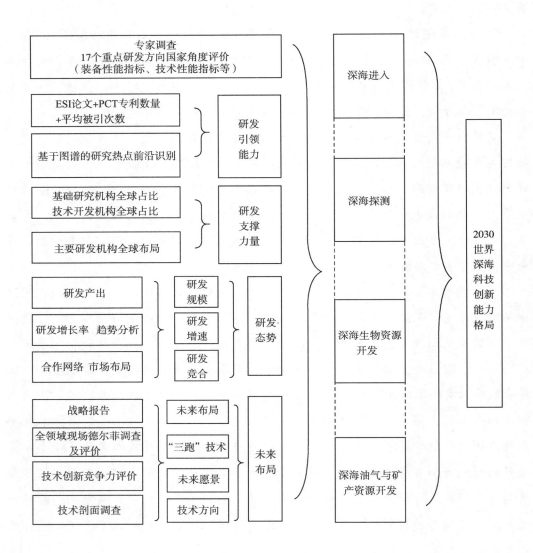

图1-1　2030世界深海科技创新能力格局总体研究思路

第一节 世界深海科技创新能力评价指标体系

一、指标设计

针对世界深海主要研发国家，课题组从定量分析的角度，以论文和专利数据为基础，构建了深海领域的全球科技创新能力评价指标体系。评价指标重点关注我国、美国、老牌海洋强国以及近年来发展较快的国家，期望形成对国家间发展水平、合作关系、发展速度的综合对比与判断。

在科技创新体系内部充当重要角色并决定科技创新能力格局的国家或组织，需要具备先进的科技创新水平及影响力、一定规模的科技创新力量、强大的国际竞争力以及持续发展的能力。因此，评价指标的构建主要考虑了深海科技领域主要研发国家的科技影响力水平、拥有的研发力量规模、创新产出规模、国家间的位势及研发增速的对比。其中，研发增速指标的设置，主要用于支撑 2030 世界深海科技创新能力格局的估算。同时，在具体的指标设计中为减少误差，指标都采用了占比或者均值形式的相对指标，并且所有的指标数据都是十年尺度。

经过课题组的反复筛选、测试及专家研讨，最终形成了包括研发引领、研发力量、研发规模、研发增速及研发竞合 5 个一级指标，ESI 论文数量全球占比、SCI 论文篇均被引次数、PCT 专利数量全球占比、发明有效授权专利平均被引次数、基础研究机构数量全球占比、技术开发机构数量全球占比、SCI 论文数量全球占比、发明有效授权专利数量全球占比、SCI 发文增速、发明专利申请增速、合作网络中心度以及平均市场布局个数 12 个二级指标的世界深海科技创新能力评价体系（表 1–1）。

表 1-1　世界深海科技创新能力评价指标体系

一级指标	序号	二级指标	单位	指标含义 （深海领域）	数据来源
研发引领	1	ESI 论文数量全球占比	%	2011～2020 年国家 ESI 论文数量占全球 ESI 论文数量的比重	基本科学指标数据库检索
	2	SCI 论文篇均被引次数	次/篇	每篇 SCI 论文的被引次数	WOS 数据库检索
	3	PCT 专利数量全球占比	%	专利申请人国家有效 PCT 专利数量占全球该领域 PCT 专利的比重	专利数据库检索
	4	发明有效授权专利平均被引次数	次/项	每项发明有效授权专利家族被引次数	专利数据库检索
研发力量	5	基础研究机构数量全球占比	%	2011～2020 年 SCI 发文数量大于 20 篇的机构按国家进行分布统计，并计算全球占比	Incites 数据库
	6	技术开发机构数量全球占比	%	有效 PCT 专利申请量排名前 100 的机构按国家进行分布统计，并计算全球占比	专利数据库检索
研发规模	7	SCI 论文数量全球占比	%	2011～2020 年国家 SCI 发文数量占全球发文数量的比重	WOS 数据库检索
	8	发明有效授权专利数量全球占比	%	引用次数大于 1 且专利同族大于 1 的发明专利按当前专利申请人国家进行分布统计，并计算全球占比	专利数据库检索
研发增速	9	SCI 发文增速	%	2011～2020 年 SCI 发文年均增长率	WOS 数据库检索
	10	发明专利申请增速	%	2009～2018 年发明申请专利年均增长率	专利数据库检索
研发竞合	11	合作网络中心度	-	2011～2020 年论文国际合著网络中心度。中心度定义为 $D=\dfrac{2m}{N(N-1)}$，式中，m 为实际关系数，N 为国家数	WOS 数据库检索
	12	平均市场布局个数	个/项	平均每项专利家族专利申请人进行专利布局的国家和地区数量	专利数据库检索

二、指标解读

研发引领包括 ESI 论文数量全球占比、SCI 论文篇均被引次数、PCT 专利数量全球占比、发明有效授权专利平均被引次数四个指标，分别用于表征基础研究的总体、个体的影响力及技术的总体、单项的影响力。其中 SCI 论文是指被科学引文索引收录的论文；ESI 论文是指按年度和学科引用率排名前 1% 的 SCI 论文；PCT 是《专利合作条约》（*Patent Cooperation Treaty*）的英文缩写，是有关专利的国际条约。

研发力量包括基础研究机构数量全球占比、技术开发机构数量全球占比两个指标，分别用于反映学术研究力量和企业研发力量。目前，深海领域尚无权威的相关科研院所、企业全球统计数据。因此，课题组从 SCI 发文机构和 PCT 专利申请机构入手，对比分析全球深海的科技研发力量布局情况，其中通过统计 2011～2020 年在相关领域 SCI 发文数量大于 20 篇的研发机构的国家分布情况，反映各国学术研究力量差距，同时通过统计相关领域 PCT 专利申请数量排名前 100 位的企业的国家分布情况，反映国家间的企业研发力量差距。

研发规模包括 SCI 论文数量全球占比、发明有效授权专利数量全球占比两个指标，用于反映在基础研究和技术研发方面的热度。其中需要说明的是，由于受专利政策等因素影响，中国专利规模庞大，所以为更准确地反映国家之间的差距，发明专利被进一步细化，定义为引用次数大于 1 且同族专利数量大于 1 的发明有效专利。

研发增速包括 SCI 发文增速、发明专利申请增速两个指标，可以反映一定时间内的研发发展速度，用于识别快速发展的国家。其中 SCI 发文增速是指 2011～2020 年十年发文平均增速；由于发明专利的公开存在时间延迟，一般为 1 年半左右，所以发明专利申请增速为 2009～2018 年 10 年发明专利申请数量的年均增速。

研发竞合包括合作网络中心度以及平均市场布局个数两个指标。合作网络中心度通过 SCI 论文国际合著关系反映国家间的科研合作关系，合作网络中心度的定义为国家间实际合作对与网络饱和状态下合作对的比值。平均市场布局个数可用于表征在申请人国家以外司法管辖区域保护其创新成果的状况，具体来说就是每个专利家族平均布局多少个市场。

三、指数测算

评价对象。针对深海科技领域，根据专家意见选择了 15 个的国家进行分析。评价对象为中国、美国、加拿大、英国、德国、法国、荷兰、意大利、挪威、俄罗斯、日本、韩国、澳大利亚、印度、巴西。

评价层级。课题分析的深海科技对象一共分为四个层级。第一层级为深海；第二层级为深海进入、深海探测、深海生物资源开发及深海油气与矿产资源开发四个子领域；第三层级为载人深潜器等 17 个重点研发方向；第四层级为热点前沿关键技术。前三个层级依据定义进行检索及指标分析，第四层级基于知识图谱前沿识别、德尔菲调查、技术创新竞争力评价及专家意见进行综合分析及解读。相关的论文和专利数据截止到 2021 年 1 月。

评价算法。课题采用逐层评价方法对技术进行评价，具体过程分为三步：第一步为指标归一化，采用极值线性模式归一化方法；第二步为设定权重，权重的设定方法为专家打分；第三步为计算进行加权平均获得综合技术得分。世界深海科技创新能力评价指标权重赋值见表 1-2。

其中，需要说明的是研发规模中，中国的发明专利虽然受到了一些条件限制，但仍然体量很大。同时，在研发增速中，发明专利的申请增速分析存在类似的问题，除了美国和中国外，其他国家的专利数量有时存在无法统计增速的情况，导致专利数据在某种程度上容易形成数据陷阱。为此，专家将研发规模和研发增速的权重均设置为 0.05。

表 1-2　世界深海科技创新能力评价指标权重赋值

一级指标	一级指标权重	序号	二级指标 （深海领域）	二级指标权重
研发引领	0.6	1	ESI 论文数量全球占比	0.112 5
		2	SCI 篇均被引次数	0.187 5
		3	PCT 专利数量全球占比	0.112 5
		4	发明有效授权专利平均被引次数	0.187 5
研发力量	0.15	5	基础研究机构数量全球占比	0.075 0
		6	技术开发机构数量全球占比	0.075 0
研发规模	0.05	7	SCI 论文数量全球占比	0.020 0
		8	发明有效授权专利数量全球占比	0.030 0
研发增速	0.05	9	SCI 发文增速	0.020 0
		10	发明专利申请增速	0.030 0
研发竞合	0.15	11	合作网络中心度	0.050 0
		12	平均市场布局个数	0.100 0

第二节　基于知识图谱的研发前沿识别方法

正如中科院发布的《研究前沿》系列报告中所指出的，研究论文被引用的模式和聚类可以发现研究前沿。这种研究前沿的数据连续记载了分散研究领域的发生、汇聚、发展（或者是萎缩、消散）以及分化和自组织成的研究活动节点。工程院发布的《全球工程前沿》系列报告中指出专利数据的集聚也能够表征技术的发展热度。因此，论文和专利的聚类提供了一个独特的视角来揭示科技研发的脉络。可以说，期刊论文和专利分别是基础研究产出与技术研发产出的直接体现，是专家智慧的结晶。很难想象通过使用问卷调查、专家访谈等方式能够获得全球范围内千余家单位、万余名专家在深海领域深思熟虑的思考及成果。即使通过文献综述，分析解读上百篇文献已实属不易。通过采用大数据的思维和知识图谱的方法，针对某个特定领域的全球范围尺度的高水平专家和技术发明人的深入调研成为可能。

在研究前沿识别中，课题组采用了 SCIE、ESI 论文数据库 Incites 数据库以及美国科睿唯安、法国 Questel、智慧芽、合享以及中国知识产权局专利分析系统等专利数据库，分析检索了 2011-2020 年深海领域的 10 万余篇文献、10 万余件专利，基本保证了数据来源的可靠性和全面性。在分析过程中，采用了 DI、Intellixir、Vosviewer、Citespace、Bibexcel、智慧芽专利分析平台以及合享专利分析平台等多种数据挖掘分析系统，各取所长进行数据分析。同时，由于课题分析的数据量较大，一般的软件无法运行，课题组采用 Python 进行数据处理，保证了深海领域长时间尺度数据分析的可行性。对于当前主流的前沿识别算法，课题组基本上都进行了尝试、分析与比较，也进行了一些理论层面的初步思考，最终形成了适用于本课题的算法。课题中基于知识图谱的研发前沿识别研究思路及过程见图 1-2。

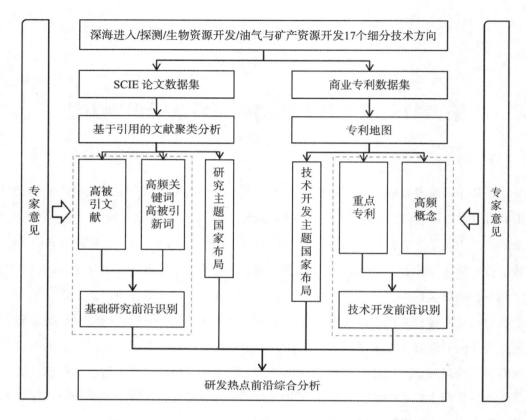

图1-2　基于知识图谱的研发前沿识别研究思路及过程简图

一、期刊论文数据分析

在期刊数据的聚类分析中，主要有引用关系聚类和关键词聚类两种方式。其中，引用关系分为共被引网络、直接引用网络以及耦合引用网络，但不同引用网络的形成时间有所区别，共被引网络形成需要的时间最长，形成的相关聚类也最为成熟；直接引用网络形成时间相对较短。关键词聚类主要指利用论文的题目、摘要的切词结果以及作者关键词和期刊关键词进行共现分析。关键词聚类一方面存在数据清理、作者习惯等问题，另一方面词组的聚类反映的是研究对象之间的关联，这和科学研究系统之间的关联存在一些偏差。相对来说，论文数据间的引用网络可以更好地反映出科学研究之间的关系。关键词聚类结果可以作为分析的重要补充。

共被引网络的形成需要大量的时间，对于深海科研这种前沿学科，很难反映其热点和前沿。比如在科睿唯安 ESI 的 1 万条研究前沿数据库中，深海领域相关的研究前沿极少。因此在本书的分析中，采用了直接引用网络。其具有两个优势：一是其形成的时间更短，可以更好地反映出前沿学科的发展热点和前沿；二是论文间引用网络可以更加快速准确地根据论文的发表时间和第一作者的国别进行时间轴和国家尺度的分析，更加直接地反映国家间的水平。

在聚类分析的基础上，进一步深入研究聚类网络内部的重要节点是识别研究前沿的核心。根据对目前主流研究前沿算法的测试和比较，在本书中选择了高被引论文、突被引论文、高频关键词、高被引新词等指标，尝试从不同的角度对热点和前沿进行分析。高被引论文是指聚类网络中按引用次数排名前 20% 的论文。论文的被引次数是衡量一篇论文影响力的重要指标，在论文引用聚类网络中，论文间引用次数越高，代表其网络中心度越高，因此通过筛选聚类网络中影响力较高的论文，可以实现聚类网络中重点关注研究方向的分析。突被引论文指某篇文献在一定的时间范围内被引用次数出现快速增长，表明该研究内容受到关注。高频关键词和高被引新词都是基于论文的题目、摘要、作者关键词形成的新的关键词。其中，高频关键词是指整个聚类网络中共现次数排名前 30% 的关键词，可以用于反映聚类网络的研究热点。高被引新词是指近 3 年出现且引用数排名前 30% 的关键词，出现年代较新且受关注的主题可以用于分析研究前沿。论文分析中采用的指标及其解释见表 1-3。

表 1-3　研发前沿评价指标说明

序号	二级指标	指标含义 （深海领域）	数据来源
1	高被引论文	引用次数排名前 20% 的论文	WOS 数据库检索
2	突被引论文	某篇文献在一定的时间范围内被引用次数出现快速增长	WOS 数据库检索
3	高频关键词	按领域共现次数排名前 30% 的关键词	SCIE 论文
4	高被引新词	近 3 年出现且引用数排名前 30% 的关键词	SCIE 论文

二、专利数据分析

专利数据主要基于专利的题目、摘要进行文本分析聚类，以每个专利为基础形成专利地图。不同的商业专业分析软件都具备类似功能可以反映研发的热点，根据专利的申请时间、公开时间、授权时间可以进行时间切片分析，也可以根据专利的申请人国家、申请人进行竞争力分析。同样，在专利地图整体分析的基础上，也可以对其中的点（专利）进行具体分析。专利与论文的区别在于，专利的目的是保护知识产权，论文的目的是通过发表证明研究成果的形成时间以及增加研究成果的影响力。专利的引用通常是审查员的标注，因此专利之间的引用分析意义较小。实际上，主流的专利聚类分析也基本上是从词语共现的角度出发的。专利数据相比论文数据无关键词字段，专利的切词一般是根据语法与语意规则将名词短语标准化，再根据其所在位置进行权重赋值形成专利关键词。

专利的词语聚类同样存在着数据清理、语言角度的聚类与研发实际关系的偏差问题。为了解决这些问题，课题组进行了反复的聚类实验，通过和专家的讨论，使得聚类结果基本能够满足分析的要求。在本书中，综合各方面因素，最终采用合享地图进行可视化分析。

专利分析中采用重要专利、新出现的异类 IPC 和高频概念词三个指标，分别从专利地图核心节点、技术分类、专利地图的主题三个角度识别技术开发的热点和前沿。为识别专利地图中的核心节点，参考国家知识产权局定义的高价值专利、科瑞维安发布的《全球创新百强机构》等报告，根据深海领域的特点，定义了重要专利。重要专利是指满足以下三个条件之一的有效发明专利。一是专利同族个数在 3 项及以上，意味该专利在海外拥有同族专利权，此类专利也被国家知识产权局定义为高价值专利。二是专利存在质押、转移、侵权等法律状态，专利权是一类比较特殊的无形资产，具有上述法律状态的专利通常具有创造收益的能力。三是专利同族被引次数在 10 次及以上，专利的引用数量可以表征其他申请人在专利申请过程中对评价企业所拥有的发明专利的引用情况，从而在一定程度上反映出专利的价值。新出现的异类国际专利分类号（IPC）指相关技术分类中存在与该技术领域主要 IPC 不同的大类。专利高频关键词是基于专利题目和摘要根据自然语言处理算法提炼的关键词，且通过统计出现次数排名前 30% 的概念，可以用于反映发明专利聚焦的主题。同时，需要指出的是，科学研究前沿与技术开发前沿存在着一定的重合。

表 1–4　专利技术开发前沿评价指标说明

序号	二级指标	指标含义 （深海领域）	数据来源
1	重要专利	同族个数在 3 项及以上；专利存在质押、转移、侵权等法律状态；专利同族被引次数在 10 次及以上	商业专利数据库检索
2	新出现的异类 IPC	非主领域的 IPC	商业专利数据库检索
3	高频关键词	按领域出现次数排名前 30% 的概念	商业专利数据库检索

可以说，引文聚类、文本聚类、高被引论文、突被引论文、重要专利、高频关键词、新出现的异类 IPC 等从不同的角度和维度对研发的热点和前沿进行了探测，综合分析可以更加全面地反映深海研发热点和前沿的面貌。

第三节 "海洋领域第六次国家技术预测"及"面向 2035 年的海洋科技发展战略研究"相关工作

"海洋领域第六次国家技术预测"以及"面向 2035 年的海洋科技发展战略研究"工作采用大团队—细分组—定规范—走流水—把质量—成智库的工作思路，组织全国 181 家科研院所、高校、企业、军队、政府管理机构，动员约 700 位专家（含 15 位两院院士）参与，做到海洋优势力量全覆盖。海洋领域技术预测完成的主要工作包括海洋领域技术信息体系构建、全领域现场德尔菲调查及评价、技术创新竞争力评价以及我国未来海洋技术的重大问题方向分析等。课题组基于"海洋领域第六次国家技术预测"以及"面向 2035 年的海洋科技发展战略研究"工作，对深海领域进行了重点研究。

一、全领域现场德尔菲调查及评价

2019 年 5 月，在舟山第四届全国海洋技术大会上组织了海洋全领域现场德尔菲调查。其中，深海领域相关的调查问卷共回收 108 份，来自企业、高校和科研院所的 90 余位专家参与了调查，对 117 项深海技术进行了评价。

全领域现场德尔菲调查问卷共包括三部分内容：我国海洋科技发展总体状况评价、子领域技术评价以及子领域发展愿景描述。其中，我国海洋科技发展总体状况从海洋科技的创新环境、海洋科技的投入情况、海洋科技的产出情况、海洋科技与经济社会协调发展、我国海洋科技发展的短板等 5 个方面进行综合评价。子领域技术评价设计了专家熟悉程度、技术类型、技术在我国所处阶段、技术对我国重要度、技术在我国研发基础、技术在我国实现时间、我国产业化实现时间、我国目前所处国际水平、我国目前与领先国家的差距 9 项评价指标，技术评价中每项技术最少 3 位专家回答为调查有效，根据专家熟悉程度，按熟悉 =1、了解 =0.67、不熟悉 =0.33，将回答人数转换为标准人数，采用加权平均法计算各评价指标，具体评价指标算法见表 1-5。子领域发展愿景征集要求考虑子领域 2030 年我国的发展愿景，提出子领域未来能达到的发展目标、能力水平与应用场景等。

表 1-5　全领域现场德尔菲调查技术评价指标算法说明

评价指标	算法
技术类型	标准人数选择占比最大值
技术在我国所处阶段	标准人数选择占比最大值
技术对我国重要度	重要度指数 = （"高"标准人数 ×1+ "中"标准人数 ×0.67+ "低"标准人数 ×0.33）/ 总标准人数
技术在我国研发基础	研发基础 = （"高"标准人数 ×1+ "中"标准人数 ×0.67+ "低"标准人数 ×0.33）/ 总标准人数
技术在我国实现时间	技术实现时间 = （"已实现"标准人数 ×0+ "1 ～ 5 年"标准人数 ×2.5+ "6 ～ 10 年"标准人数 ×7.5+ "10 ～ 15 年"标准人数 ×12.5+ "15 年以上"标准人数 ×17.5）/ 总标准人数
我国产业化实现时间	产业化实现时间 = （"1 ～ 5 年"标准人数 ×2.5+ "6 ～ 10 年"标准人数 ×7.5+ "10 ～ 15 年"标准人数 ×12.5+ "15 年以上"标准人数 ×17.5+ "难以实现"标准人数 ×22.5）/ 总标准人数
我国目前所处国际水平	标准人数选择占比最大值
我国目前与领先国家的差距	差距 = （"1 ～ 5 年"标准人数 ×2.5+ "6 ～ 10 年"标准人数 ×7.5+ "10 ～ 15 年"标准人数 ×12.5+ "15 年以上"标准人数 ×17.5+ "难以实现"标准人数 ×22.5）/ 总标准人数

基于全领域现场德尔菲调查，我国海洋科技发展总体状况评价分析结果主要应用于我国海洋科研的现状和短板分析；技术评价中，技术对我国重要度、技术在我国研发基础两项指标作为未来我国深海科技研发方向选择参考；技术在我国实现时间、我国产业化实现时间两个指标用于分析我国技术追赶时间；我国目前所处国际水平、我国目前与领先国家的差距两项指标与技术创新竞争力评价结果综合判断我国技术"三跑"水平以及与领先国家的年代差距。

二、技术创新竞争力评价

德尔菲调查受调查对象的意愿、数量、对技术的熟悉程度以及主观判断的影响。为了更加准确全面地测度中国与领先国家的科技竞争力差异，"海洋领域第六次国家技术预测"工作团队设计了技术创新竞争力评价指标体系，组织相关领域专家采用以客观指标数据为主的分析方法，从研发力量竞争力、科学研究竞争力、技术创新竞争力和市场竞争力4个方面进行评价，评价指标体系及指标解释见表1-6。

表1-6 技术创新竞争力评价指标体系

一级指标	序号	二级指标	单位	指标含义	数据来源
研发力量竞争力	1	研发机构影响力得分	分	研发机构的影响力是指对科技的贡献能力、引领能力以及扩散能力	专家打分
	2	研发机构承担项目得分	分	研发机构承担项目是指机构的资金支撑能力、未来发展的潜力	专家打分
科学研究竞争力	3	SCI发文数量	篇	科研研究规模	WOS数据库检索
	4	ESI发文数量	篇	科研研究质量。ESI是指按年度和学科引用率排名前1%的论文	基本科学指标数据库检索
	5	SCI篇均被引次数	次/篇	科研研究影响力	WOS数据库检索
	6	合作网络中心度	无	科研研究合作能力	WOS数据库检索
技术创新竞争力	7	发明有效授权专利数	件	技术创新规模	专利数据库检索
	8	PCT专利数	件	PCT是有关专利的国际条约，反映技术创新质量	专利数据库检索
	9	发明有效授权专利平均他引次数	次/件	其他申请人在专利申请过程中对评价企业所拥有的发明专利的引用情况，反映技术影响力	专利数据库检索
	10	海外专利占比	%	在中国大陆以外的国家/地区获取保护的专利数量与同一时期的发明授权专利数量的比值，可用于表征待评价在中国大陆以外的司法管辖区域保护其创新成果的状况，反映技术布局情况	专利数据库检索
市场竞争力	11	技术/产品市场占有率得分	分	市场占有率是指某企业某一产品（或品类）的销售量（或销售额）在市场同类产品（或品类）中所占比重。反映企业在市场上的地位	专家打分

评价的技术类型分为产业化技术、第二代技术、前沿技术以及颠覆性技术四种类型。技术创新竞争力评价中，深海领域相关技术共147项，技术评价国家为美国和中国。

评价算法。课题采用逐层评价方法对技术进行评价，具体过程分为三步：第一步为指标归一化,采用极值线性模式归一化方法。第二步为权重设定,按照技术类型不同,评价指标权重各有侧重,权重赋值见表1-7。其中,产业化应用技术主要关注技术层面和市场层面;第二代技术与前沿技术分别侧重技术创新与科学研究层面;潜在颠覆性技术/革命性技术注重研发基础。二级指标为其一级指标均分赋值。第三步进行加权平均获得技术综合得分。

表 1-7　技术创新竞争力一级指标权重赋值

一级指标	产业化技术权重	第二代技术权重	前沿技术权重	潜在颠覆性技术 / 革命性技术权重
研发基础竞争力	0.1	0.2	0.2	1.0
科学研究竞争力	0.1	0.2	0.6	0
技术创新竞争力	0.2	0.4	0.1	0
市场竞争力	0.6	0.2	0.1	0

基于技术创新竞争力评价指标体系,对深海领域147项技术进行得分测评。根据深海领域147项技术得分,一是综合判断我国在深海科技领域以及深海进入、深海探测、深海生物资源开发、深海油气与矿产资源开发的综合得分,与国际领先水平的差距年限以及"领跑、并跑、跟跑"技术分布;二是针对研发力量竞争力、科学研究竞争力、技术创新竞争力和市场竞争力四个一级指标进行测评的对比;三是针对产业化技术、第二代技术、前沿技术及潜在颠覆性技术/革命性技术四种技术类型进行测评与对比。深海领域相关技术评价结果主要用于2030我国深海科技创新能力特征分析及技术研发方向分析。

三、技术剖面调查

在海洋领域第六次国家技术预测初期阶段,工作组针对产业化技术、第二代技术、前沿技术以及潜在颠覆性技术/革命性技术设计了四类技术剖面,分别从技术、参与者、市场、国家对比、未来应用场景五方面进行全面透视。四种技术类型的技术剖面内容设计见表1-8。工作组通过组织一线专家,实现了每一项入选关键技术的剖面表格的编制。在深海领域相关技术共梳理了287项技术剖面。

基于技术剖面中的技术名称以及技术描述相关内容,对深海进入、深海探测、深海生物资源开发、深海油气与矿产资源开发四个子领域的关键技术及技术描述进行了词云分析，即通过统计词频分析未来大家关注的技术重点。技术参与者部分作为四个子领域研发力量的专家调研结果进行补充。市场分析主要应用于技术发展水平概述。未来场景应用于我国深海科技研发方向分析。同时，重点对前沿技术和潜在颠覆性技术/革命性技术进行分析，结合全领域德尔菲调查结果、技术创新竞争力评价结果以及基于知识图谱的研发前沿识别结果筛选未来技术发展方向进行解读。

表 1–8　技术剖面构成内容说明（灰色标志为专家调查必填项）

技术剖面内容		产业化应用技术	第二代技术	前沿技术	潜在颠覆性技术/革命性技术
1. 技术	1.1 技术描述	■	■	■	■
	1.2 应用领域	■	■	■	
	1.3 技术挑战		■	■	■
	1.4 主要进展				
	1.5 技术趋势	■	■		
	1.6 前沿技术	■	■		
	1.7 核心专利布局				
	1.8 相关的重大项目或工程		■	■	
	1.9 备选国家关键技术主要理由	■	■	■	
	1.10 其他革命性技术/颠覆性技术				
2. 参与者	2.1 主要参加者	■	■	■	
	2.2 主要研究团队				
3. 市场	3.1 产品及市场占有率/市场优势				
	3.2 市场需求及未来驱动因素				
	3.3 我国产品的市场障碍				
	3.4 替代进口的经济挑战	■			
4. 国家对比	4.1 中国与领先国家能力对比	■	■	■	
5. 未来	5.1 未来场景应用				■

第二章

当前世界深海科技创新格局

　　当前世界深海科技创新呈现"一超多强，中国崛起"新格局。美国作为深海研发超级大国，在研发引领、研发力量、研发规模及研发竞合方面领跑全球，是深海科技研发的中心。挪威、英国、法国、德国、荷兰、俄罗斯、日本等老牌海洋强国，在研发引领、研发竞合方面具有较强的影响力，积极布局深海领域优势技术，引领深海科学研究前沿，同时注重国际合作和专利海外布局。我国是研发大国，在研发规模上与美国接近，在研发力量上仅次于美国，在研发增速上位于深海主要研究国家的首位。印度、韩国及巴西等新兴海洋国家，研发增速较高，并初步形成一定的研发规模。深海科技领域国家科技创新能力一级评价指标表现见表2-1。

表 2-1　深海科技领域国家科技创新能力一级评价指标表现

国家	研发引领	研发力量	研发规模	研发增速	研发竞合
美国	● 100.0	● 100.0	● 100.0	○ 15.6	● 100.0
中国	◔ 34.4	◔ 36.3	● 88.3	● 100.0	◔ 34.3
英国	◕ 64.9	◔ 24.7	◔ 24.4	◔ 21.4	● 88.1
挪威	◕ 62.8	◔ 23.4	○ 16.0	◔ 21.8	● 88.6
法国	◑ 55.7	◔ 30.4	○ 13.6	◔ 22.2	● 96.3
荷兰	◑ 58.7	○ 13.6	○ 5.5	◔ 30.4	● 98.0
澳大利亚	◑ 59.9	○ 11.1	○ 9.0	○ 1.4	● 95.7
加拿大	◕ 62.0	○ 9.3	○ 10.4	◕ 67.8	◕ 67.8
德国	◑ 52.8	○ 17.3	○ 16.6	○ 14.2	● 90.3
意大利	◑ 41.0	○ 11.9	○ 7.1	◔ 30.3	◕ 71.6
日本	◑ 40.8	○ 16.2	◔ 21.8	○ 8.5	◑ 45.7
俄罗斯	○ 17.1	○ 5.8	○ 11.1	◑ 37.3	◔ 28.6
巴西	◔ 39.2	○ 8.0	○ 5.4	◑ 59.2	◕ 66.5
韩国	◔ 25.2	○ 8.6	◑ 41.9	◔ 23.5	◔ 28.1
印度	○ 18.6	○ 7.1	○ 4.4	● 80.2	◔ 38.8

一、美国是深海科技引领者

美国持续在海洋领域进行战略布局，不断出台战略规划和政策维护其在海洋领域的超级强国地位。其中深海探测与深海资源的开发和利用一直是美国战略关注的重点。根据 2011～2020 年间的文献、专利数据分析显示，美国在深海领域的研发引领、研发力量、研发规模及研发竞合能力均居世界首位，在 12 个二级评价指标中，美国有 8 个指标排名第 1 位。

在研发引领方面，美国在深海领域 ESI 论文数量全球占比接近 50%，SCI 论文篇均被引次数约 18.1 次 / 篇，PCT 专利数量全球占比 25.4%，远超其他国家，发明有效授权专利平均被引次数位居世界前列。"海洋领域第六次国家技术预测"调查显示，美国在海洋领域领跑技术占 86%，在全球拥有绝对的技术领先优势。

在研发力量方面，美国基础研究机构数量全球占比、技术开发机构数量全球占比分别为 23.5%、28.0%，均居全球首位。其中包括全球知名的美国伍兹霍尔海洋研究所、美国蒙特利湾海洋研究所、美国加州大学圣迭戈分校、美国华盛顿大学等，这些科研院所在载人深潜器的运营维护、无人深潜器的设计、深海探测传感器、深海生物研发、深海矿产开发等方面处于领先水平。可以说，数量庞大且综合实力雄厚的高校院所为美国的深海科研提供了坚实的基础和保障。同时，美国在深海领域拥有一批业绩与名声卓绝的企业。在 PCT 专利数量排名前 100 的企业中，美国企业占据近三成，排名第一位。其中，美国蓝鳍金枪鱼公司的无人自治潜水器系列受到市场的广泛欢迎，美国国际海洋工程有限公司为全球最大的有缆无人潜水器运营商，美国 Teledyne 海洋系统公司在合成孔径声呐、三维成像声呐、声学通信调制解调器、声学流速剖面仪、温盐深仪（CTD）、矢量水听器等产品方面处于全球领先水平。此外，美国 LinkQuest 公司、美国论坛能源有限公司、美国 Hydroid 公司都具有较强的实力。另外，美国国家海洋与大气管理局、美国海军等机构的科研实力突出，为深海技术的研发和应用提供了强有力的支撑。

在研发规模方面，2011 ~ 2020 年美国的 SCI 论文数量全球占比、发明有效授权专利数量全球占比均居全球首位。在研发竞合方面，根据国际论文合著网络年度分析显示，美国深海领域国际论文合著网络中心度为 88.4%，居全球首位，并始终保持全球深海领域科研合作网络的中心。美国深海领域专利全球布局能力同样突出，平均每件发明授权专利布局的国家或地区为 3 个，意味着每件专利平均布局了本土以外的 2 个海外市场。在研发增速方面，美国仍然表现为持续增长，SCI 发文增速、发明专利申请增速分别为 4.4%、3.4%。

二、我国是深海科技研发增长最重要的贡献者

"海洋领域第六次国家技术预测"结果显示，我国深海科技与国际领先水平差距超过 10 年。我国深海科技处于"三跑并存、跟跑为主、追赶迅速、局部领先"发展

阶段。目前，我国 SCI 发文数量和发明专利申请数量保持高速增长，因此研发增速指标居首位。在研发规模、研发力量方面，我国仅次于美国，排名第 2 位；但研发引领指标、研发竞合指标方面仍落后于美国及老牌海洋强国。近年来，我国从事深海研究的机构数量、科研人员数量以及相应的 SCI 发文数量均呈现快速增长态势，成为深海科技中一支重要的力量。

在研发规模方面，我国的 SCI 论文数量全球占比、发明授权有效专利数量全球占比均仅次于美国，均居全球第二位。在研发增速方面，我国 SCI 发文量 2011～2020 年年均增速为 23.7%，超出 SCI 发文增速排名第 2 位的印度近 8 个百分点。目前我国的 SCI 发文数量规模庞大，但仍保持较高的增速。发明专利年均增速为 26.1%，高出同样排名第 2 位的印度 2.3 个百分点。同时 SCI 论文和发明专利的申请在深海的 17 个重点研发方向上都保持着较高且较为均衡的增长。"十三五"期间，我国在深海领域取得了一系列的成就，在大深度载人潜水器方向取得突破性进展，创新能力已跻身世界前列。

在研发力量方面，我国基础研发机构数量与技术开发机构数量占比分别为 11.2%、7.0%，排名分别为第 2 位、第 5 位，存在基础研发机构与技术开发机构全球占比不均衡的问题，且与排名第 1 位的美国存在较大差距。我国深海领域科研机构研发活跃，如中船集团 702 研究所、中国科学院沈阳自动化研究所、哈尔滨工程大学、上海交通大学、天津大学、中国科学院声学研究所、中国海洋大学、中国科学院深海科学与工程研究所、青岛海洋科学与技术试点国家实验室、中国科学院西安光学精密机械研究所、国防科技大学、华中科技大学等。但我国深海科技的企业参与度及市场竞争力仍处于相对较低的水平。

在研发引领方面，我国 ESI 论文数量全球占比 25.3%，表现较好。PCT 专利数量全球占比 6.4%，排名第 5 位。SCI 篇均被引次数、发明有效授权专利平均被引次数仍低于美国及老牌海洋强国，且差距较大。在研发竞合方面，我国 SCI 论文国际合著合作网络中心度为 61.0%，排名第 8 位。发明专利市场布局仅为 1.1 个 / 项，意味着我国发明专利基本布局国内，国外市场鲜有布局。

三、老牌海洋强国为深海科技高水平研发影响者

英国、挪威、法国、德国等老牌海洋强国整体表现比较接近。在深海前沿引领方

面，老牌海洋强国与美国差距不大，排名均远高于我国，显示出了老牌海洋强国的科研实力。老牌海洋强国在深海技术方面实力突出，是主要的技术输出国家，在深海装备产品方面研发较为成熟，先进性与可靠性较好，市场占有率高。这些老牌海洋国家在研发引领、研发竞合方面能力较强。

1. 英国

在深海领域，英国在研发引领、研发力量、研发规模及研发竞合方面均表现出一定的优势。英国研发引领能力仅次于美国，居第 2 位，其中 ESI 论文数量全球占比、PCT 专利数量全球占比均排名全球第 3 位。英国的研发力量、研发规模指标均居第 4 位。英国承担欧盟 H2020 地平线计划"机器人水下勘探"项目。英国国家海洋科学中心、英国南安普顿大学在有缆无人潜水器、水下通信、三维成像声呐、深海生物多样性研究等方面研发突出，英国帝国理工学院侧重水下推进技术研究；英国 Sonardyne 公司、英国海眼公司、英国 Macam 公司等分别在水下导航、水下推进技术、水下光谱测量仪等占据国际市场。英国的 SCI 国际论文合作网络中心度为79.8%，仅次于美国，排名第 2 位，平均每件发明授权专利布局国家或地区为 4.3 个，处于较高水平。

2. 法国

在深海领域，法国各项指标表现均衡，整体处于较高水平。其研发力量居第 3 位，基础研究机构数量、技术开发机构数量位居前列，法国深海领域的主要研究机构为海洋开发技术研究院，其深海研究重点为载人深潜器技术、无人自治式潜水器、水下推进技术以及深海冷泉、热液的研究。法国代表性的企业包括法国泰雷兹集团、法国iXblue 公司、法国 Hytec 公司等，代表性技术包括水下光电技术、水下惯性导航技术等。法国论文合著合作网络中心度为 77.9%，平均每件发明授权专利布局国家或地区为 4.9 个，均排名第 4 位。

3. 挪威

在深海领域，挪威在技术开发方面的指标位居全球前列。其技术开发机构数量全球占比 11.0%，仅次于美国，排名第 2 位。北欧军工劲旅挪威康斯伯格海事公司在无人自治式潜水器、水下定位通信、水下推进技术、合成孔径声呐等方面实力显著，位居世界前列。挪威的发明有效授权专利平均被引次数为 24.4 次 / 项，仅次于美国，排名第 2 位。同时其专利平均布局市场个数为 4.8 个 / 项，处于较高水平。在老牌海洋强国中，挪威在研发引领、研发力量、研发增速、研发竞合方面均表现较好。其研发引领排名第 4 位，位于美国、英国、澳大利亚之后；研发力量排名第 5 位，位于美国、中国、法国、英国之后。

4. 澳大利亚

在深海领域，澳大利亚在研发引领和研发竞合指标方面得分较高。在研发引领方面，澳大利亚的 ESI 论文数量全球占比、SCI 论文篇均被引次数、发明有效授权专利平均被引次数分别为 17.2%、18.1 次 / 篇、22.8 次 / 项，分别列第 4、3、3 位，高于老牌海洋强国平均水平。研发竞合方面，澳大利亚的国际论文合作网络中心度和专利平均市场布局分别为 71.0% 和 5.0 个 / 项，也高于平均水平。在研发力量、研发规模及研发增速方面，其基础研究相关指标好于技术开发相关指标。

5. 加拿大

在深海领域，加拿大在研发引领方面排名第 5 位。其 ESI 论文数量全球占比为 16.0%，SCI 论文篇均被引次数为 18.8 次 / 篇，发明有效授权专利平均被引次数为 20.2 次 / 项，分别排名第 5、2、5 位。在研发竞合方面，加拿大的国际论文合作网络中心度和专利平均市场布局分别为 68.4% 和 3.2 个 / 项，高于平均水平。在研发增速方面，加拿大保持了较高的 SCI 发文增速，为 6.5%，但发明专利申请未见增长。在研发力量和研发规模方面，加拿大处于老牌海洋强国的平均水平。

6. 德国

在深海领域，德国各项指标表现均衡，整体处于较高水平。在研发引领方面，德国 ESI 论文数量全球占比、SCI 论文篇均被引次数、PCT 专利数量全球占比、发明有效授权专利平均被引次数分别为 16.9%、19.1 次 / 篇、5.4%、9.1 次 / 项，其中 SCI 论文篇均被引次数排名全球首位。德国研发力量指标得分居第 6 位，在深海领域的科研机构有德国亥姆霍兹极地与海洋研究中心、德国不来梅大学等。相关企业有德国 Evologics 公司、德国克膀伯股份有限公司、德国 TriOS 公司等，其在无人自治式潜水器、水声定位导航设备、水声通信设备、水下光学仪器等技术领域形成较强竞争力。在研发竞合方面，德国的国际论文合作网络中心度和专利平均市场布局分别为 78.7% 和 4.5 个 / 项，处于较高水平。

7. 荷兰

在深海领域，荷兰在研发引领和研发竞合指标方面具有相对优势。在研发引领方面，其 SCI 论文篇均被引次数、发明有效授权专利平均被引次数分别为 17.6 次 / 篇、20.4 次 / 项，高于老牌海洋强国平均水平。在研发竞合方面，荷兰的 SCI 国际论文合作网络中心度和专利平均市场布局分别为 56.9% 和 5.5 个 / 项。在研发增速方面，SCI 发文和发明专利申请十年年均增速为 9.2% 和 6.1%，高于老牌海洋强国平均水平。在研发力量、研发规模方面则低于老牌海洋强国的平均水平。

8. 意大利

在深海领域，意大利国际论文合作网络中心度和专利平均市场布局分别为 70.2% 和 5.3 个 / 项。同时，意大利 SCI 发文增速、发明专利申请增速分别为 8.5%、6.8%，略高于老牌海洋强国的平均水平。

9. 日本

在深海领域，日本在研发引领、研发力量及研发规模方面表现较为均衡，基本处于老牌海洋强国的平均水平。在研发增速方面，SCI 发文增速明显低于老牌海洋强国平均水平，同时未见发明专利申请有增长趋势。在研发竞合方面，日本国际论文合作网络中心度和专利平均市场布局分别为 59.7% 和 1.9 个 / 项，低于老牌海洋强国平均水平。

10. 俄罗斯

俄罗斯公开的数据较少。从 SCI 发文和发明专利的角度来看，其研发前沿、研发力量、研发规模、研发竞合指标得分都处于较低水平。值得注意的是，近期俄罗斯的 SCI 发文和发明专利的申请出现了明显的增长，十年年均增速分别为 5.3% 和 13.0%，仅次于中国、印度和巴西。

四、新兴海洋国家为深海科技潜在推动者

巴西、印度及韩国等新兴海洋国家具有较高研发增速，在研发力量、研发规模、研发引领以及研发竞合方面仍有很大的提升空间。

1. 巴西

在深海领域，巴西的研发引领、研发竞合能力优于其他新兴海洋国家。在研发引领方面，其 ESI 论文数量、SCI 篇均被引次数、发明有效授权专利平均被引次数均高于其他新兴海洋国家。巴西把深海石油开发作为油气资源开发重点，通过实施"深水油田开采技术创新和开发计划"，相继发现多个大型及超大型深水油气田，形成 3000 m 水

深的油气开发能力，处于世界领先地位。在研发竞合方面，巴西较为接近老牌海洋强国，其中专利平均市场布局为 3.6 个 / 项，意味着每项专利平均布局了本土以外 2～3 个海外市场。在研发增速方面，其 SCI 发文和发明专利申请增长明显，十年年均增速分别为 13.2% 和 16.2%，仅次于中国与印度，排名第三位。但其在研发力量和研发规模上，仍处于低位水平。

2. 印度

在深海领域，印度表现出了较高研发增速。在深海领域 SCI 发文和发明专利申请均呈现明显增长趋势，十年年均增速分别为 15.9% 和 23.8%，仅次于中国，排名第 2 位。但在研发引领、研发力量、研发规模及研发竞合方面仍处于初步发展时期。印度国家海洋技术研究所致力于开发自己的深海载人潜水器——Matsya 6000，工作深度 6000 米，搭载 3 人。

3. 韩国

在深海领域，韩国经过快速的发展，目前已形成一定的研发规模。韩国的研发规模指标次于美国和中国，排名第 3 位，其中韩国的发明有效授权专利数量全球占比为 16.1%，仅次于美国和中国。在研发引领、研发力量方面，韩国处于新兴海洋国家中等水平。在研发增速、研发竞合方面，韩国仍处于较低水平。韩国在深海领域的科技研发主要集中在深海探测等领域。

第三章

深海进入科技创新格局发展趋势

　　深海进入是深海探测和深海开发的基础，主要是指深海运载装备，即深海潜水器平台及其支撑配套技术。深海潜水器作为海洋高新技术的重要组成部分，以其强大的水下作业能力优势而成为维护国家海洋权益和资源安全、开展海洋探查和资源开发利用、进行海洋科学研究不可或缺的手段，其技术水平在一定程度上标志着国家国防能力和科技水平。发展该项技术不仅对国民经济和社会发展以及国防安全有极为重大的意义，还对海底空间利用、海洋旅游、深海打捞、救生等有着不可估量的价值和战略意义。深海进入技术主要包括载人深潜器、各种类型无人潜水器，以及水下导航定位传感器、水声通信等支撑配套技术，涉及材料、机械、电力、电气、导航通信等诸多领域。载人深潜器（Human Occupied Vehicle，HOV）类似小型潜水艇，自带能源和动力，由驾驶员在潜器内直接操纵控制。无人潜水器（Unmanned Underwater Vehicle，UUV）是通过无人驾驶、靠遥控或自动控制进行水下观察和作业的装备。典型的无人潜水器有有缆无人潜水器（Remotely Operated Vehicle，ROV）、无人自治式潜水器（Autonomous Underwater Vehicle，AUV）、水下滑翔机（Autonomous Underwater Glider，AUG）以及新概念无人潜水器等。支撑配套技术包括上述深海潜水器平台中应用的导航定位、动力推进、水下通信等技术。

第一节　深海进入研发概述

一、总体评价

根据深海进入领域科技创新能力评价指标显示，美国整体实力最为雄厚。我国在深海进入领域研发规模上超过美国，居第1位，在研发引领能力方面与老牌海洋强国接近；老牌海洋强国在研发竞合、研发引领方面具有明显优势；新兴海洋国家一般具有较高的研发增速。深海进入领域主要国家科技创新能力一级评价指标得分见表3-1。

美国在研发引领、研发力量及研发竞合方面居全球首位，2011～2020年美国PCT专利数量、发明授权专利平均被引次数、基础研发机构数量、技术开发机构数量以及国际论文合著网络中心度5项指标均居世界首位。根据深海进入研发前沿分析显示，美国在深海进入的研发基本覆盖了全部技术领域，其在深潜器的设计制造以及应用方面均处于领先地位，同时在水下声学、换能器、水下导航、仿生推进等方面优势明显。美国深海进入领域科研机构众多且具有较高的影响力，代表性机构包括美国伍兹霍尔海洋研究所、麻省理工学院、美国蒙特利湾海洋研究所等。同时，美国在深海进入领域拥有一批全球领先企业，如美国Trition公司、美国蓝鳍金枪鱼公司、美国Teledyne Webb Research公司等。此外，美国海军、美国国家海洋与大气管理局等机构同样具有较强的研发实力。国际论文合著网络年度分析显示，美国始终是全球深海进入领域科研合作的网络中心。专利流向分析显示，美国接近 70% 的专利布局在海外，且在海外市场中美国的专利数量超过其他国家，居第 1 位，具有强大的竞争能力。

中国在深海进入领域 2011 ~ 2020 年间的研发规模已超过美国，居第 1 位。近 10 年我国 SCI 论文数量对全球贡献占比为 30%，为全球最大的贡献者。2017 年，我国深海进入领域的年度 SCI 论文数量首超美国。同时 SCI 发文和发明专利申请数量一直保持高速增长，在深海进入领域我国 SCI 发文、发明专利近 10 年年均增速分别为 31.6%、29.9%。在研发力量方面，我国基础研发机构和技术开发机构数量全球占比分别为 11.2%、7.0%。在研发引领方面，我国深海进入领域 ESI 论文数量居全球首位，全球占比高达 45.5%，主要集中在深潜器自动控制算法研究。PCT 专利数量有所提升，全球占比 6.9%，排名第 4 位。我国 SCI 论文篇均被引次数、发明授权专利被引次数分别为 8.8 次 / 篇、0.06 次 / 项，在 15 个国家中分别排名第 14 位、第 7 位。在研发竞合方面，我国国际 SCI 论文合著网络中心度为 74.2%，排名第 6 位，表现较好，但发明专利平均同族仅为 1.1 个 / 项，意味着我国发明专利基本布局在国内，国外市场鲜有布局。根据技术流向分析，我国仅有 5.9% 的专利布局在海外市场。从海外布局专利比重来看，仅高于俄罗斯。

英国、挪威、法国、加拿大、德国、澳大利亚、意大利、荷兰、俄罗斯、日本等老牌海洋强国，总体科技实力位居全球前列。一般来说，这些老牌海洋国家在研发引领能力、研发合作、研发竞争布局方面能力较强。**英国**研发引领能力次于美国，居第 2 位，其中 ESI 论文数量、PCT 专利数量排名全球第 3 位。深海进入领域研发前沿分析显示，英国基本覆盖了深海进入领域基础研究热点，且深潜器应用研究方面论文影响力较高。技术开发主要集中在 AUV 整体设计、AUV 载荷、ROV 油气开发应用、换能器、海底电缆及水下导航领域。**挪威**技术开发方面的指标位居全球前列，技术开发机构数量全球占比 10%，仅次于美国，排名第 2 位，代表性企业为挪威康斯伯格海事公司。挪威 PCT 专利数量全球占比为 7.8%，排名第 3 位，研发集中在 AUV 控制技术、AUV 载荷、ROV 布放及作业技术、水声通信、换能器、海底电缆、惯性导航等领域。挪威 SCI 发文和发明专利申请年均增速为 13.4%、6.0%，整体排名第 4 位，处于较高水平。**法国**各项指标表现均衡。深海进入领域研发前沿分析显示，法国研发集中在 AUV 控制技术、AUV 多平台协同、AUV 布放回收、ROV 应用技术、水下导航以及仿生推进。根据专利流向分析，法国超 80% 的专利布局在海外，主要布局在国际 PCT 专利、欧洲专利局以及美国。**加拿大**在研发引领指标方面表现突出，排名第 3 位。其 ESI 论文数量全球占比为 14.3%，SCI 论文篇均被引次数为 17.8 次 / 篇，发明专利平均被引次数为 18.4 次 / 项，分别排名第 4、1、3 位。深海进入领域研发前沿分析显示，加拿大研发主要集中在 AUV 多平台协同、相关通用技术及应用研究、ROV 应用研究、AUG 整体设计、水下传感器网络、水下光通信、水下声学导航及海洋环境参数匹配导航。**德国**在研发引领、研发竞合方面处于较高水平，同时具备较强的研发力量。各项指标表现均衡，研发主要集中在 AUV、ROV 及 AUG 水下无人潜器的应用研究以及 AUV 整体设计、声学换能器、海底电缆、惯性导航 / 组合导航、潜水器推进及能源动力方面的技术开发。**意大利**注重专利海外布局，超 85% 以上专利布局在海外，布局的市场主要包括美国、欧洲专利局及 PCT 国际专利。研发主要集中在 AUV 通用技术、ROV 控制技术及应用研究、水下传感器网络、惯性导航等研究以及 AUV 设计及载荷等技术开发方向。**澳大利亚**在研发引领和研发竞合指标方面得分较高，研发主要集中在 AUV 多平台协同及应用研究、ROV 应用研究、AUG 整体设计、惯性导航、环境参数匹配导航以及仿生推进等方面，以及 ROV 水下作业等技术开发。**荷兰**研发主要集中在 ROV 应用技术、水下传感器网络、水下环境参数匹配导航等基础研发方向以及 AUV 的整体设计、布放回收、负载载荷等技术开发方向。**俄罗斯**公开的数据一般较少。仅从公开数据分析，俄罗斯的研发集中在载人深潜器、ROV 应用研究、声学换能器领域。**日本**在研发引领、研发力量、研发规模及研发增速方面表现较为均衡，基本处于老牌海洋强国的平均水平。研发主要集中在 AUV 相关通用技术及应用研究、ROV 控制技术及应用研究、水声通信、仿生推进等基础研究，以及换能器、可见光通信、推进系统控制与能源动力。

巴西、印度及韩国等新兴海洋国家具有较好的研发增速，在研发力量、研发规模、研发引领以及研发竞合方面仍有很大的提升空间。**巴西**在新兴海洋国家中实力较强，主要集中在 AUV 设计、ROV 控制技术及应用、水下传感器网络、推进系统控制等技术开发方向。在研发增速方面，其 SCI 发文增长明显，2011 ~ 2020 年年均增速为 21.7%，仅次于中国和印度，排名第 3 位，但巴西在研发力量和研发规模上，仍处于低位。**印度**的 SCI 发文增速和发明专利申请 2011 ~ 2020 年年均增速分别为 22.8%、24.3%，均出现了快速增长，增速仅次于中国，排名第 2 位，但在研发引领、研发力量、研发规模及研发竞合方面仍处于初步发展时期。深海进入领域研发前沿分析显示，印度主要集中在 AUV 自主控制、多平台协同、水下光通信、水下传感器网络、环境参数匹配导航、声学导航等技术开发方向。**韩国**经过快速的发展，目前已形成一定的研发规模。韩国的研发规模指标次于中国、美国与英国，排名第 4 位，在研发增速方面，韩国的 SCI 发文增速和发明专利申请 2011–2020 年年均增速分别为 12.5%、3.8%，高于老牌海洋强国平均增速。在研发引领、研发力量及研发竞合方面，韩国仍处于较低水平。研发主要集中在 AUV 自主控制、水下传感器网络、环境参数匹配导航等基础研究，以及 AUV 整体设计、ROV 布放回收、水下可见光通信、水下推进及能源动力等技术开发方向。

表 3-1　深海进入领域主要国家科技创新能力一级评价指标得分

国家	研发引领	研发力量	研发规模	研发增速	研发竞合
美国	● 100.0	● 100.0	◕ 73.2	○ 15.4	● 100.0
中国	◑ 43.7	◑ 41.5	● 100.0	● 100.0	◑ 44.2
英国	◑ 55.4	◔ 28.0	○ 14.6	○ 17.6	● 93.0
加拿大	◑ 49.6	○ 8.4	○ 6.9	○ 13.5	● 97.4
挪威	◑ 45.1	◔ 21.1	○ 5.8	◔ 29.5	● 85.2
荷兰	◑ 49.3	○ 9.5	○ 3.2	○ 8.6	◕ 78.5
德国	◔ 41.0	◔ 16.1	○ 10.0	○ 7.0	● 99.9
法国	◔ 36.0	◔ 27.0	○ 8.8	◔ 21.3	● 99.8
澳大利亚	◑ 41.9	○ 7.3	○ 6.0	○ 13.6	● 93.9
意大利	◔ 29.6	◔ 12.7	○ 6.6	○ 19.5	● 82.5
日本	◔ 31.1	◔ 14.6	○ 11.5	○ 19.4	◑ 57.2
俄罗斯	○ 10.9	○ 1.7	○ 2.9	◑ 55.5	◔ 36.3
巴西	◔ 24.0	○ 2.7	○ 2.2	◔ 28.9	◕ 78.6
韩国	○ 17.8	○ 9.3	○ 13.3	◔ 23.8	◔ 35.7
印度	○ 11.0	○ 7.2	○ 4.2	◕ 77.3	◔ 38.9

二、潜水器概述

（一）载人深潜器（HOV）

截至 2020 年 12 月，参考 2018 年海洋技术协会载人深潜器委员会（MTS MUV）统计结果，载人深潜器产业由 85 家国际会员单位组成，包括 50 家载人深潜器制造商，其中 38 家是商业公司，12 家是国家机构。目前超过 160 艘各类型载人深潜器活跃在世

界各地，载人座位总计可达 1624 个，其中工作深度大于 1000 m 的载人深潜器有 19 艘
（表 3-2）。

表 3-2　现役作业深度 1000 m 以上载人深潜器

国别	序号	名称	深度（m）	建成年份	载员	船级
美国	1	Deepsea Challenger	11000	2011	1	/
	2	TRITON 36000/DSV Limiting Factor	11000	2018	2	ABS
	3	Alvin	4500	1964	3	NavSea
	4	PISCES IV	2000	1971	3	ABS
	5	PISCES V	2000	1973	3	ABS
	6	TRITON 3000	1000	2011	3	ABS
	7	Deep Rover DR2	1000	1994	2	ABS
俄罗斯	1	Mir1	6000	1987	3	GL
	2	Mir2	6000	1987	3	GL
	3	Rus	6000	2001	3	/
	4	Consul	6000	2011	3	/
中国	1	蛟龙	7000	2009	3	CCS
	2	深海勇士	4500	2017	3	CCS
	3	奋斗者	11000	2020	3	CCS
日本	1	Shinkai 6500	6500	1989	3	NK
法国	1	Nautile	6000	1985	3	BV
葡萄牙	1	LULA 1000	1000	2011	3	GL

美国。美国仍然占据大深度载人深潜器研制和应用能力的绝对领先位置，运行
着全世界 44% 的大深度载人深潜器，执行了世界大部分的全海深载人深潜任务。美
国海军于 20 世纪 60 年代研发成功 11000 m 级别的 Trieste 号载人深潜器、4500 m 级
别的 Alvin 号载人深潜器、1000 m 级别的 NR1 核动力潜艇等系列大深度载人深潜器，
开始对深海进行高频率的探测和作业。其中 Alvin 号载人深潜器已经下潜超过 5000
次，将超过 15000 人次的科学家、工程技术人员送达深海和洋底现场进行直接观察

和勘察，特别是其曾执行氢弹搜寻和打捞、海底热液和深海生物考察、"泰坦尼克号"搜寻和考察等重大深海任务。导演詹姆斯·卡梅隆资助研制成功的"深海挑战者（Deepsea Challenger）"号全海深载人深潜器使用 64 毫米高强度钢制作单人载人球舱，到达马里亚纳海沟 10898 米海底。美国 Triton 公司研制的"Triton 36000/2 Hadal Exploration System"全海深载人深潜器，使用 90 mm 钛金属制作双人载人球舱，直径 1.5 m。2019 年 5 月 14 日，美国探险家维克多·维斯科沃使用"TRITON 36000/DSV Limiting Factor"号载人深潜器到达马里亚纳海沟 10927 m 海底。全海深载人深潜器"深海飞行挑战者（DeepFlight Challenger）"的载人球壳由两个透明的石英玻璃半球加工而成。

俄罗斯。俄罗斯运行 4 艘大深度载人深潜器，其能力和水平紧随美国。苏联于 20 世纪 80 年代研发成功 6000 m 级 Mir1、Mir2 载人深潜器、1000 m 级 AS 系列核动力潜艇。Mir1、Mir2 下潜海域遍布太平洋、大西洋、印度洋和北极海底，已执行超过 1000 次的深海任务，包括对海底硫化物矿床、深海生物、浮游生物、大洋中脊水温场的调查和考察，以及对失事核潜艇的水下核辐射的检测、"泰坦尼克号"的水下拍摄等。俄罗斯使用其系列载人深潜器，于 2007 年执行"北极 –2007"深海海洋科学考察并在海底插上俄罗斯国旗。

日本。日本的 Shinkai 6500 曾保持下潜深度世界纪录 6527 m 达 23 年（1989 ~ 2012 年），已执行超过 1400 次的深海任务，涵盖板块俯冲区域、洋中脊、深海生物、深海基因、深海热液和物质循环过程等科学考察任务。

法国。法国的鹦鹉螺号已执行超过 1000 次的深海任务，涵盖多金属结核、深海海沟、深海生态系统科学考察和部分军事任务。

中国。中国大深度载人深潜器经历了近二十年的跨越式发展。2002 年，中国立项研制 7000 m 级"蛟龙"号载人深潜器，2012 年成功下潜至 7062 m；2017 年，中国研制成功 4500 m 级"深海勇士"号载人深潜器，国产化率达 95%；2020 年，中国完成全海深（11000 m 级）载人深潜器"奋斗者"号的研制，下潜深度至 10909 m。这些载人深潜器使中国在深海科学考察、环境调查、深海资源勘查、水下救助打捞、水下考古等方面具备了执行大深度海底作业的能力。

（二）无人自治潜水器（AUV）

国际上，AUV 的研发起步相对较早。国际上超过 4500 m 潜深的 AUV 有挪威康斯伯格海事子公司（原 Hydroid 公司）的 REMUS 6000 AUV、美国 Teledyne Gavia 公司的 Sea Raptor 6000 m AUV、美国蓝鳍金枪鱼公司的 Bluefin-21 AUV 等，其中 REMUS 6000 和 Sea Raptor 6000-2 型已形成商用规模，占有该级别 AUV 市场份额的 70% 以上。

美国。美国麻省理工学院的 Sea Grant AUV 实验室研发了 Odyssey 系列、Reef Explorer 系列 AUV。伍兹霍尔海洋研究所的 Nereus 混合型水下机器人 ARV 在马里亚纳海沟完成了 10902 m 的海试。Bluefin-9 作业深度为 200 米，采用模块化设计，易于维护。美国蓝鳍金枪鱼公司研发的 Bluefin-12 在搜寻失事客机 AF447、MH370 的过程中进行了应用，其在海洋探测及搜救领域中展现出强大的可靠性和实用性。

挪威。挪威有 REMUS 系列和 HUGIN 系列 AUV，其中 REMUS AUV 已经实现了下潜深度从 100 m 到 6000 m 的系列化产品的设计研制。探测型、侦察型、特种作业型等各种功能型系列化产品被广泛用于辅助水道测量、港口安全、岩屑区域绘图以及科学取样。

中国。我国构建了"潜龙"系列深海 AUV 和"探索"系列 AUV。其中"潜龙"系列 AUV 主要用于深海资源勘查，主要包括 6000 m 级"潜龙一号"、4500 m 级"潜龙二号"和"潜龙三号"。"探索"系列 AUV 主要用于海洋科学研究，主要包括"探索 100""探索 1000""探索 4500"，其中"探索 4500"是 4500 米级深海 AUV，主要用于冷泉区科学调查。我国"橙鲨"中型 AUV 搭载多功能探测声呐，实现了 2000 m 海底勘探；"海灵"小型和"河流"微型 AUV 分别实现了海底地形测绘和水质探测，完成了声学和光视觉引导下 AUV 的海上自主对接，为未来海洋观测网络和深海空间站奠定技术基础；"智水"系列和"微龙"系列 AUV 可用于海域扫雷、自主巡航等；"海灵"号和"橙鲨"号 AUV 也均可搭载多波束声呐完成海底地形探测任务；"MerMan"系列 AUV 可实现自主航行、预编程航行、自主定深航行，具备较高的导航定位能力，可携带多型探测设备，实现航道探测、大载荷水下运输、自主避障及路径重规划功能，具备水下目标探测、地貌探测和水文调查的功能。此外，瞄准国家深远海的海洋战略需求，我国还开展了全海深 AUV 的关键技术研究工作，主要包括制约全海深 AUV 研制的水声通信、定位、智能作业等关键技术研究，极地冰下 AUV 关键技术研发和样机研制也在同步开展。ARV 方面，我国"海斗"号成为世界上首个实现万米深潜的无人遥控自治潜水器，为全海深 ARV 研制奠定了坚实基础。自主变形仿生柔体潜水器以及基于升力原理的深海高速潜水器等一批新概念 AUV 已完成样机研制，并开展了初步湖海试验。

（三）有缆无人潜水器（ROV）

美国、加拿大、英国、法国、德国、俄罗斯和日本等国家在无人深潜器领域处于领先地位，特别是在商用 ROV 方面，美国和欧洲国家占据了绝大部分市场。目前，全球有上百家 ROV 制造商，不同型号和不同作业能力的 ROV 数以千计，而且还在迅速增长。美国、日本、俄罗斯、法国等海洋强国已经拥有了从先进水面支持母船到可下潜至 3000 ~ 10000 m 的 ROV 等深海潜水器系列装备，通过装备之间的相互支持、联合作业和安全救助等，能够顺利完成水下调查、搜索、采样、维修、施工和救捞等任务。

美国。美国海军研究实验室早在 20 世纪 50 年代便开始了 ROV 技术的研发，陆续研制出 CURV1 号、CURV2 号和 CURV3 号；伍兹霍尔海洋研究所在 20 世纪 80 年代开发了 6000 m 级的 Jason Ⅰ型和 Jason Ⅱ型 ROV。美国国际海洋工程公司是全球最大的 ROV 制造企业、作业公司，其 eNovus 系列 ROV 占据了世界钻井支持业务的 30%；美国 Forum 公司旗下的美国 Sub-Atlantic 公司有 Comanche、Super Mohawk、Mohican、Navajo 系列 ROV，占据全球中小型 ROV 市场份额的 11%；美国 Deep Ocean Engineering 公司有 Vector 系列、Phantom 系列 ROV，在全球 30 多个国家提供了超过 600 个 ROV 系统，支持科学研究、教育、近海石油和天然气、渔业、广播拍摄、核检查、军事、安全、执法等业务。

英国。英国海眼公司是英国 Saab 水下潜航公司的全资子公司，其生产的 ROV 重量从几百千克到上吨重，有 Seaeye Tiger & Lynx、Panther-XTr 等 ROV 产品，大部分同时具有观测和作业的功能，占据了全球中小型 ROV 市场份额的 57%。

日本。日本国立海洋研究开发机构在 20 世纪 90 年代研发了 10000 m 级的 ROV——KAIKO，并在 1995 年完成了 10970 米深的马里亚纳海沟海上试验。2011 年，日本将电动 ROV 系统 KAIKO 7000 改造为液压作业型 ROV，并命名为 KAIKO Mk-Ⅳ，可实现 6000 m 水深以下乃至 7000 m 级作业。

中国。相比欧美国家和日本，我国对 ROV 的研究开发起步较晚。20 世纪 70 年代末起，上海交通大学和中国科学院沈阳自动化研究所开始了 ROV 的研究工作，并合作研制了我国第一套 ROV "海人一号"。因深海装备研发投入大、风险高和周期长，直到最近十年我国的 ROV 技术才有了快速发展，与国际先进水平的差距才开始逐渐缩小。上海交通大学在 ROV 研发领域始终走在我国前列，其研发的产品从微小观察型 ROV 到重载作业级深水 ROV 不等。其中具有代表性的 ROV 为以"海马 – 4500"为代表的海马系列科考作业级 ROV。"海马 – 4500"是我国迄今为止自主研发的规模和下潜深度最大的作业级 ROV，具有实用化海洋装备应具备的可靠性、稳定性和适应性，除具备强作业型 ROV 的常规作业能力外，还拥有强大的扩展功能，具有与升降装置协同完成海洋仪器设备的布放以及支持水下液压和电气设备的能力，达到了国外同类 ROV 的技术水平。"海马 – 4500"的成功研制标志着我国全面突破了深海 ROV 核心技术，具备了自主开发和应用能力。

（四）水下滑翔机（AUG）

国外水下滑翔机技术主要集中在美国、法国、英国和澳大利亚等海洋强国，其中美国是先驱者和领导者。除美国外，欧洲和澳大利亚从 21 世纪开始专注于 AUG 的应用和协作组网技术研究，并组建了各自的 AUG 观测网络，显示了其在 AUG 应用方面的技术水平。目前国际上 AUG 单机技术已非常成熟，且有实用化、系列化产品。

美国。作为水下滑翔机技术的起源地和领军者，美国自 20 世纪 90 年代开始技术攻关，目前其单机技术非常成熟，具有 Slocum、Spray、Seaglider 等多款水下滑翔机产品，可靠性和实用化程度高，已实现商品化运作，广泛应用于全球各地的海洋观测和探测中。目前，在续航能力方面，美国 Slocum 水下滑翔机已经达到了续航约 12 个月、航程超过 6000 km 的最高能力水平；在工作深度方面，美国华盛顿大学海洋学院研制了用于深海环境监测的长航程水下滑翔机 Deepglider，设计深度为 6000 米，航程 10000 km，连续工作时间为 18 个月，最大工作深度超过 6000 m。另外，美国 Exocetus 公司的 ANT Littoral Glider 和 Exocetus Coastal Glider 均用于浅海；美国普林斯顿大学的混合推进水下滑翔机 Hybrid Glider、美国蒙特利湾海洋研究所的混合推进水下滑翔机 Tethys 等也开展了应用。美国 Teledyne Webb Research 公司还开展了温差能水下滑翔机研制，是国外唯一开展温差能水下滑翔机的研究机构，其在位工作时间 3～5 年，设计航程 40000 km，远大于传统的电能驱动水下滑翔机，且性能参数具有量级的差别。美国 Liquid Robotics 有限公司研制了波浪滑翔机 Red Flash，2011～2013 年该波浪滑翔机进行了穿越太平洋海试，打破了无人船最远航程的世界纪录。

法国。法国 ACSA 公司研制的 SeaExplorer 混合推进水下滑翔机，可在 AUV 和水下滑翔机工作模式间切换，结合水下声学定位系统在水下完成自定位，用于长时间海洋监测和冰下测量，已实现商品化。法国法国国立海军工程学院学院研发了混合推进水下滑翔机 Sterne，此水下滑翔机两侧布置有水平机翼，同时拥有可驱动的水平尾鳍和垂直尾舵，用于螺旋桨推进模式下的控制。

德国。德国 EvoLogics 公司研制了一款仿生水下滑翔机 Subsea Glider，通过模仿鱼类的鳍运动，采用与机身形状相适应的翼型设计，来达到更好的滑翔性能。

挪威。挪威科技大学和挪威科技工业研究所共同研制了蛇形机器人 Eelume，采用多节身躯设计，机动性强，模式丰富，在水中游行时，其能够像鱼雷一样伸直身体，当进入狭长的空间时，又能够灵活弯曲。

中国。"海燕"号万米级水下滑翔机连续航程可达 4435 km，并创造了 10619 m 下潜深度世界纪录；"海豚"水下目标警戒滑翔机参与南海安全演习。在无人潜水器协同/协作组网技术方面，以水下滑翔机为核心装备，开展了无人潜水器协同/协作组网观测与小规模海上试验应用，最多实现了 28 台水下滑翔机的同步操控。中国海洋大学、中国船舶重工集团公司第七一〇研究所（以下简称中船集团 710 研究所）和国家海洋技术中心分别研制了"黑珍珠""海鳐""蓝鲸"波浪滑翔机并开展了深海监测应用。

三、相关通用技术概述

（一）水下导航定位技术

美国。在惯性导航方面，美国霍尼韦尔公司制作的光纤陀螺零偏稳定性可以达到 0.000 1° /h。美国 Kearfott 公司研发的惯导系统在军用及民用领域有着广泛应用，其在环形激光陀螺仪研发方面有着领先优势。在重力辅助导航领域，美国 LaCoste & Romberg 公司是世界顶尖的重力仪生产厂家。重力导航典型产品有洛克希德·马丁公司研制的重力导航系统（Navigation and Gravity System，NGS）和贝尔公司研制的重力辅助惯性导航系统（Gravity Aided Inertial Navigation System，GAINS）。利用重力辅助导航，可以使经纬度的控制误差低于设备指标的 10%。在水声导航定位方面，用于导航的声学设备如多普勒测速仪（DVL）、侧扫声呐、声学调制解调器等，美国 Linkquest 公司、美国 TRDI 公司、美国 BlueView 公司、美国 Benthos 公司等设备商也都是业内的佼佼者。除了超高硬件研发水平，美国在导航定位算法、应用软件开发领域也具备很强的实力。

法国。在惯性导航、声学定位领域有着较高的技术水平。法国 iXblue 公司（前身美国 IXsea 公司）开发的光纤捷联装置姿态测量（Octans）和惯性导航系统（Phins）是目前较为先进的惯导系统。Phins 的水下版本 U-Phins 是世界上最轻便的水下惯性导航系统之一，其重约 2.14 kg，体积 2100 cm³，功耗仅为 3 W，在 AUV、UUV 平台上得到了广泛应用。其纯惯导定位精度 0.8 英里 / 小时（合 1.3 km/h），与多普勒测速仪组合定位精度 10 米 / 时。法国 iXblue 公司在长基线声学定位领域也是世界顶尖公司之一。法国 ACSA 公司开发了基于声学定位的 GIB-LITE 系统，通过 4 组微型浮标能够在 500 m × 500 m × 100 m 深的范围内提供精确定位，定位精度小于 25 cm。

英国。英国 BAE Systems 公司研发的深海导航系统能够通过远距离声源实现精准导航，有着较强的技术实力。英国 BAE 公司承接了美国国防高级研究计划局（DARPA）发布的深海导航定位系统（POSYDON）合同。英国 Sonardyne 公司开发了高性能的 SPRINT-Nav 惯性导航系统，采用 DVL 进行辅助导航，设备高度集成化，其高性能混合导航技术已被英国国家海洋学中心选为下一代 AUV 用于冰下作业。英国 Sonardyne 公司在超短基线、长基线水声定位领域也有较突出的成果，在世界范围内有大量的客户。

挪威。挪威康斯伯格海事公司与前述的法国 iXblue 公司和英国 Sonardyne 公司是水下长基线定位领域主要领导者，推出了多套商用乃至军用的水声定位系列产品，其典型的 HiPAP 系列产品导航精度可达航距的 0.02%，型号 HiPAP102 的工作范围达到 12000 m。在水下地形匹配研究方面，挪威也走在前列。2010 年，挪威国防研究组织研制的 HUGIN 系列智能 AUV 在奥斯陆海湾进行了一次全程水下试验，利用水下地形高度匹配（TEM）导航方式，航行 5 小时浮出水面时与全球定位系统（GPS）信号间的误差约为 5 米。

俄罗斯。俄罗斯在用于导航的硬件设备方面拥有强大的实力，其传统机械式陀螺仪的技术实力处于世界顶尖水平，但在光纤陀螺仪、MEMS 陀螺仪等新一代技术产品上落后于美国等西方国家。圣彼得堡海洋仪器公司研发的 Chekan-AM 海洋重力仪产品是同类产品中的佼佼者。2016 年，俄罗斯完成了一款新型水下导航定位系统，这种定位系统能在北极冰层以下工作，综合运用超短波通信和水声通信等方式，可与空中、水面和陆地的控制中心实时交换信息，并借助深海浮标为无人潜水器提供米级以下的高精度服务。

日本。日本特别关注水声导航定位方面的研究，其在水声导航定位技术分支领域的专利数量仅次于美国。东京大学开发的静态厘米级定位技术可应用于海底板块位移的测量。

除以上几个国家外，**德国、丹麦、加拿大**等国在水下导航定位领域也有一定的技术实力，很多产品也达到了世界先进水平，如德国 LITEF 公司的光纤陀螺仪产品、丹麦 MaridanA/S 公司开发的 DVL/SINS 组合导航系统、加拿大 ISE 公司开发的组合导航系统等。

中国。在水下导航领域，国内许多研究机构都对基于惯性导航的组合式导航开展了研究，包括哈尔滨工程大学、西北工业大学、天津大学等。国内多集中于捷联式惯导（SINS）、GPS、DVL 之间的组合，GPS 用于 AUV 浮出水面时矫正，基本采用的是潜航—浮出水面—潜航的模式。天津大学 2014 年研发的 SINS/DVL、超短基线定位系统（USBL）、深度计、GPS 组合导航系统实验航行误差为航距的 0.3% ～ 0.6%；中航工业西安飞行自动控制研究所自主研发的 SINS/DVL 组合导航精度在一般工况下误差为航距的 0.3%。国产组合式导航系统的精度与国外先进产品还有差距，且核心器件如高精度陀螺仪、DVL 等还依赖于国外进口。国产水声定位系统作用距离由 8000 m 向 12000 m 迈进；定位精度从几十米量级已进步至优于 0.5 m，新的需求将精度要求提至 10 cm。国内水声导航定位技术的产业化发展迅速，孵化出许多高水平的设备研发、生产及服务公司，如江苏中海达海洋信息技术有限公司等，这些公司推出了不同系列水声定位产品，已经在国内得到广泛应用。

（二）水下动力推进技术

美国。美国蒙特利湾海洋研究所研制的 Tethys 利用麻省理工学院开发的升力线（PLL）程序设计了高效率螺旋桨，在低速状态下可以连续航行超过 1800 km。美国是世界上第一个掌握泵喷设计技术的国家，并将该技术成功应用在 MK48 重型鱼雷上。"弗吉尼亚"级核潜艇采用了泵喷推进器，最高航速可达 25 节以上。早在 1980 年，美国就对 300 kW 电磁推进船进行了海上试验。美国海军研究实验室研发的"海影"系列试验船可以实现安静航行。阿贡实验室建有一套超导磁流体推进器实验装置，完成了"洛杉矶号"核潜艇磁流体推进器的概念设计。美国仿生推进技术研究机构有麻省理工学院、佛罗里达大学、得州农工大学、东北大学、加州理工大学等。1994 年，麻省理工学院研制成功了世界上第一条真正意义上的仿生机器金枪鱼

（RoboTuna）。

英国。英国萨博公司开发了多螺旋桨驱动的Falcon水下机器人，通过同时控制四个螺旋桨的转向及转速可实现水平面内的矢量推进。英国是世界上第一个将泵喷应用于核潜艇的国家。英国"机敏"级攻击核潜艇上采用了泵喷推进器，最高航速可达25节以上。

瑞士。瑞士ABB公司研制了Azipod吊舱推进器，可以像舵一样控制推进方向，也可以使螺旋桨轴旋转360°。

德国。德国西门子公司和德国Schotte公司联合研发了SSP吊舱式推进装置，采用同轴同转的双桨设计方式，使得负载由两个螺旋桨共同承担，可以将推进效率提升20%。

俄罗斯。俄罗斯"基洛"级常规潜艇是世界上第一艘采用泵喷推进的常规潜艇，最高航速达17节。俄罗斯磁流体推进技术研究方向主要集中于军事方面。俄罗斯克雷洛夫中央科学研究院和圣彼德堡造船学院设计了针对潜艇的新型螺旋通道推进器。

日本。日本三菱重工株式会社在其开发的水下潜航器上安装了全方向推进器。三菱重工和瑞士ABB公司共同研究将吊舱式推进装置和常规推进组合成轴线对转双螺旋桨推进方式，并取得成功。日本船舶和海洋财团电磁推进船研发委员会在1992年制造了世界上第一艘超导电磁推进试验船"大和一号"，该船的正式航行使用标志着超导电磁推进技术进入实用阶段。1999年，日本M. Nakashima等人研制了一条自主驱动的具有两个关节的自推进机器海豚。日本研发的柔性长鳍尾舵联合操控潜航器采用了螺旋桨和仿生推进的混合推进方式。

中国。我国螺旋桨推进技术快速发展，国内研究单位主要有哈尔滨工程大学、中国科学院沈阳自动化研究所和浙江大学等。哈尔滨工程大学在全方向推进器方面进行了研究，使潜水器不仅能产生纵向运动，而且能产生横向和垂向运动，拓展了螺旋桨的推进力方向，提高了潜水器的机动性。"蛟龙"号载人深潜水器采用了多导管螺旋桨协同推进。我国自1996年起开展超导磁流体推进技术研究。中国科学院电工所首先研制了0.46 T永磁式磁流体推进器以及0.87 T永磁体，在此基础上又研制出一艘由超导螺旋磁流体和螺旋通道推进器推动的模型船。

（三）水下通信技术

美国。美国在水声通信技术方面一直处于领先地位。美国斯克利普斯海洋研究所于 2013 年进行的中程水声通信实验，在 3 公里距离下实现了 60 kb/s 的信息传递，距离与速率乘积达到 180 km·kb·s^{-1}。在远程水声通信实验方面，美国伍兹霍尔研究所及美国斯克利普斯海洋研究所实现了 500 km 量级下的水声通信实验，通信速率达到或接近 kb/s 量级。在商业化水声通信调制解调器上，美国具有极强国际竞争力的公司，包括美国 LinkQuest 公司、美国 Desert Star Systems 有限责任公司、美国 Benthos 公司等。其中，美国 LinkQuest 公司旗下的 UWM 系列水声通信调制解调器最大工作水深可达 10000 m，具备全海深通信能力；美国 Benthos 公司旗下的 ATM 系列产品具备外部电池供电的能力。美国是最早开展水下光学通信实验的国家之一。美国克莱姆森大学利用 445 nm 波长的 LD 光源，在模拟海水的环境下完成 2.96 m 距离的高速率水下数据无线传输，数据传输达到 3 Gb/s，使用 OAM-WDM-PDM 技术后实现了 10 Gb/s 的高速数据传输。美国南加利福尼亚大学在 1.2 m 距离的清水中实现了速率高达 40 Gb/s 的数据传输。在实用化及产品化方面，2017 年 3 月，美国海军空间与海战系统司令部发布"模块化光学通信"载荷项目公告，目的是设计载人潜艇 /UUV 与飞机间的全双工通信系统，该系统不需水面通信转换节点，可实现潜艇与飞机的直接通信，使空潜通信摆脱对水面平台、浮标的依赖，无需潜艇浮出水面，为跨域协同作战开辟新的通信保障途径。

欧洲。欧洲国家中，具有代表性的科研单位包括法国国家科学研究中心、英国伦敦大学、挪威科技大学、英国圣安德鲁斯大学等，具有代表性的企业包括德国 Evologics 公司、英国索纳达国际有限责任公司、瑞典 Tritech 公司、德国阿特拉斯电子公司、挪威康斯博格海事公司等。其中，挪威康斯伯格海事公司为 AUV 产品开发的 cNode-mini 系列水声通信调制解调器，最大工作水深 4000 m，是一款集小型化、低功耗、通用化的优秀水声通信调制解调器产品。除此之外，其他的商用化通信调制解调器还包括德国 Evologic 公司旗下的 S2C 系列商用化调制解调器、瑞典 Tritech 公司的 Mciro-Modem 商用化调制解调器等相关产品。

沙特阿拉伯。沙特阿拉伯的阿卜杜拉国王科技大学研究人员于 2015 年在 5.4 米距离下实现了 4.5 Gb/s 的水下光学通信。研究人员还提出了水下版 Wi-Fi 的概念，在水下完成高清视频的传输，其系统命名为 Aqua-Fi，可以在静止的水中完成高速率数据传输。

中国。中国科学院声学研究所、中船集团 715 研究所、哈尔滨工程大学、浙江大学、厦门大学、西北工业大学、东南大学等研究单位在 863 计划、基金委等支持下开展了水声通信与组网技术各个方面的理论研究、样机研制和湖海试验，技术发展迅速。近 10 年来，国家加大了对水声通信和组网技术的支持力度，缩短了我国和国外的技术差距。同时，国内已经出现了一批优秀的水声通信调制解调器产品，如中船集团 715 研究所的 QMY 系列水声调制解调器、深圳智慧海洋的 SOTG 系列水声调制解调器等，哈尔滨工程大学、中国科学院声学研究所也有相应的水声通信调制解调器产品。2019 年，中国科学院无线光电通信重点实验室实现了 60 m 距离下的水下光学通信，传输速率达到 2.5 Gb/s。浙江大学在 35 米距离下实现了 12.62 Gb/s 的水下光学通信。中国科学院西安光学精密机械研究所在海水环境下，在 6.8 米距离下实现了 7.2 Gb/s 的水下光学通信，在相同环境下，10.2 m 距离上实现了 4 Gb/s 的水下光学通信。2020 年复旦大学的研究人员在 117 m 水池中完成了 2 Mb/s 通信速率的水下光学通信实验。

第二节 深海进入研发前沿

2011—2020 年，美国 PCT 专利数量、发明授权专利平均被引次数均居首位，ESI 论文数量排名第 2 位，SCI 篇均被引次数居第 3 位，研发引领一级指标综合排名第 1 位。挪威、英国、德国、荷兰等老牌海洋强国的 SCI 篇均被引次数与发明授权专利平均被引次数均高于平均水平，PCT 专利全球占比指标也位居前列。我国在 ESI 论文数量上超过美国，排名第 1 位，PCT 专利数量位居第 6 位，但相关平均指标均低于主要海洋国家平均值。印度、巴西等新兴海洋国家无论在总体影响力还是平均影响力方面均处于较低位次。根据 ESI 论文数量全球占比与 PCT 专利数量全球占比两个指标之间的差异性分析显示，美国、德国、法国、日本、荷兰在深海进入领域科技研发引领能力较为均衡；中国、英国、加拿大、意大利、澳大利亚在基础研究方面相对突出；挪威则在技术开发方面具有较强实力。（图 3-1）

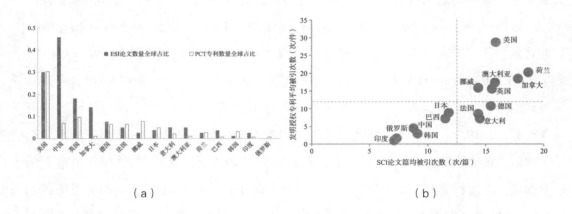

（a）　　　　　　　　　　　　　　　　（b）

图3-1 （a）深海进入领域主要国家ESI论文数量、PCT专利数量全球占比；（b）深海进入领域主要国家在SCI篇均被引次数与发明授权专利平均被引次数指标上的表现，虚线代表主要国家平均值

一、潜水器研发热点前沿

（一）基础研究热点前沿

基于 2011 ~ 2020 年深潜器领域 SCI 论文直接引用网络分析（图 3-2），载人深潜器（HOV）的研究主题主要集中在载人深潜器海试、耐压壳体等方面；无人自治潜水器（AUV）的研究主题主要集中在 AUV 整体设计、自主控制、多平台协同、相关通用技术及应用研究；有缆无人潜水器（ROV）的研究主题主要集中在 ROV 应用研究及 ROV 控制技术；水下滑翔机（AUG）的研究主题主要集中在 AUG 整体设计及其应用研究。

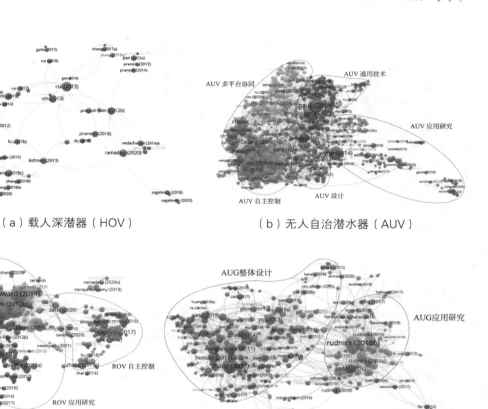

（a）载人深潜器（HOV）　　　　　　　　（b）无人自治潜水器（AUV）

（c）有缆无人潜水器（ROV）　　　　　　　（d）水下滑翔机（AUG）

图3-2　载人深潜器（HOV）、无人自治潜水器（AUV）、有缆无人潜水器（ROV）、
水下滑翔机（AUG）SCI论文直接引用网络

　　深潜器领域 SCI 直接引用网络中的 SCI 论文定义为核心论文。2011 ~ 2020 年潜水器核心论文平均发表时间是 2015 ~ 2017 年（表 3-3），说明发文相对较新，篇均被引频次处于较高水平，且发文增速较高，说明深潜器领域备受关注。其中，载人深潜器核心论文尚未形成规模，AUV 与 ROV 核心论文数量接近，AUG 已初步形成核心论文网络。AUV 研究主题中，AUV 设计是增长较快的方向；AUV 自主控制及多平台协同方向均呈现出规模较大、平均发表年代新、增长快、篇均被引次数较高的特征；AUV 相关通用技术规模较大、被引频次高、发文年代相对较新；AUV 应用研究发文增速较为缓慢，但引用频次最高。ROV 研究主题中，ROV 技术较为成熟，其应用技术核心论文数量是深潜器领域中最高的。AUG 是相对较新的技术，目前整体设计研究较多，应用技术的研究仍处于初步阶段。

表 3-3　深潜器方向论文研究主题

序号	研究方向	研究主题	核心论文数（篇）	篇均被引次数（次/篇）	平均发表时间（年）	2011~2020 年平均增长率（%）
1	载人深潜器（HOV）	载人深潜器综述	50	7.0	2016.7	11.2%
2	无人自治深潜器（AUV）	AUV 设计	132	13.3	2017.2	28.4%
		AUV 自主控制	227	22.3	2017.7	28.9%
		AUV 多平台协同	201	19.9	2017.4	25.1%
		AUV 通用技术	227	23.2	2016.6	13.9%
		AUV 应用研究	150	24.0	2015.9	3.0%
3	有缆无人深潜器（ROV）	ROV 自主控制	179	12.5	2016.8	18.2%
		ROV 应用研究	627	14.8	2016.5	19.5%
4	水下滑翔机（AUG）	AUG 整体设计	250	9.3	2017.1	19.6%
		AUG 应用研究	82	20.9	2016.3	6.4%

基于深潜器领域共现词出现频次、年代较新的高被引关键词及论文被引次数等，筛选总结出了高频词、高被引新词以及高被引论文研究方向，用于判断深潜器领域研究热点和前沿（表3-4）。

表 3-4　深潜器方向研究热点与前沿

序号	研究方向	研究主题	高频词	高被引新词	高被引论文研究方向
1	载人深潜器（HOV）	载人深潜器综述	综述	耐压壳体	耐压壳体综述/历史
2	无人自治潜水器（AUV）	AUV 设计	仿生鱼动力模型	流体动力学	软体水下机器人
		AUV 自主控制	轨迹跟踪	自适应模型神经网络	姿态控制轨迹跟踪
		AUV 多平台协同	多平台协同与交互	水下物联网人工智能云计算	多平台协同航路规划技术协同作业技术
		AUV 通用技术	水下导航定位	深度学习	协同定位智能自主控制技术仿生感知与认知技术
		AUV 应用研究	生物多样性地质演化	高分辨率	海洋生态（底栖生物、珊瑚）、热液测绘、海冰渔业管理

续表

序号	研究方向	研究主题	高频词	高被引新词	高被引论文研究方向
3	有缆无人潜水器（ROV）	ROV 自主控制	系统设计	传感器摄像机拉曼光谱机械手	模糊控制鲁棒控制轨迹跟踪
		ROV 应用研究	资源调查海洋工程人工鱼礁	生物地质学	底栖生物、海洋垃圾等应用研究
4	水下滑翔机（AUG）	AUG 整体设计及控制	设计算法形状优化浮力稳定性	混合动力计算流体力学（CFD）	运动学建模、仿真路径规划翼式混合动力（海燕）仿海豚水下滑翔机微型水下滑翔机
		AUG 应用研究	数据同化海洋观测（涡旋、内波等）	南海湾流中尺度涡旋	持久观测微观结构自动采样

1. 载人深潜器

以载人深潜器研究为主题的 SCI 论文数量不多，内容主要集中在对载人深潜器活动的综述（俄罗斯谢尔绍夫海洋研究所、上海海洋大学等）、载人深潜器壳体耐压性能的研究（上海海洋大学、江苏科技大学、中船集团 702 研究所、印度理工大学等）以及载人深潜器在深海探测活动中的应用等（美国斯克利普斯海洋研究所、国家深潜基地等）。

2. 无人自治潜水器

（1）AUV 设计。热点集中在仿生水下机器人的研究。仿生的对象涉及模仿鱼类的鳍运动（新加坡南洋理工大学、美国密歇根州立大学、美国西北大学等）、模拟水母的形态学和运动学（美国弗吉尼亚理工大学等）。采用的材料为形状记忆合金（SMA）及离子聚合物金属复合材料（IPMC）等，推进的方式包括身体 / 尾部致动振荡（BCA-O）、身体 / 尾部致动波动（BCA-U）、中位 / 成对致动振荡（MPA-O）、中位 / 成对致动波动（MPAU）和喷射推进，此外还涉及受到鱼侧线启发的传感器阵列等研究（新加坡南洋理工大学、美国麻省理工学院等）。根据高被引新词显示，整体设计及推进技术的前沿集中在软体水下机器人（美国麻省理工学院）、两栖球形机器人

（北京理工大学）。

（2）AUV 自主控制。根据高被引论文研究方向显示，自主控制技术集中在智能自主控制技术（西北工业大学、挪威科技大学、美国佛罗里达大学、哈尔滨工程大学等）、实时规划与控制技术（华中科技大学等）。根据高被引新词显示，自主控制的前沿集中在追踪控制、轨迹追踪、避障算法、滑膜控制算法、人工神经网络算法等。

（3）AUV 多平台协同。热点集中在多个 AUV 有限时间共识的控制算法、潜水器编队等（东南大学、大连海事大学、西班牙安达卢西亚洛约拉大学等），协同作业技术如水上船只与潜水器的协同作业（华中科技大学等）。研究前沿涉及水下物联网、云计算、机器学习等。

（4）AUV 相关通用技术。研究的热点集中在水下导航、仿生动力推进、视觉辅助、智能感知等技术。

（5）AUV 应用研究。涉及生物多样性、底栖生物研究、地质演化、地貌特征、沉积物分析、天然气水合物勘探以及海底热液、海洋垃圾等具体应用（美国斯克利普斯海洋研究所、美国蒙特利湾海洋研究所、美国伍兹霍尔海洋研究所、英国国家海洋中心等）。

3. 有缆无人潜水器

（1）ROV 自主控制。热点集中在容错控制（意大利卡梅里诺大学）、模糊逻辑控制（华中科技大学）、鲁棒自适应运动控制（上海交通大学）、轨迹跟踪控制技术（上海海事大学）等。

（2）ROV 应用研究。ROV 的应用领域非常广泛，包括海洋工程、海洋管理及海洋科研等，具体涉及海洋石油天然气中的应用、海洋底栖生物环境的保护规划、海洋垃圾、海冰等方面的研究（美国蒙特利湾海洋研究所、英国南安普顿大学、意大利热那亚大学、西班牙巴塞罗那大学、德国不莱梅大学、德国阿尔弗雷德·韦格纳研究所极地与海洋研究所、阿拉伯联合酋长国石油研究所等）。

4. 水下滑翔机

（1）AUG 整体设计及控制。研究热点集中在水下滑翔机的动力学建模及仿真、姿态控制和路径规划以及相关的通用技术等。近期备受关注的地点是在南中国海和墨西哥湾（暖）流区域。混合动力水下滑翔机（天津大学、马来西亚大学等）、仿海豚水下滑翔机（沈阳自动化研究所）、微型水下滑翔机（美国密歇根大学）等研究引用率较高。自主控制研究主要集中在多尺度 / 亚中尺度 AUG 路径规划（美国麻省理工学院、斯洛文尼亚马里博尔大学）。相关的通用技术研究集中在速度估算（美国伍兹霍尔海洋研究所）、地形辅助导航（加拿大纽芬兰纪念大学）、制导（美国乔治亚理工学院）、相变材料（天津大学）等。

（2）AUG 应用研究。水下滑翔机具有在相对精细的水平尺度上进行持续观测的能力，可用于中尺度和亚中尺度的观测，例如锋面和涡旋。由于亚中尺度在海洋的垂直通量中占主导地位，所以水下滑翔机已在生物地球化学过程的研究中得到应用。目前，水下滑翔机已用于测量吕宋海峡附近的内波和湍流耗散（美国斯克利普斯海洋研究所等）。水下滑翔机的采样能力同样备受关注（美国斯克利普斯海洋研究所等），并在声学监测等方面也具有强大的应用潜力（美国俄勒冈州立大学、美国NOAA 等）。

（二）技术开发热点前沿

深潜器领域有效发明专利地图显示（图 3-3），载人深潜器的研究热点主要集中在整体设计、相关装置及控制技术、作业技术、通用技术等方面；AUV 的研究热点主要集中在整体设计、布放回收、自主控制、能源、路径规划 / 组合导航及应用研究；ROV 的研究热点主要集中在布放回收 / 脐带缆、ROV 水下作业、ROV 油气业应用；AUG 的研究热点集中在整体设计和自主控制。

深潜器领域满足以下三项条件之一的发明有效专利被定义为重要专利：一是同族个数在 3 项及以上；二是专利存在质押、转移等法律状态；三是专利族被引次数在 10 次及以上。载人深潜器方向整体专利规模较小，重要专利较少，公开时间较新（表 3-5）。AUV 重要专利相对较多，其中，专利家族平均被引次数最高的方向是 AUV 的布放回收，同族专利数量最高的方向是 AUV 的整体设计，平均公开年最新的是 AUV 载荷。ROV 各方向核心专利平均被引次数均在 40 次以上，平均同族专利数量在 9 个以上，两项指标的表现远超其他潜水器方向，说明 ROV 技术较为成熟。AUG 领域重要专利较少，但其整体设计方向的被引频次及平均同族专利数量均处于较高水平（表 3-5）。

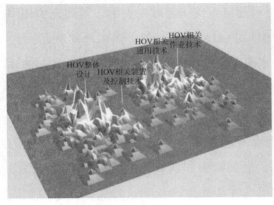

（a）载人深潜器（HOV）

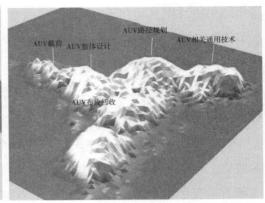

（b）无人自治潜水器（AUV）

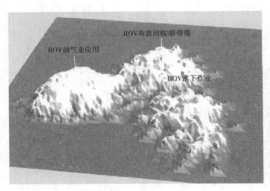

（c）无人有缆潜水器（ROV）

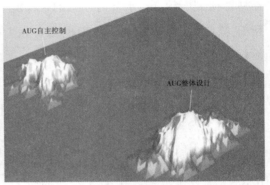

（d）水下滑翔机（AUG）

图3-3　深潜器领域有效发明专利地图

表 3-5　深潜器方向专利技术主题

序号	开发方向	技术主题	重要专利家族公开量（项）	专利家族平均被引次数（次/项）	平均Inpadoc同族专利数量（项）	平均公开时间（年）
1	载人深潜器（HOV）	HOV 整体设计	3	5.3	3.0	2014.3
		HOV 相关装置及控制技术	7	8.6	2.0	2016.4
		HOV 相关作业技术	7	6	2.3	2016.9
		HOV 相关通用技术	2	14	7.0	2017.5

续表

序号	开发方向	技术主题	重要专利家族公开量（项）	专利家族平均被引次数（次/项）	平均 Inpadoc 同族专利数量（项）	平均公开时间（年）
2	无人自治潜水器（AUV）	AUV 整体设计	28	21.1	7.0	2016.7
		AUV 布放回收	27	23	4.8	2016.4
		AUV 路径规划/组合导航	15	15.8	2	2016.8
		AUV 相关通用技术	37	14.6	2.4	2016.4
		AUV 载荷	38	14.6	2.4	2018.0
3	有缆无人潜水器（ROV）	ROV 布放回收/脐带缆	16	44.6	14.3	2017.2
		ROV 水下作业	7	57.6	16.4	2016.1
		ROV 油气业应用	9	52.3	9.3	2013.2
4	水下滑翔机（AUG）	AUG 整体设计	11	18.1	6.9	2012.4
		AUG 自主控制	5	17.8	2.2	2014.1

基于深潜器领域有效发明专利高频词、重要专利技术方向综合判断深潜器领域技术开发的热点和前沿趋势（表3-6）。

表3-6　深潜器方向技术开发热点及前沿

序号	开发方向	技术主题	高频词	重要专利技术方向
1	载人深潜器	HOV 整体设计	载人潜水器	正浮力，垂直推力
		HOV 相关装置及控制技术	抛载	姿态控制 舱口盖锁紧装置 压载抛弃装置
		HOV 相关作业技术	采样	机械手
		HOV 相关通用技术	推进技术	水下充电站

序号	开发方向	技术主题	高频词	重要专利技术方向
2	无人自治深潜器（AUV）	AUV 整体设计	设计	模块式水下机器人 多关节自主水下机器人 水下高速 AUV
		AUV 布放回收	回收系统 对接	海底车库 智能部署
		AUV 路径规划	跟踪控制方法 地形匹配	神经网络反步法 PID 反馈增益 改进萤火虫算法
		AUV 相关通用技术	导航定位 供电	组合导航定位 水下无线充电；智能充电
		AUV 载荷	地震勘探	地球物理数据采集 海洋地震勘测
3	有缆无人深潜器（ROV）	ROV 布放回收 / 电缆	载荷 布放	软着陆系统 海底电缆部署 深水电缆
		ROV 水下作业	水下作业 水下环境	海洋勘测设备清洁 工程型（机械手），观测型（机械手）
		ROV 油气业应用	海底管道 海底采油	回收损坏的海底管道 修理海底管道
4	水下滑翔机（AUG）	AUG 整体设计	能源驱动 浮力调节	复合能源水下滑翔机 海洋波浪能水下滑翔机 仿生水下滑翔机 鲽型、圆碟形水下滑翔机 组合翼、旋转翼水下滑翔机 两栖滑翔机 高机动水下滑翔机
		AUG 自主控制控制	路径规划 组合导航 姿态控制	低功耗控制 高精度组合导航 路径规划

1. 载人深潜器

（1）HOV 整体设计。重要专利主要集中在中船集团 702 研究所、美国 DeepFlight 公司（原美国 HAWKES 公司）及乌克兰国立造船大学等机构。其中美国 DeepFlight

公司申请了一种包括多个垂直推进器的固定正浮力载人深潜器，其可支持一个或多个乘客。

（2）HOV 相关装置及控制技术。重要专利主要集中在载人深潜器的抛载装置（中船集团 710 研究所、中国海洋石油总公司等）、自动脱缆可摆动式拖曳挂钩（中船集团 719 研究所）、应急救援装置（中船集团 702 研究所）、舱口盖锁紧装置（哈尔滨工程大学）以及节能型水下姿态控制系统（中国舰船研究设计中心）。

（3）HOV 相关作业技术。重要专利集中在深海敷缆作业系统、采样篮（中船集团 719 研究所）、沉积物取样器（国家深海基地管理中心）以及深海岩芯钻机（中国科学院三亚深海科学与工程研究所）等。

（4）HOV 相关通用技术。载人深潜器相关通用技术的重点专利涉及圆周环形推进器和控制组件技术（美国）、水下充电站（美国伊格皮切尔科技有限责任公司）以及超短基线定位系统海上标定试验（国家深海基地管理中心）等。

2. 无人自治潜水器

（1）AUV 整体设计。整体设计主要针对无人自治式潜水器，研发起步相对较早，目前已经研发出多种形态的 AUV 产品。重要专利涉及水下无人潜水器及定向推进系统（美国雷神公司）、自埋式自主水下航行器（法国地球物理集团公司）、模块式水下机器人（意大利 ENI 公司）、水下高速 AUV（哈尔滨工程大学）、混合驱动水下自主航行器（天津大学）以及具有复合移动功能的多关节海底机器人（韩国海洋科学技术院）等。

（2）AUV 布放回收。一种合适的布放回收系统对于满足作业需求、提高作业效率、降低风险具有重要意义。相关重要专利涉及用于 AUV 的回收装置和方法（法国海洋开发研究院、法国泰勒斯公司、中国科学院沈阳自动化研究所、浙江大学、中船集团 702 研究所等）、海底车库设计（英国海底七有限公司）、无人潜器发射系统（美国雷神公司）、多个智能水下机器人快速部署装置（哈尔滨工程大学）。

（3）AUV 路径规划。AUV 路径规划算法相关专利申请人基本为国内的研发机构。涉及算法为神经网络反步法、PID 反馈增益、改进萤火虫算法等（哈尔滨工程大学、西北工业大学）。

（4）AUV 通用技术。AUV 相关通用技术主要涉及组合导航定位及 AUV 供电，重要专利涉及 AUV 组合导航定位方法（东南大学等）、环境参数匹配导航（美国雷神公司）、无线充电、智能充电（中国海洋大学、哈尔滨工程大学等）等。相关通用技术将在其他章节进行详细分析。

（5）AUV 载荷。相关专利主要涉及利用 AUV 获取地球物理数据并进行海洋地震勘探（荷兰格库技术有限公司、荷兰 SEABED GEOSOLUTIONS 公司、法国地球物理集团公司、美国埃克森美孚上游研究公司等）。

3. 有缆无人潜水器

（1）ROV 布放回收 / 电缆技术。重要专利涉及 ROV 软着陆系统及其实现方法（美国韦特柯格雷公司）、应用深水的径向防水屏障和动态高压海底电缆（瑞士 ABB 公司）、采用轻质抗拉元件的深水电缆（意大利普睿司曼股份公司）以及用于水下用途的扭曲弦形电缆（日本松下知识产权经营株式会社）等。

（2）ROV 水下作业。水下作业主要是利用 ROV 执行多种水下采样、挖掘等工作。重要专利涉及水下结核集中系统（诺蒂勒斯矿物新加坡有限公司）、可安装海底泵冲洗和采样系统的 ROV（海底 IP 英国有限公司）、深海海底集矿装置（上海交通大学）、水下沉积物采样机器人（中国科学院重庆绿色智能技术研究院）以及自治水下机器人的水体取样装置（浙江大学）等。

（3）ROV 油气业应用。重要专利涉及水下采油树安装 ROV 部署树帽的方法（美国 FMC 有限公司）、ROV 可回收海底泵（美国贝克休斯公司）、海底管道加热（美国壳牌石油公司）等。

4. 水下滑翔机

（1）AUG 整体设计。相关发明专利重点关注水下滑翔机能源驱动及浮力调节。能源类型包括电驱动和温差驱动的复合能源（天津大学）、海洋波浪能等（中船集团719 研究所、浙江大学）。仿生驱动涉及喷水推进型深海滑翔机（华中科技大学）、蝶型 / 圆碟形水下滑翔机（上海交通大学等）等。从性能角度看，重要专利涉及高机动水下滑翔机（西北工业大学）、组合翼 / 旋转翼水下滑翔机（中船集团 702 研究所、中船集团 710 研究所）以及两栖滑翔机（美国艾罗伯特公司）等。浮力调节专利主要针对提升相关装置的质量、体积、功耗、调节能力等技术问题（西北工业大学、天津大学等）。

（2）AUG 水下滑翔机自主控制。重要专利涉及能耗最优的运动参数优化方法（中国科学院沈阳自动化研究所）、组合导航装置及方法（东南大学）、拓扑优化的水下滑翔机巡航路径规划算法等（西安交通大学）。

二、相关通用技术研发热点前沿

（一）基础研究热点前沿

基于 2011 ~ 2020 年的相关通用技术 SCI 论文数据引文网络（图 3-4），可以看出水下导航定位实现方法主要集中在惯性导航 / 组合导航、海洋环境参数匹配导航、声学导航以及水下传感器网络定位四个主题，其中水下传感器网络定位是由传统的水下声学定位技术与水声通信网络技术相结合发展而来；水下动力推进领域主要集中在推进系统控制与仿生推进两个主题；水下通信的研究主要集中在水声通信、水下光通信以及水下传感器网络三个主题。

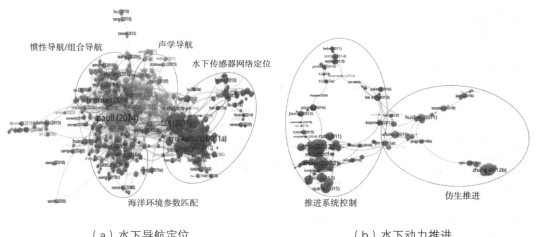

（a）水下导航定位　　　　　　　　　　（b）水下动力推进

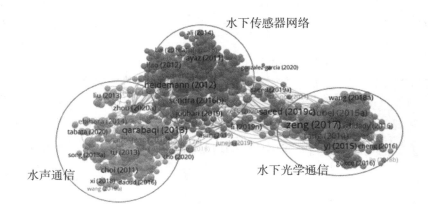

（c）水下通信

图3-4 水下导航定位、水下动力推进、水下通信方向SCI论文直接引用网络

　　惯性导航及相应的组合导航在基础研究领域是研究规模最大、增长最快、平均发表时间最新的方向；声学导航是篇均被引次数最高的研究方向；水下动力推进领域核心论文平均发表时间是在 2015 年，其中仿生推进增长速度较快；水下光通信是增长最快、发表年度最新、篇均被引次数最高的研究方向；水声通信起步较早，但近 10 年来发文增速低于其他两个方向；水下传感器网络相关研究则是发文规模最大的方向（表 3-7）。

表 3-7　相关通用技术方向论文研究主题

序号	研究方向	研究主题	核心论文数（篇）	篇均被引次数（次/篇）	平均发表时间（年）	2011～2020年平均增长率
1	水下导航定位	惯性导航/组合导航	151	12.4	2017.3	29.6%
		海洋环境参数匹配导航	130	9.3	2016.9	17.7%
		声学导航	105	14.1	2017.3	21.5%
2	水下动力推进	推进系统控制	168	28.2	2015.5	2.3%
		仿生推进	372	27.5	2015.7	10%
3	水下通信	水声通信	255	13.5	2016.3	5.8%
		水下光通信	286	18.8	2018.1	45.1%
		水下传感器网络	412	18.4	2017.0	18.0%

　　基于通用技术领域论文被引次数、论文直接引用次数、论文发表时间、高被引关键词、高共现关键词、新出现词，结合论文直接引用网络，筛选出了高频词、高被引新词以及重要论文，用于判断通用技术领域基础研究的前沿方向（表 3-8）。

表 3-8　相关通用技术方向研究热点与前沿

序号	研究方向	研究主题	高频词	高被引新词	高被引论文方向
1	水下导航定位	惯性导航/组合导航	捷联惯导系统（SINS） 多普勒测速仪（DVL） GPS/INS 组合导航 卡尔曼滤波	协同导航	海流估算模型辅助惯导 SINS+DVL INS+USBL INS+LBL 扩展卡尔曼滤波 无损卡尔曼滤波
		声学导航	超短基线（USBL）	授时	长基线（LBL） DEIF 算法 授时
		海洋环境参数匹配导航	SLAM	SLAM	SLAM + 声呐 SLAM + 多波束 机器视觉 粒子滤波
2	水下动力推进	推进系统控制	CFD（计算流体力学） 模型 优化	容错控制 数值模拟	推进系统的高效节能容错控制
		推进方式	生物启发 螺旋桨	仿生	矢量喷水推进方法 涡流推进 柔性推进器 螺旋桨模拟
3	水下通信	水声通信	OFDM	匹配追踪算法 MIMO 通信	自适应 OFDM 调制 水下声学理论研究
		水下光通信	激光 可见光通信	激光束传播	蓝绿激光通信距离和通信速率的提升
		水下传感器网络	通信网络协议	水下物联网 媒体访问协议 启发式算法 粒子群算法	DBR 路由协议 Pressure Routing
		其他	磁感应	磁感应	通过磁感应实现水下通信

1. 水下导航定位

（1）惯性导航。通过测量潜水器的加速度信息，利用二次积分得出位置信息。捷联式惯导（Strapdown Inertial Navigation System，SINS）是研究的热点，位居高频词的首位。SINS 体积小、结构简单且精度较好，也是市场上主流的惯导方式。惯性导航系统会随着时间出现定位误差，在实际应用中通常也采用其他的导航方式进行辅助导航。目前研究高被引论文集中在海流估算模型辅助 INS 导航（挪威康斯伯格海事公司等）、有限条件下的 SINS–DVL 组合导航（中国人民解放军海军工程大学等）、INS 与超短基线（USBL）组合导航（葡萄牙里斯本大学等）。在组合导航中，多传感器信息融合主要指利用各类融合滤波器进行分析，主要滤波算法中引用频次较高的为无损卡尔曼滤波（意大利佛罗伦萨大学等）、扩展卡尔曼滤波（东南大学）。

（2）声学导航。需要提前布设应答基阵，不适合远洋航行、突发水下任务等应用场合，但在水下目标追踪、目标探测定位等领域有着不可比拟的优势。目前 USBL 是声学导航研究的高频词。高被引论文集中在授时（美国伍兹霍尔海洋研究所、美国密歇根大学）、长基线导航（哈尔滨工程大学、葡萄牙里斯本系统与机器人研究所）。

（3）海洋环境参数匹配导航。其涉及地形匹配导航、重力场匹配导航以及地磁场匹配导航。在海洋环境参数匹配导航中，SLAM 技术是引用频次较高且出现年代较新的关键词。SLAM 技术即同时定位与地图构建（Simultaneous Localization and Mapping，SLAM），运动物体仅通过自身传感器进行定位，同时对周围环境进行地图构建。高被引论文集中在 SLAM 与多波束声呐 / 前视声呐的结合（美国乔治亚理工学院、中国海洋大学），基于粒子滤波算法的辅助地形导航（加拿大纽芬兰纪念大学）；基于视觉的目标检测和跟踪导航（韩国科学技术院）。

2. 水下动力推进

高被引论文研究方向及高频词显示，推进系统控制的研究热点集中在容错控制、数值模拟、推进系统的高效节能方面（哈尔滨工程大学、意大利佛罗伦萨大学等）。在推进方式中研究最多的是受生物启发的仿生推进，包括模仿机器鱼的尾鳍推进方式（新加坡南洋理工大学、美国纽约大学等）、模仿水母、章鱼的喷射式推进方式（美国弗吉尼亚理工大学）、仿生的涡旋式推进方式、模拟海星的柔性推进器（美国普林斯顿大学、中国科学技术大学）等。此外，推进方式中关于螺旋桨的推进研究也备受关注，包括螺旋桨大涡模拟（美国乔治华盛顿大学）、推力模型（中国人民解放军海军工程大学）等。

3. 水下通信

（1）水声通信。指利用声波实现远距离信息传递的通信方式。声波在水下的衰减较小，可以实现远距离的通信。基于研究热词、高频被引新词以及高被引论文显示，水下声学的理论备受关注，正交频分复用技术（OFDM）仍然是研发热点。目前，自适应调制技术、MIMO 技术、匹配追踪算法等应用到水声通信中，用于提高水声通信的传输性能。距离速率乘积指标已由 2000 年左右的 $40 \ km \cdot kb \cdot s^{-1}$ 提升到 $100 \ km \cdot kb \cdot s^{-1}$，可达到 $150 \sim 200 \ km \cdot kb \cdot s^{-1}$。主要的研发机构有美国东北大学、美国康涅狄格大学、美国田纳西大学、美国海军研究实验室、美国高通公司、挪威国防研究机构等。

（2）水下光通信。指利用波长 $450 \sim 530 \ nm$ 的蓝绿激光实现信息传递的通信方式。水下光通信的带宽宽、频率高，可实现 Mb/s 甚至 Gb/s 量级的高速信息传输，满足未来大容量、低时延、高速率的水下通信需求。主要研究集中在提高蓝绿激光水下通信速率、通信距离领域。高引用论文研发机构有法国马赛大学、印度 NORTHCAP 大学、沙特阿拉伯阿卜杜拉国王科技大学等，我国有西安电子科技大学、浙江大学等。

（3）水下传感器网络（Underwater Sensor Networks，UWSNs）。指具有声学通信与计算能力的传感器节点构成的水下监测网络系统。研究热点集中在通信网络协议，其中 DBR 路由协议关注度较高，前沿的研究集中在水下物联网，高引用论文研发机构有意大利罗马第一大学等，我国有哈尔滨工程大学等。

（4）其他。磁感应水下通信也颇受关注，高引用论文研究机构为美国乔治亚理工学院。

（二）技术开发热点前沿

技术领域有效发明专利地图（图 3–5）显示，水下导航定位技术主要集中在惯性导航/组合导航装备及方法、水声导航定位方法、地形匹配导航方法以及换能器 4 个主题；水下动力推进的专利主要集中在推进系统控制、螺旋桨/泵/磁流体/仿生推进以及能源动力 3 个主题；水下通信的专利主要集中在水声通信装置及方法、换能器/水下传感器、可见光通信装置及方法、海底电缆 4 个主题。

（a） 水下导航定位

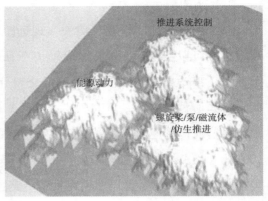

（b） 水下动力推进

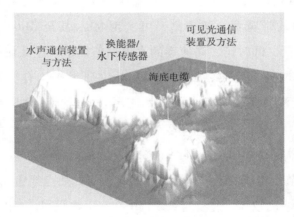

（c） 水下通信

图3-5 水下导航定位、水下动力推进、水下通信技术领域有效发明专利地图

深潜器相关通用技术领域满足以下三项条件之一的发明有效专利被定义为重要专利：一是同族个数在3项及以上；二是专利存在质押、转移等法律状态；三是专利族被引次数在10次及以上。

水下导航定位中惯性导航/组合导航方法与系统、水声导航定位方法与系统两个方向相关专利在专利公开规模、被引次数、同族专利数量方面表现接近，换能器作为声学定位中重要的装备，在被引和同族专利数量方面表现突出；水下动力推进领域重要专利平均公开时间是在2014年，螺旋桨/泵/磁流体/仿生推进方向核心专利规模最大，能源动力方向被引次数与同族专利数量最多；水下通信中水声通信领域专利规模最大，是目前水下通信中的主导技术，可见光通信装置及方法是被引次数与同族专利数量最高的方法，代表研究前沿（表3-9）。

结合专利地图聚类高频词、重要专利判断深海进入领域相关通用技术的前沿方向（表3-10）。

表3-9 相关通用技术方向专利技术主题

序号	开发方向	技术主题	重要专利公开量（项）	专利家族平均被引次数（次/项）	平均Inpadoc同族专利数量（项）	平均公开时间（年）
1	水下导航定位	惯性导航/组合导航方法与系统	37	13.1	2.6	2014.6
		水声导航定位方法与系统	24	9.1	3.7	2015.7
		海洋环境参数匹配导航方法	10	20.1	5.3	2012.7
		换能器	9	35	25.4	2015.8
2	水下动力推进	推进系统控制	13	15.8	4.8	2014.7
		螺旋桨/泵/磁流体/仿生推进	57	13.4	5.7	2014.9
		能源动力	17	39.5	17.9	2014.5
3	水下通信	水声通信装置及方法	70	8.5	2.2	2013.3
		换能器/水下传感器	48	19.3	7.9	2012.4
		可见光通信装置及方法	22	97.2	10.3	2014.0
		海底电缆	35	17.4	6.9	2012.4

表 3-10　相关通用技术方向技术开发热点及前沿

序号	开发方向	技术主题	高频词	重要专利技术方向
1	水下导航定位	惯性导航 / 组合导航方法与系统	SINS DVL	陀螺仪 SINS/LBL 组合 模糊自适应控制技术
		水声导航定位方法与系统	长基线 / 应答器 超短基线 / 阵元 方位估计方法 矢量水听器	稀疏性水声源定位 广播性自主声学导航方法 基于时间同步的水下导航定位 短基线水声定位系统中精确测量时延差
		海洋环境参数匹配导航方法	海底地形 重力异常 扩展卡尔曼滤波 粒子滤波	结合地形和环境特征的水下导航定位 水体辅助导航 地磁导航 全息导航
		换能器	声呐	线形和圆形下扫描成像声呐
2	水下动力推进	推进系统控制	水平推进 电机	仿生推动效率模型 方位推进器 水下高速制动 矢量推力分配方法 四旋翼；八推进器 矢量螺旋桨 多轴水下控制
		螺旋桨 / 泵 / 磁流体 / 仿生推进	螺旋桨 泵推进器 导流罩 仿生机器鱼	高速推动装置；螺旋桨设计（三节链接矢量螺旋桨、可旋转螺旋桨驱动器）；螺旋桨电动变桨系统 侧进式活塞水射流推进器；水射流推动装置；柯恩达效应阀的多轴水射流推进器；无声喷气推进系统 磁耦合推进器 仿生尾鳍水下推进器；仿生长鳍
		能源动力	电池 供电	波浪能发电 氢喷射 核能 供电系统 燃料电池 喷射电动马达

序号	开发方向	技术主题	高频词	重要专利技术方向
3	水下通信	水声通信装置及方法	多载波 OFDM 平均误码率 信道估计 MFSK	基于角动量的水下通信速率提升装置和方法 多载波水下声通信中抗脉冲干扰/噪声的方法 用于增强的多载波水声通信的非二进制低密度 奇偶校验编码的装置、系统和方法 多载波水下声通信中抗脉冲干扰/噪声的方法
		换能器/水下传感器	弯张换能器 陶瓷片	使用RF的水下通信 声呐换能器组件 使用频率突发的声呐系统 自主声呐系统和方法 通过超短基线宽带方法估算被动声学轴承 用于水下导航和通信的低频宽带声源
		可见光通信装置及方法	激光	采用掺铒光纤放大器的高功率激光器 在海底光通信系统中建立收发器之间安全通信的系统和方法
		海底电缆	光纤 复合缆	海底电缆和传感器单元 用于光电以太网传输系统的海底光电连接器单元 监测海底电缆系统的方法和装置
		其他	中继节点 量子密钥分发	量子密钥分发通信

1. 水下导航定位

（1）惯性导航/组合导航相关装备及方法。专利的高频词与文献高频词表现类似，都集中在捷联式惯导（SINS）、多普勒测速仪（DVL）、卡尔曼滤波。重要专利涉及惯性导航中使用的陀螺仪（美国霍尼韦尔国际公司）、SINS/LBL组合导航（东南大学等）、模糊自适应控制技术（东南大学）。

（2）水声导航定位方法与系统。专利研发的高频词为长基线/应答器、超短基线/阵元、方位估计方法及水听器。重点专利涉及利用稀疏性进行水下定位研究（美国海军研究实验室）、水下声学导航系统（美国SHB INSTR公司）、广播式自主声学导航方法（中船集团715研究所）、基于时间同步的水下导航定位（江苏中海达海洋信息技术有限公司）、短基线水声定位系统中精确测量时延差（嘉兴中科声学科技有限公司）等。

（3）海洋环境参数匹配导航方法。专利的高频词与文献高频词表现类似，集中在海底地形、重力异常、扩展卡尔曼滤波及粒子滤波。重要专利涉及结合地形和环境特征的水下导航定位方法（东南大学）、水体辅助导航（美国 Teledyne Technologies 公司）、利用合成孔径声呐的全息导航（美国 Hadal 公司）、地磁信息定位（韩国 LIG Nex 公司、哈尔滨工程大学）以及基于相关传感器数据协同导航（美国洛克希德·马丁公司）。

（4）换能器。专利研发的高频词为声呐。重要专利涉及线性和圆形下扫描成像声呐、声呐换能器组件（挪威 Navico 公司）。

2. 水下动力推进

（1）推进系统控制。重要专利涉及仿生推进效率模型（加拿大）、基于 CAM 矩阵的水下机器人矢量推力分配方法（中船集团 719 研究所）、八推进器水下机器人（河海大学）、多螺旋船的装置（德国贝克尔船舶系统有限公司）、四旋翼微型水下航行器（浙江大学）以及水下高速制动技术（美国海军研究实验室）等。

（2）螺旋桨 / 泵 / 磁流体 / 仿生推进。重要专利涉及高速推动装置（美国伍兹霍尔海洋研究所、日本川崎重工业株式会社）、螺旋桨电动变桨系统（德国西门子公司）、可旋转螺旋桨驱动器（瑞典沃尔沃遍达公司）、三节链接矢量螺旋桨（韩国海洋科学技术院）、新型螺旋桨（德国蒂森克虏伯海运系统有限公司）、可调螺距螺旋桨装置（武汉船用机械有限责任公司）以及螺旋桨保护壳体（德国亚力斯电子公司）等。泵喷推进相关的重要专利为侧进式活塞水射流推进器（美国）、采用柯恩达效应阀的多轴水射流推进器（美国麻省理工学院）、无声喷气推进系统（美国）。磁流体相关的重要专利为小型水下磁耦合推进器装置（三亚哈尔滨工程大学南海创新发展基地）。仿生推进相关的重要专利为基于液压人工肌肉的仿生尾鳍水下推进器（中国人民解放军国防科学技术大学）、仿生波动长鳍水下推进器（中国科学院自动化研究所）、仿生水母式推进（哈尔滨工程大学）等。

（3）能源动力技术。重要专利涉及波浪发电系统（美国液体机器学公司、韩国海洋大学、天津大学等）、氢喷射推进系统（美国）、燃料电池系统（德国蒂森克虏伯海运系统有限公司）、电化学电池激活（意大利 WHITEHEAD SISTEMI SUBACQUEI 公司）、可充电开放式循环水下推进系统（美国洛克希德·马丁公司）等。

3. 水下通信

（1）水声通信。实现水声通信的设备为水声调制解调器，通常以最大通信距离、通信速率及误码率作为水声通信系统的主要技术指标。专利申请集中在提升水声通信系统的主要技术指标上，重点专利涉及利用轨道角动量增加数据速率包装更多信道、抗噪声方法、校验编码等。主要研发机构包括美国洛克希德·马丁公司、美国康涅狄格大学、美国 Teledyne Technologies 公司、美国海军研究实验室，我国主要为哈尔滨工程大学。

（2）换能器/水下传感器。相关专利集中在换能器的材料、结构、组件方面，重要专利涉及使用频率突发的声呐系统、自主声呐系统和方法等，主要的研发机构为美国雷神公司、美国 Navico 公司、美国 Teledyne Technologies 公司等。

（3）可见光通信装置及方法。重要专利涉及采用掺铒光纤放大器的高功率激光器，主要研发机构为美国伍兹霍尔海洋研究所、美国萨伯康姆有限责任公司、日本电气株式会社。

（4）海底电缆。海底电缆研发集中在海底电缆光纤、检测（美国离子地球物理学公司、法国阿尔卡特集团、华为技术有限公司等）。其他领域还涉及量子密钥分发等技术。

三、各国研发热点前沿

（一）基础研究热点前沿国家布局

2011 ~ 2020 年，根据深海进入 SCI 热点论文总被引次数分析显示，基础研究中影响力最大的 5 个方向分别是 ROV 在海洋科学中的应用研究、AUV 自主控制算法、AUV 多平台协同、AUV 相关通用技术及水下传感器网络（图 3-6）。

美国研究覆盖了全部热点，论文的总影响力处于全球最高水平。其在水声通信、AUV 相关通用技术以及 AUV、ROV 及 AUG 等水下无人潜器在海洋科研中的应用研究方面具有明显优势，论文总影响力排名全球首位。在老牌海洋强国中，英国、法国、德国及意大利研发热点普遍集中在水下无人潜器的应用研究方向，论文总影响力排名全球前列，且在 AUV 相关通用技术、ROV 控制技术、AUG 整体设计、水声通信、水下光通信、仿生推进方向具有优势；加拿大在声学导航方向表现突出，论文总影响力排名首位；挪威、澳大利亚、日本、俄罗斯、荷兰分别在水声通信、AUV 多平台协同、ROV 控制技术、ROV 应用技术占有一定优势。在新兴海洋国家中，巴西、韩国与印度与老牌海洋强国仍存在较大的差距，研发热点分别集中在 ROV 的应用研究、AUV 自主控制、AUV 多平台协同等方向。

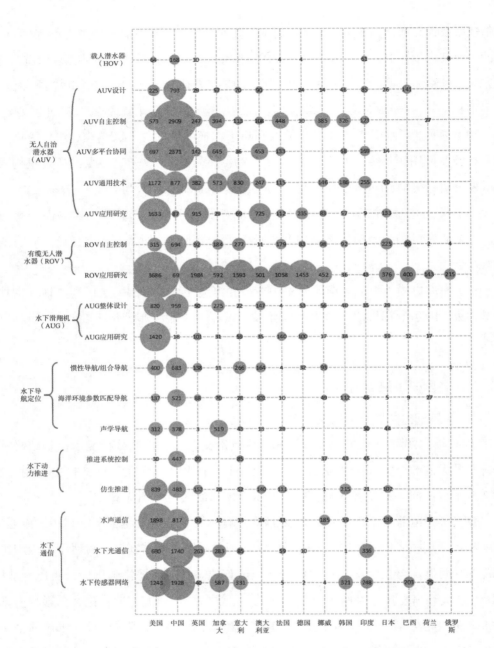

图3-6 深海进入领域主要国家研究主题布局
气泡大小代表论文的总被引数量

相对而言，我国在 AUV 控制算法、AUV 多平台协同、ROV 控制技术、水下光学
通信、水下导航等方向的 SCI 总被引数量已经位居首位。但我国在深潜器在海洋科研
中的应用研究、水下声学技术及仿生推进技术影响力仍与美国及老牌海洋强国存在较

大差距，这些方向是目前的研究薄弱环节。

（二）技术开发热点前沿国家布局

2011～2020年，根据深海进入技术开发热点专利同族总被引次数分析显示，技术开发方向中影响力最大的5个方向分别是水下可见光通信、水声换能器、AUV载荷、能源动力及AUV的布放回收（图3-7）。

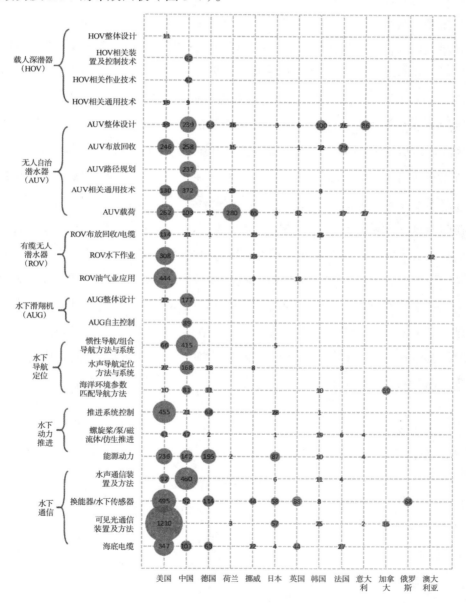

图3-7 深海进入领域主要国家技术开发主题布局

气泡大小代表同族专利被引次数

美国技术开发基本覆盖全部热点，专利的总影响力处于全球最高水平。其在 AUV 载荷、ROV 布放回收及脐带缆、ROV 水下作业、ROV 油气业应用、换能器、可见光通信、海底电缆、惯性导航设备、推进系统及能源动力多个方向具有明显优势，专利数量及影响力远超其他国家。在老牌海洋强国中，荷兰在 AUV 载荷方向专利影响力最高；德国、挪威、日本及英国专利布局方向较多，在换能器、海底电缆、惯性导航方面具有优势；法国、意大利、加拿大、澳大利亚及俄罗斯分别侧重于 AUV 的布放回收、AUV 整体设计、海洋环境参数匹配导航、ROV 水下作业和换能器。在新兴海洋国家中，韩国专利数量较多，在多个技术方向上有所布局，其中重点布局 AUV 整体设计；印度在深海进入领域尚无符合重要专利筛选条件的专利。

我国专利数量庞大，在深海进入领域布局的技术方向较为全面。其中，在 AUV 的布放回收、AUV 相关通用技术、水声通信等领域专利布局较多。但我国 AUV 载荷、ROV 布放及脐带缆技术、ROV 水下作业、ROV 油气业应用、换能器、海底电缆、推进系统控制等方面布局较弱。同时，我国专利整体在国际市场上缺乏竞争力。

在深海进入领域，我国研发活跃，产出丰富，是全球重要的贡献者。但从高被引论文来看，关于深海进入领域相关理论研究，例如水下声学、深海科学等，仍主要集中在美国高校院所，部分集中在欧洲高校院所，我国缺乏理论研究方面的高水平论文。同时，在技术开发方面，基于专利的海外布局、法律状态、同族被引次数等评价指标分析显示，重要的专利仍然集中在欧美的企业中。根据对专利的内容分析，我国专利的主题词集中在方法、算法，海外的专利更多集中在系统、组件方面。从公开的数据看，我国在深海进入领域中的理论研究和产品开发两方面仍滞后于领先国家。

第三节　深海进入研发力量

在深海进入领域，2011 ~ 2020 年美国基础研究机构数量全球占比、技术开发机构数量全球占比分别为 24.1%、32.0%，均居全球首位，研发力量一级指标综合排名第 1 位，具有绝对领先优势。我国基础研究机构数量全球占比为 16.2%，排名全球第 2 位，技术开发机构数量全球占比 5%，落后于美国、挪威、英国、法国、德国等国家，与日本荷兰接近。老牌海洋强国在技术开发机构数量上具有一定优势。新兴海洋国家在基础研究机构及技术开发机构方面仍有很大的发展空间。综合分析，深海进入领域研发力量呈现以下特征。

一是深海进入领域主要的研究机构集中在中、美两国。据不完全统计，在深海进入领域 2011 ~ 2020 年发文数量超过 20 篇 SCI 论文的研究机构中，中、美两国的研究机构数量总和占比超 4 成，研发支撑能力显著，而各老牌海洋强国研究机构 SCI 论文篇均被引次数普遍高于平均水平，影响力较大。法国与英国研究机构数量全球占比在 6% 左右，意大利、加拿大、澳大利亚、德国、日本、韩国及印度占比 2% ~ 5%。挪威、荷兰、俄罗斯及巴西研发机构全球占比相对较低（图 3-8、图 3-9）。

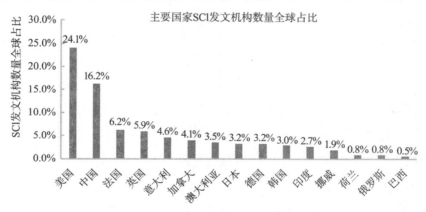

图3-8　深海进入领域主要国家在SCI发文机构全球占比的表现

二是综合性海洋研究所排名普遍位居前列。综合性海洋研究所英国国家海洋中心、美国伍兹霍尔海洋研究所、美国蒙特利湾海洋研究所、法国海洋开发技术研究院在影响力上排名位于前 20 位。美国伍兹霍尔海洋研究所负责深海潜水设施运营维护升级、海洋观测行动计划的管理与运作。其与美国麻省理工学院合作，研发设计大空间尺度上持续、用于冰下海洋环境自主观测水下机器人的相关技术；与美国华盛顿大学合作，研发低功率高精度导航系统等。美国蒙特利湾海洋研究所注重科学与技术的结合，取得了一系列成果，包括 MARS 海底观测网、蒙特利海底宽带地震仪、水下激光拉曼光谱仪等。英国国家海洋中心主要与英国南安普敦大学合作，研究侧重点在 ROV、水下通信以及深海生物多样性应用研究上。法国海洋开发研究院侧重深海冷泉、热液、甲烷的探测研究。综合性的海洋研究所在深海进入设备技术的研发以及技术应用方面发挥了很好的促进作用，值得我国借鉴。

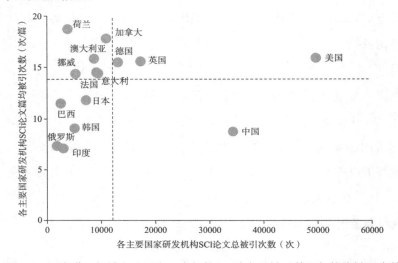

图3-9　深海进入领域主要国家研发机构SCI论文总被引数量与篇均被引次数分布
横虚线代表主要国家SCI发文机构篇均被引次数均值；
纵虚线代表主要国家SCI发文机构总被引数量均值

　　三是深海进入技术的专利申请企业主要集中在船企、海洋工程以及军工企业。深海进入技术目前的 PCT 专利申请企业主要集中在船企如法国国有船舶制造企业，军工企业如德国阿特拉斯电子公司、法国泰雷兹集团、美国洛克希德·马丁公司，海洋工程公司如德国蒂森克鲁伯海洋系统公司等。

　　四是欧、美、日公司产品研发较为成熟，产品先进性与可靠性较好，市场占有率高。我国企业在深海进入领域的参与度相对较低，成熟商用产品少。相对欧、美、日公司，我国企业起步较晚，市场占有率低，产品可靠性存在差距，部分核心关键技术尚未成熟，在一些关键的元器件上同时存在"卡脖子"风险。

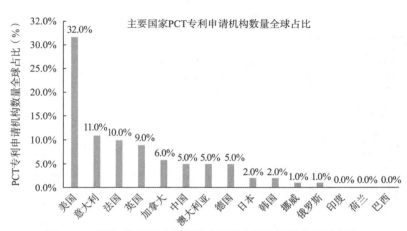

图3-10　深海进入领域主要国家PCT专利申请机构全球占比

一、研发力量分布

（一）深潜器主要研发力量分布

1. 载人深潜器

表 3-11　载人深潜器主要研发力量分布

载人深潜器	
国家	主要科研机构、企业、政府机构
美国	美国伍兹霍尔海洋研究所 美国夏威夷海底研究实验室 美国国家海洋与大气管理局 美国 Triton 公司 美国 OceanGate 公司 美国 DeepFlight 公司（原美国 Hawkes 公司） 美国 SEAmagine 公司 美国 Submergence 公司
英国	英国国家海洋中心 英国 JFD 总部
法国	法国海洋开发研究院
加拿大	加拿大 Nuytco Research 公司 加拿大 Aquatica 公司
德国	德国亥姆霍兹基尔海洋研究中心 德国不来梅大学

载人深潜器	
国家	主要科研机构、企业、政府机构
荷兰	荷兰 U-Boat Worx 公司
俄罗斯	俄罗斯科学院 俄罗斯海军
印度	印度国立海洋技术研究所 印度理工大学
中国	国家深海基地管理中心 江苏科技大学 上海海洋大学 中国科学院深海科学与工程研究所 中国科学院沈阳自动化研究所等 上海彩虹鱼海洋科技股份有限公司 中船集团 702 研究所 中船集团 710 研究所

2. 无人自治潜水器

表 3-12　无人自治潜水器主要研发力量分布

无人自治潜水器（国外）		
国家	主要科研机构	主要企业
美国	美国伍兹霍尔海洋研究所 美国麻省理工学院 美国蒙特利湾海洋研究所 美国加州大学圣迭戈分校 美国佛罗里达大学海洋研究所 美国海军研究实验室 美国国家海洋与大气管理局（政府机构）	美国蓝鳍金枪鱼公司 美国 FSI 公司 美国雷神公司 美国洛克希德·马丁公司 美国 Seabed Geosolution 公司
法国	法国海洋开发研究院	法国 ACSA 公司 法国 Robotswim 公司 法国 ECA S.A. 公司
英国	英国国家海洋中心 英国普利茅斯大学	英国海眼公司 英国海底七公司
意大利	意大利佛罗伦萨大学	意大利 ENI 公司

续表

无人自治潜水器（国外）		
国家	主要科研机构	主要企业
加拿大	加拿大圭尔夫大学	加拿大国际海洋潜水公司
德国	德国亥姆霍兹基尔海洋研究中心 德国亥姆霍兹极地与海洋研究中心	德国阿特拉斯电子公司
日本	日本东京大学 日本国立海洋研究开发机构	日本三井造船公司
挪威	挪威科技大学	挪威康斯伯格海事公司
丹麦	丹麦技术大学	丹麦 Maridan 公司
无人自治潜水器（国内）		
国家	主要科研机构	主要企业
中国	哈尔滨工程大学 哈尔滨工业大学 华中科技大学 天津大学 西北工业大学 中国海洋大学 中国科学院沈阳自动化研究所	天津瀚海蓝帆海洋科技有限公司

3. 有缆无人潜水器

表 3-13　有缆无人潜水器主要研发力量分布

有缆无人潜水器（国外）		
国家	主要科研机构	主要企业
美国	美国伍兹霍尔海洋研究所 美国蒙特利湾海洋研究所 美国加州大学 美国罗德岛大学 美国佛罗里达州立大学 美国国家海洋与大气管理局（政府机构） 美国国家地质调查局（政府机构）	美国国际海洋工程公司 美国卡梅隆国际公司 美国论坛能源技术有限公司 美国深海工程公司 美国韦特柯雷格公司
法国	法国海洋开发研究院	法国国有船舶制造企业 法国 Hytec（ECA）公司
英国	英国国家海洋中心 英国南安普敦大学 英国国家地质调查局（政府机构）	英国 OneSubsea 公司 英国海眼公司

续表

有缆无人潜水器（国外）		
国家	主要科研机构	主要企业
加拿大	加拿大维多利亚大学	加拿大国际潜水公司
日本	日本国立海洋研究开发机构 日本东京大学	日本三井工程船舶技术有限公司
韩国	韩国海洋科学技术研究所	韩国三星重工有限公司 韩国大宇造船株式会社
挪威	挪威科技大学	挪威 Argus 公司

有缆无人潜水器（国内）		
国家	主要科研机构	主要企业
中国	华中科技大学 上海海事大学 上海交通大学 中国海洋大学 中国科学院沈阳自动化研究所	杭州宇控机电工程有限公司 上海航士海洋科技有限公司 深圳海油工程水下技术有限公司 中海辉固地学服务（深圳）有限公司 舟山遨拓深水装备技术开发有限公司

4. 水下滑翔机

表 3-14　水下滑翔机主要研发力量分布

水下滑翔机（国外）		
国家	主要科研机构	主要企业
美国	美国加州大学圣迭戈分校 美国伍兹霍尔海洋研究所 美国华盛顿大学 美国普林斯顿大学 美国罗格斯州立大学 美国国家海洋与大气管理局（政府机构） 美国海军研究实验室	美国蓝鳍金枪鱼公司 美国 Teledyne Webb Research 公司 美国 Exocetus 公司
法国	法国索邦大学	法国 ACSA 公司
德国	德国亥姆霍兹基尔海洋研究中心	德国 Evologics 公司 德国阿特拉斯电子公司

续表

水下滑翔机（国内）		
国家	主要科研机构	主要企业
中国	东南大学 国家海洋技术中心 青岛海洋科学与技术试点国家实验室 上海交通大学 天津大学 西北工业大学 中国海洋大学 中国科学院沈阳自动化研究所	北京蔚海明祥科技有限公司 天津瀚海蓝帆海洋科技有限公司 天津深之蓝海洋设备科技有限公司 中船集团 710 研究所 中电科海洋信息技术研究院有限公司

（二）相关通用技术主要研发力量分布

1. 水下通信技术

表 3-15 水下通信技术主要研发力量分布

水下通信技术（国外）		
国家	主要科研机构	主要企业
美国	美国加州大学 美国康涅狄格大学 美国伍兹霍尔海洋研究所 美国麻省理工学院 美国东北大学 美国海军研究实验室	美国高通公司 美国海洋国际工程公司 美国 Teledyne RD Instruments 公司 美国洛克希德·马丁公司 美国 LinkQuest 公司 美国沙漠之星系统公司
法国	法国国家科研中心 法国艾克斯 – 马赛大学	法国 SBG 系统公司
英国	英国南安普敦大学	英国 One Subsea IP 公司
德国	德国纽伦堡埃尔兰根大学	德国西门子公司 德国 EvoLogics 电子公司
挪威	挪威国防部	挪威康斯伯格海事公司
日本	日本国立海洋研究开发机构	日本电气株式会社
瑞典	瑞典乌普萨拉大学	瑞典 Tritech 公司

水下通信技术（国内）		
国家	主要科研机构	主要企业
中国	东南大学 国家海洋技术中心 哈尔滨工业大学 吉林大学 青岛海洋科学与技术试点国家实验室 上海交通大学 天津大学 西北工业大学 浙江大学 中国海洋大学 中国科学院声学研究所	北京蔚海明祥科技有限公司 杭州瑞利声电科技有限公司 深圳智慧海洋科技 苏州桑泰海洋仪器研发有限责任公司 天津深之蓝海洋设备科技有限公司 中船集团 702 研究所 中船集团 715 研究所 中电科海洋信息技术研究院有限公司

2. 水下导航定位技术

表 3–16　水下导航定位技术主要研发力量分布

水下导航定位技术（国外）		
国家	主要科研机构	主要企业
美国	美国加州大学 美国伍兹霍尔海洋研究所 美国麻省理工学院 美国华盛顿大学 美国约翰·霍普金斯大学 美国乔治亚理工学院 美国海军研究实验室	美国 Crossbow 公司 美国 Honeywell 公司 美国 TRDI 公司 美国 Edge Tech 公司 美国 LinkQuest 公司 美国 Kearfott 有限公司
法国	法国艾克斯 – 马赛大学	法国 iXblue 公司 法国 SBG 公司 法国 ACSA–ALCEN 公司
英国	英国埃塞克斯大学	英国 Sonardyne 公司 英国 BAE 公司 英国 Blueprint 公司 英国 Nautronix 公司
德国	德国不莱梅大学	德国 EvoLogics 公司
挪威	挪威科技大学	挪威康斯伯格海事公司

水下导航定位技术（国内）		
国家	主要科研机构	主要企业
中国	东南大学 国防科技大学 哈尔滨工程大学 上海交通大学 天津大学 西北工业大学 浙江大学 中国海洋大学 中国航空研究院 618 所 中国航天科技集团公司第九研究院 第 13 研究所 中国航天科技集团公司第三研究院 第 33 研究所 中国科学院声学研究所	北京海卓同创科技有限公司 嘉兴中科声学科技有限公司 江苏中海达海洋科技有限公司 上海航士海洋装备有限公司 苏州桑泰海洋仪器研发有限责任公司 天津海之声科技有限公司 天津瀚海蓝帆海洋科技有限公司 武汉楚航测控科技有限公司 中船集团 707 研究所 中电科海洋信息技术研究院有限公司 珠海云州智能科技股份有限公司

3. 水下动力推进技术

表 3-17　水下动力推进技术主要研发力量分布

水下动力推进技术（国外）		
国家	主要科研机构	主要企业
美国	美国佛罗里达大学 美国哈佛大学 美国海军研究实验室	美国蓝鳍金枪鱼公司 美国洛克希德·马丁公司 美国 Hydroid 公司 美国 Teledyne Technolgies 公司
法国	法国布雷斯特国家工程学院	法国 ECA 公司
英国	英国南安普敦大学	英国海眼公司
挪威	挪威科技大学	挪威康斯伯格海事公司

续表

水下动力推进技术（国内）		
国家	主要科研机构	主要企业
中国	北京理工大学 哈尔滨工程大学 哈尔滨理工大学 华中科技大学 上海海事大学 上海交通大学 天津大学 西北工业大学 浙江大学 中国海洋大学 中国科学院沈阳自动化研究所	北京臻迪机器人有限公司 广东逸动科技有限公司 哈尔滨工大深能电机有限公司 杭州霆舟无人科技有限公司 欧舶智能科技（上海）有限公司 青岛海山海洋装备有限公司 青岛罗博飞海洋技术有限公司 上海南华兰陵电器有限公司 苏州船用动力系统股份有限公司 天津深之蓝海洋设备科技有限公司 天津吴野科技有限公司 武汉劳雷绿湾船舶科技有限公司 浙江鳌海水下机器人技术有限公司 中船集团 710 研究所

二、国内外主要研发力量概况

（一）国外研发力量概况

1. 美国

伍兹霍尔海洋研究所。在深海进入领域，拥有深潜器"阿尔文"号，有缆遥控水下机器人 ATV、自治水下机器人 REMUS 等，同时负责深海潜水设施运营维护升级、海洋观测行动计划的管理与运作。伍兹霍尔海洋研究所与麻省理工学院合作，研发设计大空间尺度上持续、用于冰下海洋环境自主观测水下机器人的相关技术；与华盛顿大学合作，研发低功率高精度导航系统等。

麻省理工学院。麻省理工学院设有 MIT Sea Grant AUV 实验室，拥有 CARIBOU、CETUS、ANTHOS 等 AUV。在深海进入领域，主要研究方向为 AUV 设计、数据同化、路径规划。其 Sea Grant AUV 实验室研发了 Odyssey 系列水下机器人、Reef Explorer 系列 AUV。麻省理工学院研制了一种软体机器鱼，可以像真鱼一样自由游走。

蒙特利湾海洋研究所。蒙特利湾海洋研究所在海洋观测、水下自主运载器与水下船坞、水样分析等方面都有卓越的研究成果，包括 MARS 海底观测网、蒙特利海底宽带地震仪、水下激光拉曼光谱仪等。

美国 Triton 公司。美国 Triton 公司研制成功 Triton 36000/2 Hadal Exploration System 全海深载人深潜器，是出于科学、勘探或终极"兜风"目的而需要反复前往海底最低点设计的一款装备，重 11.7 t，使用 90 mm 钛金属制作双人载人球舱，直径 1.5 米。2019 年 5 月 14 日，美国探险家维克多·维斯科沃使用 TRITON 36000/DSV Limiting Factor 载人深潜器到达马里亚纳海沟 10927 米海底，创造人类达到最深海洋的深度纪录。

美国 DeepFlight 公司（原美国 Hawkes Ocean Technologies 公司）。美国 DeepFlight 公司致力于研制全海深载人深潜器"深海飞行挑战者（DeepFlight Challenger）"，该深潜器的载人球壳由两个透明的石英玻璃半球加工而成，装备大容量电池，水下作业时间长达 24 小时。

美国 SEAmagine 公司。美国 SEAmagine 公司成立于 1995 年，总部设在加利福尼亚，是小型载人深潜器的设计 / 制造商。该公司生产 2 ~ 6 人型的载人深潜器产品，深度级别从 150 m 到 1500 m。Ocean Pearl 型载人潜水器最大工作深度 150 ~ 1000 m，可搭载 2 人。Aurora 系列奢华型载人深潜器是一条新的生产线，最大工作深度 200 ~ 1500 m，搭载人数 3 ~ 6 人。Triumph 型载人深潜器最大工作深度 200 ~ 450 m，可搭载 3 人。

蓝鳍金枪鱼机器人技术公司（Bluefin）。蓝鳍金枪鱼机器人技术公司设计并交付了 80 多种无人系统，其中许多涉及反水雷应用。该公司的 AUV 是模块化的，在现场可快速更换电池，从而提高海上作业效率，也可通过现场更换有效载荷实现多重任务。Bluefin 公司提供全方位服务，包括载体、支持设备、备件、操作软件、培训和支持。

国际海洋工程公司（OII）。国际海洋工程公司是全球最大的有缆遥控无人深潜器（ROV）运营商，也是世界上最大的 ROV 系统制造商，为石油和天然气工业提供服务。美国国际海洋工程公司 ROV 包括 2500 ~ 3000 m 额定工作类系统、4000 m 额定工作类系统以及 8000 m 超级深水系统。

美国 Teledyne Webb Research（TWR）公司。TWR 公司在设计和制造用于海洋研究和监测的科学仪器方面处于世界领先地位。1991 年研制成功最早的水下滑翔机，命名为 Slocum，经多年不断完善，已成为当前应用最为广泛的水下滑翔机产品之一。TWR 公司还开展了温差能水下滑翔机研制，是国外唯一开展温差能水下滑翔机的研究机构，其在位工作时间 3 ~ 5 年，设计航程 40000 km，远大于传统的电能驱动水下滑翔机，且性能参数具有量级的差别。

洛克希德·马丁公司。洛克希德·马丁公司是全世界在营业额上最大的国防工业承包商，建造过"哈勃"望远镜。产品线包括对抗系统、海空系统、水下机器人。在消耗性的海洋仪器、气象仪器和相关的数据采集系统、潜艇和飞机的通信和导航天线系统、反潜战（ASW）训练和其他特殊任务的自动水下机器人领域处于领先地位。

美国 LinkQuest 公司。美国 LinkQuest 公司为海洋钻探和其他海洋应用研究的领先制造商，具有极强国际竞争力，是世界上唯一一家能够生产精密水声调制解调器、USBL 跟踪系统、声学海流剖面仪、多普勒速度测井和多波束回声测深仪的公司。其宽带声学扩频（BASS）技术为声学通信和定位设定了新的标准。其旗下的 UWM 系列水声通信调制解调器最大工作水深可达 10000 m，具备全海深通信能力。

美国海军。20 世纪 60 年代，美国海军已经研发成功 11000 m 级别的 Trieste 号载人深潜器、4500 m 级别的 Alvin 号载人深潜器、1000 m 级别的 NR1 核动力潜艇等系列大深度载人深潜器，并开始对深海进行高频率的探测和作业。

2. 法国

法国海洋开发技术研究院。法国海洋开发技术研究院成立于 1984 年 5 月，是法国唯一的专门从事海洋开发研究和规划的重要部门，在深海进入领域主要进行水下通信、水下视频、冷泉、热液、深海沉积扇等研究。

法国 BMTI 公司。法国 BMTI 公司研制的浮力材料用于母公司 Alcen Group 开发新型水下兵器和水下探测系统。

3. 英国

英国国家海洋中心。英国国家海洋中心致力于为国家提供进行海洋科学研究所需要的能力，包括皇家科研船、深海潜艇、先进的海洋探测器等设备，在深海进入领域主要进行 AUV、ROV、水下通信、深海生物多样性等方面的研究。

英国海底七（Subsea7）公司。英国 Subsea7 公司总部设在英国伦敦，是世界上领先的海底工程和建筑公司，可以提供从海底到水面的工程、施工和服务。其利用 150 多台有缆无人深潜器（ROV），以及其他众多的施工、勘测和潜水设备，能够在全球所有主要的近海石油和天然气领域开展业务。

4. 德国

德国亥姆霍兹基尔海洋研究中心。其运营的 JAGO 是一艘 400 m 深的 2 人潜水器，致力于海洋科学的研究，目前是德国唯一的载人深潜器。2017 年，JAGO 进行了一次全面检修，更换了新的仪器和组件，并在基尔峡湾进行了多次试潜。

德国阿特拉斯电子公司（Atlas Elektronik）。德国阿特拉斯电子公司的子公司 ATLAS MARIDAN 主要进行水下机器人的开发和生产，总部位于德国不来梅。

5. 挪威

挪威康斯伯格海事公司。挪威康斯伯格海事公司主要生产研发海洋领域中的自动监测控制系统产品。旗下 HUGIN AUV 是国际知名的 AUV 产品，其为 AUV 产品开发的 cNode-mini 系列水声通信调制解调器，最大工作水深 4000 m，同时是一款集小型化、低功耗、通用化的优秀水声通信调制解调器产品。Kongsberg Simrad 公司是水下长基线定位领域三个领头羊之一。推出了多套商用乃至军用的水声定位系列产品，其典型的 HiPAP 系列产品导航精度可达 0.02% 距离，其中型号 HiPAP102 的工作范围达到 12000 m。

6. 日本

日本国立海洋研究开发机构。日本国立海洋研究开发机构目前拥有日本大部分的潜水器和 Kaimi 号、Kaiyo 号、Mirai 号、Natmshima 号、Ydmedm 号等水面支持母船。其研制的 Kaiko 号有缆无人深潜器，最大下潜深度可达 11000 m，是目前世界上下潜最深的潜水器，基本上可覆盖地球上所有的海洋内层空间。该机构在深海应用研究处于领先水平。

7. 俄罗斯

俄罗斯科学院。俄罗斯科学院具有大深度载人深潜器研制和应用能力，处于领先水平。20 世纪 80 年代研发成功 6000 m 级别的 Mir1、Mir2 载人潜水器。Mir1、Mir2 号在国际上享有盛誉，其下潜海域遍布太平洋、大西洋、印度洋和北极海底。

（二）国内研发力量概况

青岛海洋科学与技术试点国家实验室。青岛海洋科学与技术试点国家实验室以国家战略需求为导向，围绕海洋观测与探测、海洋高端装备和海洋资源开发与利用等方向，汇聚国内优势力量，开展战略性、前瞻性、基础性、系统性、集成性科技创新，建成突破型、引领型、平台型一体化的大型综合性研究基地。目前已建成海洋生物学与生物技术等 8 个功能实验室，开展基础前沿研究；建成海洋高端装备等 5 个联合实验室，开展核心关键技术攻关；建成海洋腐蚀与防护等 5 个开放工作室，引领开展颠覆性技术创新；建成总计算能力达到 133.2P 的高性能科学计算与系统仿真平台和包含 32 艘科考船、总吨位近 10 万吨、船载调查设备 800 余套的深远海科学考察船共享平台，为深海技术开发提供平台支撑。

哈尔滨工程大学。哈尔滨工程大学拥有水下机器人技术国防科技重点实验室，以水面水下智能装备为主要研究方向，开展了水声通信与组网技术各个方面的理论研究、样机研制和湖海试验，有相应的水声通信调制解调器产品，开展了基于惯性导航的组合式导航研究，在全方向推进器、水下连接器方面也进行了研究。该实验室在水下机器人的系统设计与集成、智能规划与控制、水下导航与定位、水下目标的探测与识别等方面的研究促进了我国水下机器人技术的发展。

上海海事大学。上海海事大学研制成功首台水下机器人——"海事一号"。"海事一号"遥控自治水下机器人在经济性、灵活性、活动范围和节能环保等方面都要优于传统遥控水下机器人，适用于大坝检测、江河湖泊的水质检测，也适用于浅海海底区域的勘察和监测，可与其他种类潜水器配合完成海洋调查和考察任务，具有良好的经济效益和社会效益。

上海交通大学。上海交通大学水下工程研究所是国内最高水平的深海技术和装备研究机构之一，主要进行水下作业技术与装备、深海无人遥控潜水器、新概念水下机器人以及共性基础性技术的研究，拥有配套的深水实验室、深海压力环境模拟装备体系、ROV装配车间和设计工作室以及各种潜水器试验平台。目前，水下工程研究所正承担着大量国家大型潜水器的研制工作，是我国水下装备重要的研制基地。

天津大学。天津大学与青岛海洋科学与技术试点国家实验室共建海洋观测与探测联合实验室，设有移动观测平台、精密传感器、通信网络三个研发平台，研制的"海燕"系列水下滑翔机，具有 200 m、1000 m、4000 m 和 10000 m 级多个谱系，并在工作深度和航行里程上均实现了国产水下滑翔机的新突破。

西北工业大学。西北工业大学拥有航海科技创新实验室、航海模型设计制作基地、水下机器人创新基地、鱼雷和水雷陈列室、国家工程实践教育中心。其航海学院历史悠久是全国普通高校中最早建立的以国家海洋战略需求为背景，专门从事水中兵器、水下航行器、水声工程、水声探测与通信领域科学研究与人才培养的学院。

浙江大学。浙江大学与中船集团 710 研究所、中国科学院沈阳自动化研究所等单位合作，研制了"海豚"系列 AUV，利用 AUV 平台进行了多项科学实验和前沿技术探索，承担并完成了多项国家重要科研任务，开展了"水下机器人研制和自主航行回坞的关键技术"研究工作，海试中水下机器人出色完成了预定的任务。

中船集团 702 研究所。中船集团 702 研究所主要从事船舶及海洋工程领域的水动力学、振动、噪声等应用基础研究以及高性能船舶与水下工程的设计与开发，承担了"蛟龙"号载人深潜器技术总装工作、"奋斗者"号全海深载人深潜器研发工作。其成功研制了大深度载人深潜器、掠海地效翼船、小水线面双体船、水翼船、援潜救生设备、Z 型全回转推进器等系列产品，开发了 SHIDS 船舶性能设计系统等专用软件。

中国科学院深海科学与工程研究所。在深海科学研究方面，中国科学院深海科学与工程研究所重点开展与物理海洋、海洋地质、海洋化学及海洋生物相关的深海科学问题研究，以深海环境与生态过程、深海地质构造、沉积演变及其油气矿产资源、深海环境下的生物学特征为主要研究方向，致力于深海核心科学问题的解决，并促进与深海科学研究相关的深海工程技术与装备设备研发。在深海工程技术方面的研究主要包括海洋多参量智能测量与传感器技术及装置（深海环境探测、原位分析装置及传感器技术、成像与可视化技术等）。

中国科学院沈阳自动化研究所。中国科学院沈阳自动化研究所在深海进入领域主要从事水下机器人技术研究、水下机器人系统开发与工程应用，是国内最早开展水下机器人技术研发，并以此为核心研究方向的专业水下机器人研发团队。研究主要方向包括遥控水下机器人、自主水下机器人、自主 / 遥控水下机器人、收放系统、载人深潜器控制系统、自主海洋观测技术、水下探测与作业技术。

上海彩虹鱼海洋科技股份有限公司。上海彩虹鱼海洋科技股份有限公司是一家从事海洋科学技术开发应用研究，并将研究成果进行产业化与市场化发展的深海高科技公司，其研究成果——"彩虹鱼"号全海深载人深潜器，载人舱内径达到 2.1 m，可搭载 3 人（一名驾驶员和两名科学家），同时也是能下潜到 11000 m 深渊极限的作业型载人深潜器。

天津深之蓝海洋设备科技有限公司。天津深之蓝海洋设备科技有限公司是一家专注于全系列水下机器人及相关水下核心部件资助研发、制造、销售的高新技术企业。该公司围绕海洋资源探测和海洋环境监测两大主题，提供 AUV、AUG、COPEX 型自动剖面浮标、缆控 ROV 相关产品及行业解决方案。公司构建了水下机器人核心技术平台，申请专利 200 余项，围绕水下机器人平台研发及应用，形成了系列核心技术，包括多种潜航器的总体设计和制造技术、各类水下器具的设计和制造技术、潜航器航行姿态控制和自动驾驶技术、全海深的动 / 静密封技术、高功率密度电源技术、多介质通信技术、高精度组合导航技术、螺旋桨设计和流体仿真分析技术、高性能电机设计技术、水下人工智能和图像处理技术等。工业级产品在海洋资源调查、海洋测绘、水下安防、水利水电、交通运输、救助打捞等领域发挥重要作用。

第四章

深海探测科技创新格局发展趋势

　　深海探测是对深海感知、认识、理解、开发、应用和管理的重要手段。随着电子信息技术、材料技术、能源技术以及大数据处理技术的发展，深海探测技术也进入了飞速发展时期。深海探测设备更加专业化、谱系化，一系列针对不同探测需求的专业设备、仪器、传感器等产品不断发展完善，形成了体系化的产业结构。深海探测技术主要包括深海声学传感探测技术、深海光学观测探测技术、深海电磁学传感探测技术、深海取样以及海底观测网技术。深海声学传感探测技术利用声波传递过程中入射声波与反射声波在频率、时间或强度上的差异开展深海探测，被广泛应用于深海数据获取、导航定位和目标探测等。深海光学观测探测技术主要根据光在水体中传输的特性和规律以及水体物质相互作用的机理，实现深海目标识别和水下通信。深海电磁学传感探测技术通过电磁学方法获取深海场源的电磁场值，实现地

083

下电性结构分布、海洋电磁环境探测。深海取样技术是利用采样工具或器具对海洋的水质、沉积物、生物和岩石等对象进行样品采集。海底观测网在某种程度上可称为地球系统的第三个观测平台，海底观测网中包括压力计、地震检波器、温度传感器、叶绿素传感器等，将不同传感器或设备集成在一个节点并实现规模化拓展以达到区域性观测目的，主要涉及水下无线传感器网络技术等。

第一节　深海探测研发概述

一、总体评价

在深海探测领域，美国在研发力量及研发引领能力方面具有绝对优势，英国、德国等老牌海洋强国在研发竞合方面表现突出，中国在研发增速及研发规模方面位居前列，印度、韩国、巴西等新兴海洋国家研发增速较快。深海探测领域主要国家科技创新格局评价指标数据见表 4-1。

美国。研发力量雄厚，引领作用突出。2011 ~ 2020 年，美国在深海探测领域的 ESI 论文数量、PCT 专利数量、发明有效授权专利平均被引次数、基础研发机构数量、技术开发机构数量、SCI 论文数量以及国际论文合著网络中心度 7 项指标均居世界首位。深海探测领域研发前沿分析显示，美国研究覆盖了全部热点，论文的总影响力处于全球最高水平，其在海洋生物声学、水声学以及海洋电磁学的研究方面具有明显优势，在水体探测、水声信号处理、声学传感器、海洋光纤传感、海洋生态原位检测、水下照明、水下图像数据处理等技术方向的影响力居全球首位。美国加州大学圣迭戈分校、美国伍兹霍尔海洋研究所、美国佛罗里达州立大学、美国华盛顿大学西雅图分校、美国麻省理工学院、美国蒙特利湾海洋研究所等在深海探测领域具有较高影响力。另外，美国 YSI 公司、美国亚迪公司、美国海鸟公司等产品研发成熟，先进性与可靠性好，市场占有率高。美国位居深海探测领域国际合著论文网络的中心，与中国合作最为紧密，其次是与澳大利亚、英国之间的合作。美国专利全球布局能力突出，65.9% 的专利布局在海外，具有强大的技术竞争力和市场竞争力。

中国。在研发规模和研发增速方面位居前列。2011 ~ 2020 年，在深海探测领域，我国 SCI 论文数量对全球贡献占比为 25.3%，位于美国之后，居第 2 位。SCI 发文年均增速为 25.6%，与居首位的印度 26.2% 的增速接近。发明专利近 10 年年均增速为 26.2%，高出排名第 2 位的俄罗斯近 14 个百分点。深海探测领域，我国在基础研发机构与技术开发机构数量上位于全球第 2 位，重点机构有中国科学院海洋研究所、中国科学院声学研究所、中国科学院南海海洋研究所等科研院所，中国海洋大学、哈尔滨工程大学、上海交通大学、天津大学等高校。我国在深海探测领域 ESI 论文数量及 PCT 专利数量均居全球第 2 位，位列美国之后，但 SCI 篇均被引次数、发明授权专利被引次数低于美国及老牌海洋强国。根据深海探测研发前沿分析显示，我国针对拉曼光谱、水下光学成像机理研究的研究影响力居全球前列。我国发明有效授权专利中深海探测的海外专利占比为 7.5%，大部分专利布局在国内，从海外布局比重来看，仅高于俄罗斯。

英国、法国、挪威等老牌海洋强国综合实力较强，研发引领能力及研发竞合能力突出，处于全球产业链、技术链、创新链的高端。**英国**的研发竞合能力位居首位，和美国同处于全球合作网络的中心，中心度为 82.4%。专利全球布局能力位于前列，平均每件专利布局了本土以外的 4 个海外市场，有效发明专利中海外专利占比达 86.0%，具有强大的市场竞争力。研发引领能力次于美国，位于第 2 位，其中 ESI 论文数量、专利平均被引次数排名全球第 3 位，在深海探测领域的 PCT 专利数量位于全球第 7 位，贡献了全球 5.7% 的 PCT 专利、19.1% 的高被引论文。研发前沿分析显示，英国的研发热点集中在海洋生物声学、海底声学、水下成像、电磁法研究等方向，在海洋生物声学领域的研究影响力排在全球第 2 位，位于美国之后。在技术开发方面，海洋光谱检测、水下光学成像、水下照明领域具有较高的影响力，同时，在侧扫声呐探测技术、光纤水听技术、水下光学成像技术、深海电磁学传感探测技术等领域的研究起步早，处于全球领先地位。英国国家海洋中心、英国南安普敦大学、英国海底七有限公司等是重要的研发及技术支撑力量。**法国**的 PCT 专利数量位于全球第 3 位，贡献了全球 8.1% 的 PCT 专利。法国达 85.9% 的有效发明专利布局在海外，主要布局在国际 PCT 专利、欧洲专利局以及美国。国际论文合作网络中心度为 77.6%，次于美国和英国。根据研究前沿分析，法国在声学传感探测技术方面占据优势。法国基础研究机构及技术开发机构数量位居前列，法国国家科学研究中心、法国海洋开发技术研究院、法国索邦大学、法国艾克斯－马赛大学等高校院所，法国泰雷兹集团、法国 iXblue 公司等企业都是重要的研发支撑力量。**挪威**在研发引领和研发竞合方面优势明显，贡献了全球 6.8% 的 PCT 专利以及 6.4% 的高被引论文。研发前沿分析显示，挪威在电磁探测及海洋光谱检测领域的影响力居全球首位，在水体探测、声学传感、海洋光纤传感、图像数据处理等领域的技术影响力位居前列。挪威 90.6% 的发明有效授权专利布局在海外，主要布局在美国和澳大利亚，贡献了全球 5.5% 的有效发明专利、3.8% 的 SCI 论文。重点研究机构有挪威海洋研究所、挪威奥斯陆大学、挪威科技大学、挪威卑尔根大学等，拥有挪威 PGS 地球物理公司、挪威安德拉仪器等重点企业。**德国**贡献了全球 7.5% 的 PCT 专利、12.8% 的高被引论文。国际论文合作中心度为 69.4%。德国有高达 82.5% 的有效发明专利布局在海外，主要布局在 PCT 专利、欧洲专利局和美国。研发前沿分析显示，德国在电磁法探测领域的影响力位居世界前列，海洋声学测绘技术影响力排在全球第 3 位，在多波束探测技术研究和应用领域全球领先，已完成产业布局，产品类型丰富，技术指标先进。拥有德国亥姆霍兹极地与海洋研究中心、德国基尔亥姆霍兹海洋研究中心、德国基尔大学、德国不莱梅大学、德国阿特拉斯电子公司等重点机构和企业。**日本**研发规模指标排第 3 位，位于美国和中国之后。日本贡献了全球 11.3% 的有效发明专利、4.4% 的 SCI 论文。PCT 专利数量位于全球第 4 位，位于美国、中国、法国之后。研发前沿分析显示，日本在水声学、LIBS、水下光学成像机理的研究影响力位于全球前列，在水下光学成像领域的技术影响力排在全球首位，在水声信号处理、声学传感器、水下摄像方面具有较强的影响力。日本 50.8% 的有效发明专利布局在海外，主要布局在美国。日本东京大学、日本国立海洋研究开发机构、日本 IHI 公司、日本古野电气株式会社等是重要研发支撑力量。

印度、韩国及巴西等新兴海洋国家在研发增速方面表现出良好的发展势头，SCI 发文增速基本与我国保持同步，专利增速超过了老牌海洋强国平均速度。但在研发力量、研发规模上仍有很大的提升空间，在研发引领以及研发竞合方面的能力较弱。**印度**在 2011～2020 年的 SCI 发文增速达 26.2%，超过中国增速 25.6%，居全球首位，发明专利增速达 11.9%，位于中国和俄罗斯之后，居全球第 3 位，有效发明专利中的海外专利占比达 57.1%。基础研究侧重于水下光学成像机理研究，印度理工学院、印度地球科学部是重要研究机构，印度科学与工业研究理事会的多波束探测仪技术领先。

韩国的研发规模指标排名第 5 位，位于中国、美国、日本、英国之后。在深海探测领域的发明有效专利量排在全球第 4 位，位于中国、美国、日本之后，贡献了全球 6.5% 的有效发明专利、3.5% 的 PCT 专利、9.2% 的 SCI 论文、4.3% 的高被引论文，有效发明专利中的海外专利占比达 12.5%。基础研究侧重于水下光学成像机理研究，专利技术方面在图像数据处理上具有突出优势，技术影响力排在全球首位，在海洋光谱检测、水体探测技术领域也具明显优势。重点研究机构有韩国海洋科学技术院、韩国地球科学与矿产资源研究院等。

表 4-1 深海探测领域国家科技创新能力一级评价指标数据

国家	研发引领	研发力量	研发规模	研发增速	研发竞合
美国	100.0	100.0	80.7	10.2	97.6
中国	40.6	47.8	100.0	100.0	39.6
英国	63.0	15.8	14.9	18.0	100.0
挪威	57.8	15.9	12.6	2.0	88.3
荷兰	54.2	9.2	3.9	19.1	96.1
法国	41.5	24.5	10.7	25.9	96.8
加拿大	50.4	8.5	9.1	1.3	62.1
意大利	44.1	5.6	6.9	11.0	87.4
德国	41.1	15.0	11.9	3.5	89.5
澳大利亚	39.1	12.9	10.1	25.1	68.5
日本	38.3	24.9	21.1	2.9	47.1
俄罗斯	14.4	3.6	5.7	30.5	32.6
韩国	26.2	8.4	14.5	27.6	26.8
巴西	21.7	1.5	2.7	39.8	32.6
印度	14.4	4.9	5.2	69.1	35.7

二、深海声学传感探测概述

美国。在声学传感器技术方面，早在 1972 年，美国海军研究实验室使用金属网包覆压电陶瓷圆管，外面用橡胶封装，内部充入蓖麻油，研发了耐压 700 m 的无指向性宽频带水听器 H-56，用于海洋环境噪声测量。1988 年，美国海军研究实验室的 Richard G. Adair 等人在南太平洋 5500 m 深度成功进行了矢量水听器试验。2006 年，美军海军研究实验室设计制作的可靠性声路径线阵（ARAP）在水下 6000 m 处测量可靠声路径，单只阵元由矢量水听器、聚甲醛树脂塑料框架、水密罐等组成，具有独立的姿态系统，矢量水听器由置于铝合金球壳内的三对水听器组成，并用多根弹簧将其悬挂在塑料框架上，声压水听器固定在框架顶端，框架底端固定水密罐，内有信号调理电路、罗经、倾角传感器以及基阵遥测仪网络的接口电路等。在声学探测技术方面，美国早在冷战时期就部署了声音监控系统（SOSUS），该系统采用子阵技术，将一条长线阵分成 2~3 个子阵单独处理，再结合起来进行波束形成，从而得到较窄的波束和更好的指向性。舰载声呐方面，美国发展了潜用粗线拖曳阵声呐 TB-16 和后续改进的细线型拖曳阵声呐 TB-29A，以及监视拖曳阵传感器主被动联合探测系统（SURTASS）等。通信组网方面典型的有海网（Seaweb）项目和近海水下持续监视网（PLUSNet）。

俄罗斯。早在 1989 年，俄罗斯利用基于复合式矢量接收器的基站系统和浮标系统在日本海、萨哈林岛（库页岛）、堪察加半岛以及南中国海等大陆架和海洋深处进行过大量的声强测量试验，在南中国海进行的噪声测量深度为 3600 m，水下声通道轴在 1200 m 深度，使用频率为 1~12 Hz、3~141 Hz 和 282~800 Hz。

法国、德国。法国和德国在声学探测技术方面也有较大发展。被动探测方面，比较典型的有法国的 FLASH 吊放声呐系统等，主动探测方面，法国泰雷兹集团和德国阿特拉斯电子公司采用低频大功率探测技术的 CAPTAS 系列声呐及 LFTAS 声呐。

加拿大。加拿大 Ultra 电子海洋系统公司将低频主动拖曳声呐与舰壳声呐、浮标等多种装备进行整合，形成多基地探测模式。

以色列。以色列 Bekkerman 是 MIMO 声呐研究的代表人物之一，其给出了 MIMO 声呐在窄带信号模型下的虚拟阵元坐标解析解，推导了 MIMO 声呐的克拉美罗界（CRB），指出当发射波形完全正交时可获得最优性能。

中国。在声学传感器技术方面，2012 年，中船集团 715 研究所采用空气背衬结构，制作了 80 MPa 耐压的声压水听器。2017 年，哈尔滨工程大学设计了带盖板的空气背衬压电陶瓷圆管水听器和溢流式压电圆管水听器，均通过了 20 MPa 压力测试。2019 年，中船集团 715 研究所设计了圆柱形超高静水压水听器，工作深度达到 5000 m。2020 年，海军潜艇学院研制了工作深度 3000 m 的球形压电陶瓷水听器。在大深度方面，哈尔滨工程大学已研制出可适用于 1000 m 和 2000 m 水深的矢量水听器；海军潜艇学院采用"最小平均密度耐压球壳设计方法"设计了工作深度 1500 m、2000 m 的复合同振式矢量水听器，并在"海豚"水下声学滑翔机平台上开展了持续使用，可同时实现声场中声压标量和矢量信息的有效获取。2006 年，中国科学院声学研究所为 7000 m 级载人深潜器"蛟龙"号研制了耐压能力大于 78 MPa 的深海圆柱水声换能器，采用油囊包裹压电陶瓷圆管、内部充油的设计。其直径为 108 mm，高度为 80 mm，重量为 2.4 kg，发射频带 7~20 kHz，发射电压响应大于 130 dB，接收频带 5~17 kHz，接收电压灵敏度大于 −190 dB。在海洋调查声学探测技术方面，我国合成孔径声呐在浅海技术方面基本与国外同步，水体测流测速方向已经形成了多个频段产品，深水多波束测深技术方向处于国外第三代水平。总体上讲，我国相关技术领域取得重要进展，部分设备已经具有一定的竞争力。声学通信组网方面，我国水声通信网络的研究仍处在初步阶段，西北工业大学、哈尔滨工程大学、厦门大学、中国海洋大学、中国科学院声学研究所和中船集团 715 研究所是我国进行此项研究较早的单位。总体来看，国内目前已开展了多种物理层通信技术的试验研究，对典型的 MAC 层接入技术开展了初步性能验证，网络的应用场景呈现出多样化，基于网络场景和水下环境的网络协议优化已经逐步开展。对比国外研究现状，国内虽然已有相当规模的水声通信网络试验研究，但仍需要进一步加强长期、大规模的试验研究。

三、深海光学观测探测概述

深海光学观测探测技术主要包括深海光谱探测技术和水下成像技术。深海光谱探测技术基于光源发出的光与水体物质的吸收散射等相互作用，通过检测特征光谱波长的大小和强弱，反演物质种类和含量。水下光学成像技术利用水下照明和摄像设备获取目标图像信息，应用于深海勘探和环境监测等领域，包括拜耳阵列成像、距离选通成像、偏振成像、激光三维成像。

1. 深海光谱探测技术

美国。美国在深海光谱探测、水下成像方面均处于领先地位。美国是最早研制深海激光拉曼光谱技术的国家，从 2002 年首次试验成功开始，连续进行了多次深海热液的原位测量，建立了比较完备的光谱数据库（美国国家原子光谱标准与技术数据库）。美国蒙特利湾海洋研究所和美国华盛顿大学组成的实验组，成功研制了深海激光拉曼光谱系统 DORISS（Deep Ocean Raman In Situ Spectrometer），并于 2004 年在 2700 m 深海热液喷口附近成功获得光谱数据，为进一步利用激光拉曼光谱手段实现深海正常和极端环境原位探测奠定了基础。美国伍兹霍尔海洋研究所搭建了实验室内的拉曼光谱探测装置，开展了基于水中溶存甲烷及二氧化碳的定量探测工作，结果表明该拉曼光谱探测系统对二氧化碳、甲烷的探测灵敏度分别达到 10 mmol/L 和 4 mmol/L。

日本。日本的深海光谱探测技术的研究主要集中在激光诱导击穿光谱技术（LIBS）。2013 年，日本东京大学研发了世界上首台基于 ROV 的深海 LIBS 原理样机 I-SEA，包含窗口式及光纤式两种探测装置，前者用来探测液体，后者用来探测水中固体。该系统实现了水下 200 m 液体中钙、镁、锂、钾等元素及磷化碳酸盐的同时探测，首次证明了将 LIBS 技术应用于水下化学分析的可行性。该团队于 2015 年研发出优化后的深海激光诱导击穿光谱仪 ChemiCam，并对伊希亚北油田活跃的热液喷口中的海水和矿物沉积物进行原位多元素分析。与传统的单脉冲设置（脉冲持续时间 <20 ns）相比，该团队选择了长脉冲激光（脉冲持续时间 > 150 ns）诱导浸没在水中的固体靶的等离子体和大量离子溶液来改善信号质量。通过现场海水的 LIBS 光谱在热液喷口检测出钠、钙、钾、镁、锂等金属元素，与实验室分析结果一致。

欧盟。欧盟多国在"地平线 2020"计划中将 LIBS 水下勘探技术作为"机器人海底勘探技术"方面的一项重点研究工作，项目协调负责国家为英国，参与国包括法国、德国、塞浦路斯、意大利、西班牙。

中国。在"十一五"国家 863 计划支持下，我国于 2006 年立项启动了"深海原位激光拉曼光谱系统"的研究工作，中国海洋大学为项目主持单位。2008 年完成系统的浅海有缆原理样机，并成功地通过实验室水槽试验和码头试验验证。2009 年，研制完成了适用于深海环境的自容式深海原位激光拉曼光谱仪 DOCARS（Deep Ocean Compact Autonomous Raman Spectrometer）并成功进行了 4000 m 深海试验。DOCARS 系统可检测的成分有甲烷、乙烷、丙烷、CO_2、SO_4^{2-}、CO_3^{2-} 和 HCO_3^- 等。DOCARS 系统通过搭载"东方红"号海洋调查船，先后经历了 10 余次海上实验和测试。2015 年，中国海洋大学研制了一套 4000 m 级深海 LIBS 水下原位探测系统（LIBSea），该系统搭载"发现"号 ROV 成功进行了 2000 m 深海试验，首次获得了现场深度剖面的 LIBS 信号数据，同时也发现压力、温度等海洋环境参数对 LIBS 信号的影响。LIBSea 在海底热液区可以探测到钠、钙、钾、镁、锂等金属离子，在表层海水中只能明显地检测到钠、钙、钾等离子，相比之下，海底海水 LIBS 信号比表层海水具有更高的信号强度和更宽的线宽。2017 年，中国海洋大学研制了一套更加小型化的 LIBS 系统 MiNi-LIBS，该系统探测性能指标与 LIBSea 系统相当，但体积和重量大大减小。2018 年 7 月，MiNi-LIBS 搭载"发现"号 ROV 在南海成功进行了测试。我国目前已在 7000 m 深度顺利完成了紫外激光拉曼光谱仪的试验和使用。中国科学院海洋研究所研发了国内首套探针式深海激光拉曼光谱探测（Deep Ocean In Situ Spectrometer With Raman Insertion Probes，简称 Rip）系统，并将之用于深海渗漏流体的原位探测。

2. 水下成像技术

美国。美国在拜耳阵列成像技术方面起步早，成功进行了多次应用，已形成产业化，在载人深潜器、海底观测网进行了多次成功应用。在距离选通成像技术方向美国已有成熟产品，美国研制了型号为 See-ray 的距离选通成像系统，采用 532 nm YAG 激光器主动照明，单脉冲能量 100 mJ，接收器采用美国 Xybion 电子系统公司的 ICCD，该系统有手持式、远程式两种版本，手持式供潜水员使用，远程式在 ROV 上使用，探测距离 6.4AL，识别距离 5.6AL。在偏振成像技术方面美国起步早，1996 年美国宾夕法尼亚大学等利用偏振差分成像技术将目标特征探测距离较传统水下成像提高 1 ~ 2 倍。水下激光三维成像技术美国已有多年研究，研究人员在 2002 年使用三维激光线扫描系统测量海底高分辨率地形，通过在墨西哥湾的实验获取了高分辨率水深资料，包括覆盖两个沙波的一个长为 1.35 m 的一维横断面，同时该系统也用来测量反射率和三维海底区域图。2010 年，Roger Stettner 在美国海军研究实验室的支持下研发了 3D 闪存激光雷达，该技术仅用一个激光脉冲便可获取整个画面的三维信息，通过增加相关的三维焦平面阵列大大提高数据传输速率。

日本。日本在拜耳阵列成像技术方面进行了相关应用，"深海"系列潜器上搭载有 6500 m 全海深相机，日本新型实时海底监测网配备了多个深海相机。日本在水下激光三维成像技术也有相应研究，2006 年日本静冈大学运用激光测距仪对未知水生环境进行三维测量，针对浅水测量中由于水气交界面引起折射造成的图像失真进行了分析和复原。

以色列。以色列在偏振成像技术方面取得了显著的成果。2005 年以色列理工大学的 Nir Karrpel 和 Yoar Y. Schechner 开发了便携式偏振水下成像系统，该系统有已知的线性辐射响应、较低的噪声影响、便携、不需外部设备和外接电源等特点。2009 年以色列理工大学的 Tali Treibitz 发表了关于主动偏振去除后向散射的方法，运用主动场景辐射在人工照明场构成图像，根据重构模型，提出恢复被测物体的信息的方法，该方法也可以提取粗略的 3D 场景信息。

加拿大。加拿大在距离选通成像技术方向有成熟产品，加拿大国防研究所的 LUCIE 系列产品可装载在 ROV 上，最大工作水深 200 m，对港口和深海进行探测和监测，该产品已发展至第三代。第三代手持式 LUCIE3 由 DRDC & NSS 联合开发，用于潜水员搜救使用，具有重量轻、体积小、便携等特点，体积 25 cm × 20 cm × 10 cm，重 5 kg，续航 45 min，手持使用。系统可在 7.35 AL 处对竖条纹靶成像，在 5.0 AL 处可分辨 16 mm/lp 的分辨力靶图，并可与高频成像声呐形成融合图像。

欧洲。欧洲在拜耳阵列成像技术方面有应用和产业化，欧洲海底观测网 ESONET 上搭载了多个深海相机，挪威康斯伯格海事公司的 imenco 型号相机最大工作水深 6000 m。瑞典的水下距离选通相机型号为 Aqua Lynx。2006 年，瑞典国防研究所利用该系统在清水和浊水中进行了实验，结果表明，距离选通系统的探测距离是传统摄像机的 2 倍（6.7AL），识别距离是传统摄像机的 1.5 倍（4.8AL）。

中国。中国深海相机经过近二十年的发展，已经成功进行了多次应用，并具有一定的产业化规模。

在拜耳阵列成像技术方面，"十五"计划期间，在大洋矿产资源勘查系列装备和技术系统支持下，研制成功适用于 6000 m 水深的深海彩色数字摄像系统、3000 m 海底有缆观测与采样系统——电视抓斗；上海恒生电讯公司已有 11000 m 水深相机产品，分辨率为 1920 × 1080，可实时存储和预览；北京厘海公司已有 6000 m 水深相机海试和应用，分辨率为 1920 × 1080；青岛海洋科学与技术试点国家实验室海洋观测与探测联合实验室（西安光机所部分）研发的"海瞳"在 2017 年已成功实现 11000 m 应用，并在后续产品中实现了 3840 × 2160 高分辨率、实时传输、实施存储、远程控制、十倍光学变焦等功能，在此基础上，研发了全海深超高清 3D 相机、4500 m 级超高清全景相机，实现了深海相机的多样化应用。

在距离选通成像技术方面，"十五"计划期间，在国家 863 计划支持下，北京理工大学开展的水下脉冲激光距离选通成像技术研究中，采用了 5 ns 门宽的距离选通 ICCD 成像系统和 DPL Nd:YAG 大功率脉冲激光器，探测距离达 6AL，识别距离达 5AL；华中科技大学在 2008 年研制了距离选通成像样机并进行了试验，该设备采用了 ANDOR 公司的 ICCD、灯泵浦的脉冲激光器，在水池中探测距离 12 m，识别距离 6 m；青岛海洋科学与技术试点国家实验室海洋观测与探测联合实验室（西安光机所部分）2020 年在实验室内实现了距离选通样机研制，探测距离达 6AL，识别距离达 5AL，帧频 20 帧 / 秒。

在偏振成像技术方面，2015 年，西安交通大学通过分析偏振差分探测原理建立了偏振差分成像模型，从理论上提出了基于 Stokes 矢量的计算偏振差分水下实时成像系统；2016 年，天津大学以 Schechner 物理退化模型为基础，提出一种基于曲线拟合实现目标信号估算的方法；2018 年，天津大学提出一种对偏振图像进行直方图均衡后再进行传统水下偏振复原处理的方法；2019 年，桂林电子科技大学在 Schechner 物理退化模型的基础上，增加了目标光强估算过程；2020 年，青岛海洋科学与技术试点国家实验室海洋观测与探测联合实验室（西安光机所部分）采用全局估计偏振成像算法提高了图像复原精度，在实验室内实现了 2.9AL 的成像。

在水下激光三维成像技术方面，中国海洋大学 2004 年采用同轴同步飞线扫描方法，在水池中对 1.1 m 处分辨率板成像，成像分辨率 2 mm，其中水池水质圆盘透明度为 0.9 m；哈尔滨工业大学在 2013 年搭建了基于条纹管的激光三维成像系统，在空气中对 15 m 处的目标进行了拍摄实验，能达到 0.5 m 分辨率，下一步将进行水下实验；深圳大学 2018 年在实验室内搭建了条纹管激光雷达水下三维成像系统，在空气中对 7 m 处的目标进行了三维成像，用高斯拟合对得到的数据进行三维重建，实现了纵深方向 30 cm 的距离分辨力，将距离重建误差降低至 8% 以内。

四、深海电磁学传感探测概述

海洋电磁数据采集能力反映了一个国家科技水平和综合实力，目前全世界仅有美国、德国、日本和中国有能力在超过 3000 m 水深海域进行电磁测量工作。在海洋电磁环境监测方面，美国、俄罗斯等国家处于领跑地位，西班牙、以色列、日本、波兰、意大利、挪威、瑞士等国家建成了电磁监测系统。我国在高灵敏度光泵原子磁传感器、水下目标电磁特征及定位方法研究、舰船电场模拟及参数估计方法研究、水下电磁警戒系统技术、船舶腐蚀电场研究等方面已取得长足发展，但各海域内电磁环境的基础资料和相关研究至今几乎仍为空白，正处于奋力追赶阶段。

美国。在海洋电磁装备及技术方面，美国斯克利普斯海洋研究所（SIO）是海洋电磁技术的发源地。从 20 世纪 60 年代起，SIO 研究海洋电磁探测技术、研制海洋电磁仪器，并进行海洋试验研究。经过更新换代，SIO 海底电磁采集站已经技术成熟并开展了一系列工程应用。其主要技术指标为电场本底噪声 0.1 ~ 0.12 nV/m/sqrt（Hz）@1Hz、磁场本底噪声 0.1 ~ 0.11 pT/sqrt（Hz）@1Hz、A/D 转换 24 位、增益控制为自动增益（挪威 EMGS 公司基于 SIO 的原型开发的技术）和可选固定增益（SIO）、工作水深 6000 m 等。美国斯克利普斯海洋研究所 Cox 等人于 20 世纪 70 年代末提出用水平电偶极源电磁法研究海底地质构造，并在太平洋洋中脊深海区成功进行了观测试验。SIO 先后研制了两套海洋可控源电磁发射仪，即 SUESI–200 和 SUESI–500，其最大输出电流分别为 200 A 和 500 A。近年来，SIO 研制了拖曳式三轴电场接收仪 Vulcan，并成功应用于海底水合物探测中。在海洋环境电磁监测 / 探测技术方面，20 世纪 70 年代末，美国在得克萨斯州外的科珀斯克里斯蒂航道内对舰船轴频电磁场进行了测量，并成功探测到目标 1.6 km 外的舰船信号；20 世纪 80 年代初，美国利用电场探测系统成功探测到了目标 10 km 外的电流源信号；20 世纪 90 年代，美国学者对潜艇、舰船航行过程中产生的尾流感应电磁场、轴频电磁场进行了研究；2010 年以来，美国高级研究计划局（DARPA）研发"分布式敏捷反潜"浅海子系统，拟利用无人机携带的非声传感器搜集潜艇尾流等非声学特征，以实现非声传感器组网探潜。美国海军开始研究在海底大规模部署无人潜航器，提出的设想是：在"七大洋"海底部署无人潜航器和配套的水下服务站，形成"艾森豪威尔海底高速公路网"，无人潜航器搭载主动声呐、被动声呐和电磁传感器等，用于执行海底测绘、探测水雷、航道侦察、港口警戒、搜寻潜艇甚至发动攻击等任务。

加拿大。20 世纪 90 年代，加拿大多伦多大学研发了海底拖曳时间域可控源电磁（CSEM）探测系统，该系统由发射电偶极子和采集电偶极子组成，发射电偶极子位于海底且通过电缆与勘探船连接，多对采集电偶极子以一定间距拖曳在电偶极子后方。发射源发射电流信号，由采集电偶极子接收经海底介质传播而来的电场信号，整个阵列在海底拖曳前进。

俄罗斯。在"二战"期间，苏联就研制了利用磁信号触发的磁引信；20 世纪

50～60年代，研制了非触发电场引信锚雷和 Комоя 电、磁封海控制系统，该系统可以测量电场、磁场信号，用于海湾或海岸的军事要塞实行安全保卫和警戒；20世纪80年代，苏联研发了 Anagram 水下预警系统，该系统包括120对电极，电极距为250 m，可以用于探测、跟踪潜艇和舰船信号；2016年，俄罗斯海岸警卫队部署"美杜莎"水下电磁探测系统，该系统由代达洛斯科技集团研制，可以测量电场和磁场信息，"美杜莎"系统可不间断监测距海岸500 m远、250 m宽、水深30 m以内的海域，还可将海中金属垃圾与潜水装备和潜艇等区分开。

欧洲。英国南安普敦大学和剑桥大学是国际上较早研制海洋可控源发射系统的科研机构。20世纪80年代中期，英国成功研制了深海拖曳式电磁发射仪（DASI）。该仪器在美国斯克利普斯海洋研究所早期设备的基础上做了一些非常重要的改进，特别是增加了中性浮力发射天线，使得深海拖曳的发射天线能够浮在海底上方大约100 m处，从而使得地形剧烈起伏的洋中脊海洋电磁调查和海洋油气探测成为可能。目前该设备已应用于海洋油气和天然气水合物勘探中。英国 Ultra 公司在海洋电磁传感器方面开展了研究。英国还研制了 Transmag Plus 用于海底观测。2000年，挪威国家石油公司 Statoil 公司在安哥拉海域成功进行了海洋可控源电磁法探测油气试验。2007年，挪威 PGS 地球物理公司开始研发海洋电磁拖缆采集系统，开发出地震电磁数据联合采集系统。挪威还建有水下电磁场探测阵列。2011年，德国联邦地球科学和自然科学研究所改进了多伦大学研制的海底拖曳电磁仪器，取名为 HYDRA，采集电偶极子由两对扩展为四对，收发距范围为160～754 m，发射电流强度为13 A。德国亥姆赫兹基尔海洋研究中心（GEOMAR）海洋电磁研究组自2004年成立以来，研制了用于海洋可控源电磁（CSEM）数据采集的发射源和采集站，其发射源 Sputnik 由两个正交电偶极子构成，可以在一次布放中沿相互垂直的两个方向先后发射电流信号，由放置于海底的电磁采集站接收信号。西班牙 SEAS 公司、瑞典 Plyamp 公司在海洋电磁传感器方面开展了研究。法国研制了 Thomson Marconi Sonar Mir 2000 多感应场站用于海底观测。西班牙研制了海洋综合警戒系统（SIDS），该系统包含主动声呐、被动声呐和电场传感器阵列。意大利研制了综合警戒系统，该系统包含磁传感器阵列和多波束声呐。瑞士研制了 STL 水下警戒系统，该系统可测量声、电、磁、地震波、水压等多种物理场。

中国。我国海洋电磁法的研究工作起步较晚，但近年来进展较大。1990年，中国科学院海洋研究所与日本东京大学地震研究所合作，在冲绳海槽开展了一个站位的海洋大地电磁（MT）采集试验。长春科技大学于 1994 年开始研制海底阵列式大地电磁（MT）测深仪，并在辽东湾浅海滩涂区进行了试验。国家 863 项目于 2000～2002 年立项开展了海洋 MT 仪器的研发，由中国地质大学和中南大学联合开发出了中国首批海洋 MT 仪器，并在南海、东海试验采集到了数据。2007 年，中国地质大学（北京）研制出了小功率海洋可控源电磁发射机，并在西沙海域进行了海上试验。2011 年，中国海洋大学等单位开始研发深水海洋可控源电磁探测装备，研制了海底电磁接收仪和大功率海洋可控源发射机，分别在我国南海北部海域和西太平洋海域完成了深水（4000 m）海洋大地电磁数据的采集试验。2015 年，1000 A（安培）大功率海洋可控源电磁发射系统应用于测试试验；2016 年，在深海海底采集站的基础上，经过改进，设计研发适用于浅水的海底采集站，减弱浅水环境海水运动带来的强干扰，并对中国南黄海盆地深部结构进行了探测。2017 年，中国科学院地质与地球物理研究所联合北京工业大学、中国地质大学（北京）等单位研发了可控源电磁发射系统和海底电磁接收系统。此外，广州海洋地质调查局和青岛海洋地质研究所等单位也开展了一系列海底天然气水合物的电磁方法研究。在海洋电磁环境监测/探测方面，中国海洋大学开展了海水运动感应电磁场数值模拟和实际观测研究，以及极低频电磁信号海洋测试研究，利用自主研发的海洋电磁采集站（OBEM）于黄海至南海海域接收到高质量极低频电磁信号。中国科学院电子学研究所开展了航空高灵敏度磁探技术研究，研制了高灵敏度铯原子磁传感器，灵敏度达 0.6 pT/sqrt（Hz）@1Hz。中国人民解放军海军潜艇学院开展了水下目标电磁特征及定位方法研究，实现了水下目标的非声探测。海军工程大学开展了舰船电场模拟及参数估计方法研究，实现了室内舰船仿真研究。中国船舶重工集团有限公司开展了水下电磁警戒系统技术和船舶腐蚀电场等方面的研究，实现了多场测量系统集成技术、稳态电场和腐蚀相关磁场仿真模拟，已应用于港口监测试验、船舶防腐蚀设计。

五、海底观测网概述

美国。 美国是拥有技术最先进、数量最多的海底观测网的国家。1996 年，美国新泽西州立大学率先在大西洋新泽西大海湾海岸带布设了 LEO-15（Long-term Ecosystem Obseravatory at 15 meters）。2000 年，伍兹霍尔海洋研究所在埃德加顿南岸建立了一个大约 4.5 km 长的 MVCO（Martha's Vineyard Coastal Observatory）观测网，使科学家可以直接连续观测海岸带区域在各种环境条件下的参数，包括北大西洋强烈风暴、海岸侵蚀、沉积物输运和海岸带生物过程。2009 年，美国伍兹霍尔海洋研究所、美国俄勒冈州立大学、美国华盛顿大学、美国罗格斯大学、美国雷声公司等海洋领域权威机构合作，在太平洋与大西洋的多区域建设海洋观测计划（OOI），由美国国家科学基金会（NSF）提供资助，主要用来观测近海岸生态系统的变化过程，研究人类活动对海洋生物的影响，观测活火山的膨胀和收缩、热液活动和在喷口处富存的生物群落，确定来自海底的物质和化学、生物的联系等。蒙特利加速研究系统海底观测网（Monterey Accelerated Research System Cable Observatory，MARS）为北美地区的海底设备验证提供加速平台，主要目标是为上述 OOI 计划提供测试基础，测试新的科学仪器和传感器技术，检测水下机器人的维护、布放和回收的能力。

加拿大。 加拿大区域尺度海底综合观测网海王星（North-East Pacific Times-series Undersea Networked Experiments，NEPTUNE）是世界首个深海海底大型联网观测站，位于东太平洋的胡安·德·夫卡板块最北部，和近岸尺度观测网维多利亚海底实验网络（Victoria Experimental Network Under the Sea，VENUS）构成了北美最具代表性的海底观测网络，也是当前世界最具代表性的海底观测平台，覆盖范围约 200 000 km²，仪器种类达 130 多种，以其线缆覆盖范围最大、仪器种类众多而成为世界上第一个区域尺度线缆海洋观测网络。整个网络共有 6 个节点分布在浅海至深海区域，2009 年，由 800 m 的海底光电缆相连的各种仪器开始提供实时数据。VENUS 是一个基于线缆的海洋观测网，该网络位于不列颠哥伦比亚省海岸外，通过光电复合缆连接到数据中心。

日本。 2006 年，日本国立海洋研究开发机构开始着手建设高密度地震海啸实时观测网（DONET），通过大范围跨区域布置地震检波器和深度计，用来构建海底地震观测网络和海啸预警网络。DONET 整体结构以回路线缆结构为主，配备仪器设备辐射节点，主要节点地震及海啸监测设备均采用领域内领先产品，同时也开展新技术的开发及应用。主干网络建设采用双端供电以及中继放大的能量、信息传递方式，各观测点都设有地震仪、强震仪、水压仪、压差仪、温度计等观测设备，该系统具有储备性能、置换机能、扩充性能。日本东南海区段的 DONET1 于 2011 年竣工，其中的 5 个科学节点连接着 20 个观测点，随后又增设了 2 个观测点。日本南海区段的 DONET2 则于 2016 年竣工，包括 7 个科学节点及其对应的 29 个观测点。DONET 的台站平均间距为 15 ~ 20 km，覆盖了从近岸到海沟的广大区域。2011 年 3 月日本海域 9.0 级地震及其引发的海啸袭击日本后，日本更是进一步开展地震及海啸预警网建设，开始了 S-net 海底观测网的建设，覆盖整个日本海沟。S-net 的光电复合缆长约 5500 km，拥有 150 个观测站。2017 年 4 月，S-net 已可全长网站运行。

欧洲。从 20 世纪 90 年代早期开始，欧洲的海底观测就在欧洲共同体框架下推进，主要的海底观测计划有欧洲海洋观测网（ESONET）以及欧洲多学科海底观测计划（EMSO）。2004 年，欧洲 14 个国家共同制定了 ESONET 计划，直接从欧盟获得资金支持，在大西洋与地中海精选 10 个海区设站建网，进行长期的海底观测，针对从北冰洋到黑海不同海域的科学问题，承担一系列科学研究项目，如评估挪威海海冰的变化对深水循环的影响以及监测北大西洋地区的生物多样性和地中海的地震活动等。该计划涵盖从北冰洋到黑海的所有欧洲水域，也探寻从冷水珊瑚到泥火山等大量神秘的自然现象。系统计划布设 5000 km 的主干光电缆，总共经费估计 1.3 亿 ~ 2.2 亿美金。2005 ~ 2008 年完成设备的研制，开展电缆式、浮标式的仪器试验工作，2009 年进入观测状态。EMSO 是以 ESONET 为基础而建立的，由分布在从北极圈到黑海范围的 12 个关键区域网络集合而成，各个区域网络规模配备不同，主体上分成以线缆为能源、数据传输基础的实时观测网络，以及以浮标平台为基站的准实时传输的观测网，最终目标是实现欧洲范围内深海多学科观测研究的集成，加强欧洲海洋观测网的科学技术力量。该网络由 14 个国家的 50 多个研究机构共同管理，也正是因为其机构众多，网络分布及其功能侧重点不同，其整体发展速度与美国、加拿大、日本的海底观测网相比较为缓慢。2012 年年底，EMSO 网络建设结束了其第一阶段的准备工作，建成了永久式观测站点，目前正处于数据管理及机构管理统一过渡阶段。在 EMSO 网络平台上已经部署验证的传感器有宽带 3-C 地震仪、磁力计、重力仪、水听器、高精度海底压力计、差分压强计、声学多普勒流速剖面仪、温盐深仪、透射仪、浊度计、气体传感器、化学分析仪、辐射计、自动水体采样计。各个子站点网络根据其节点特性需求，配备的设备及传感器的规模也不同。

中国。中国东海海底观测网络以小衢山海底观测网和摘箬山岛海底观测网为代表。2009 年同济大学建成的小衢山海底观测实验试点由 1.1 km 长的光电复合缆、一个具备防拖网结构的水下功能箱、一个水上平台、一个 CTD、浊度计以及 ADCP 组成。浙江大学在舟山建设摘箬山海底观测网实验平台（Z2ERO），重点研究并突破了海底接驳盒工程技术，该技术也保障了中国节点在美国 MARS 网络中的实验验证。2017 年

3 月，国家发改委正式批复《海底科学观测网国家重大科技基础设施项目建议书》，由同济大学牵头进行统筹协调，主要建设内容包括三大部分，即东海海底观测子网、南海海底观测子网、监测与数据中心及配套工程，建设周期 5 年，总投资逾 21 亿元。"海底观测网试验系统"是"十二五" 863 计划海洋技术领域重大项目，由中国科学院声学研究所牵头，联合国内 12 家优势涉海研究机构，于 2016 年 9 月建设完成。系统自建成以来持续开展了南海区域实时观测，运行稳定，获得了大量海洋科学观测数据资料。南海深海海底观测网试验系统是我国第一个自主研发的大规模深海海底观测网络，使我国成为继加拿大、美国、日本后第四个建成深海海底观测网的国家。台湾地区 MACHO 观测网借鉴了日本 DONET 的建设方案，于 2007 年开始规划，由日本电气株式会社（NEC）承建，2011 年年底投入使用，该网络目前主要用于区域背景噪声研究以及灾害预警研究等。

第二节 深海探测研发前沿

在深海探测领域，2011 ~ 2020 年，美国 PCT 专利数量、有效发明专利平均被引次数、ESI 论文数量均居首位，SCI 篇均被引次数居第 3 位，研发前沿一级指标综合排名第 1 位。挪威、英国、加拿大、荷兰等老牌海洋强国，SCI 篇均被引次数与发明授权专利平均被引次数均高于平均水平。中国的 ESI 数量和 PCT 专利数量均居第 2 位，但 SCI 篇均被引次数与发明授权专利平均被引次数两个指标均低于平均值。印度、巴西等新兴海洋国家在影响力方面处于较低位次（图 4-1）。

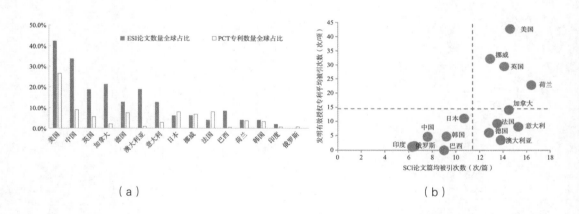

（a）   （b）

图4-1 （a）深海探测领域主要国家ESI论文数量、PCT专利数量全球占比；（b）深海探测领域主要国家SCI篇均被引频次与发明有效授权平均被引次数指标表现，虚线代表主要国家平均值

一、深海声学传感探测技术研发热点前沿

（一）基础研究热点前沿

基于 2011 ~ 2020 年深海声学传感探测领域 SCI 论文被引次数大于 5 次的数据形成的引文网络，可以看出近十年研究主题集中在水声传感器网络、海洋生物声学、海

底声学、水声学四个方向（图4-2）。直接引用网络中的SCI论文定义为核心论文，核心论文平均发表年份集中在2014～2015年，平均被引用次数为26.7次／篇。海洋生物声学是该领域论文发表规模最大、篇均被引频次最高的研究主题（表4-2）。水声传感器网络在第三章已论述，此章不再赘述。

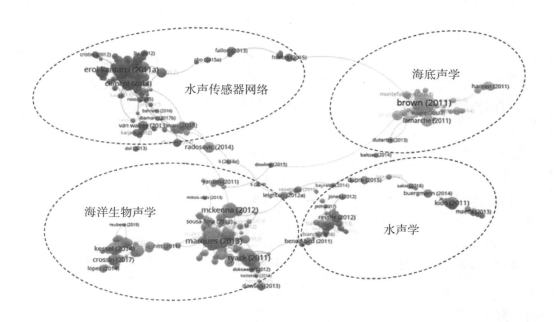

图4-2　深海声学传感探测领域SCI论文直接引用网络

表4-2　深海声学传感探测技术方向研究主题

序号	研究主题	核心论文数 （篇）	篇均被引次数 （次／篇）	平均发表时间 （年）	2011～2020 年平均增长率 （％）
1	海洋生物声学	552	31.2	2014.6	2.9
2	海底声学	178	25.0	2014.9	3.5
3	水声学	142	25.3	2014.2	6.8

　　基于声学传感探测技术领域论文被引次数、论文发表时间、高被引关键词、高共现关键词、新出现词，结合论文直接引用网络，筛选出了高频词、高被引新词以及重要论文，用于判断声学传感探测技术领域基础研究热点和前沿（表4-3）。

表 4-3　深海声学传感探测技术方向研究热点与前沿

序号	研究主题	高频词	高被引新词	高被引论文研究方向
1	海洋生物声学	行为 噪声 海洋哺乳动物 被动声学监测 栖息地 迁移	散射层 回声定位信号 生物声学 座头鲸 海豚 鲨鱼	海洋生物声学信号研究 被动声探测理论与方法 海洋生物行为研究 海洋生物栖息地及环境研究
2	海底声学	后向散射 沉积物 侧扫声呐 多波束声呐 地震	角度响应 粒度 多波束测深仪 反向声散射特性	大陆架测绘及成像技术 地貌探测装置的校正与优化 后向散射及海底声学特征
3	水声学	声学特性 声波层析成像 阵列信号处理 传播模型 地声模型	地声反演 声场模型 内波 声波散射 时间反转	地震研究 海底位移观测与研究 海底气体排放

海洋生物声学。基础研究热点主要涉及海洋生物行为模式、种群特征以及被动声学监测手段等。基础研究前沿集中在海洋生物声学信号研究、被动声探测理论与方法研究、海洋生物行为研究、海洋生物栖息地及环境研究等。高被引论文研究了利用被动声学估计海洋生物种群密度（英国圣安德鲁斯大学）、蓝鲸的声音行为（美国加州大学圣迭戈分校）、生物多样性评价（法国索邦大学）、喙鲸的空间和时间声学现象（意大利海洋科学研究所、爱尔兰高威梅奥理工学院）、噪声对鱼类声通信的影响（德国基尔大学）等。

海底声学。基础研究热点集中在采用多波束探测仪、侧扫声呐、合成孔径声呐等声学传感器进行沉积物分类、地形测绘、图像处理等。基础研究前沿集中在大陆架测绘及成像技术、地貌探测装置的校正与优化、后向散射及海底声学特征提取等。高被引论文主要研究了海洋沉积物分布监测（美国佛罗里达州立大学、荷兰代尔夫特理工大学）、底栖生境测绘（美国伍兹霍尔海洋研究所、波兰格但斯克大学）、海底反向散射分类和海底轮廓分析（英国国家海洋研究中心、荷兰代尔夫特理工大学）等。

水声学。基础研究热点集中在声吸收、声发射、声传播、声波散射、传播模型等声学理论研究及声波层析成像、阵列信号处理等技术研究。基础研究前沿涉及利用水声学研究海底地震、海底位移以及海底气体排放、气候变暖等自然现象。高被引论文研究内容涉及地震（加州大学圣克鲁兹分校）、海洋板块应变分配和板间耦合（日本京都大学）、海底地壳运动数据综合分析（日本东北大学）、海底气体排放的声波监测（法国海洋开发技术研究院）等。

（二）技术开发热点前沿

基于深海声学传感探测技术领域有效发明专利绘制专利地图，根据专利地图和IPC 小组分类，深海声学传感探测技术领域的技术开发主题主要集中在水体探测技术、海洋测绘技术、水声信号处理技术、声学传感器技术、水声导航与定位技术、水声传感器网络以及水声通信技术（图4–3）。深海声学传感探测领域满足以下 3 项条件之一的有效发明专利被定义为重要专利：一是同族个数在 3 项及以上；二是专利存在质押、转移等法律状态；三是专利同族被引次数在 10 次及以上。其中，海洋测绘技术的重要专利数量较多，专利家族平均被引次数最高的是水声信号处理技术，平均公开年最新的是声学传感器技术，同族专利数量最多的方向是水体探测技术。水声传感器网络、水声导航与定位、水声通信技术已在第三章中论述，此章不再赘述（表4–4）。

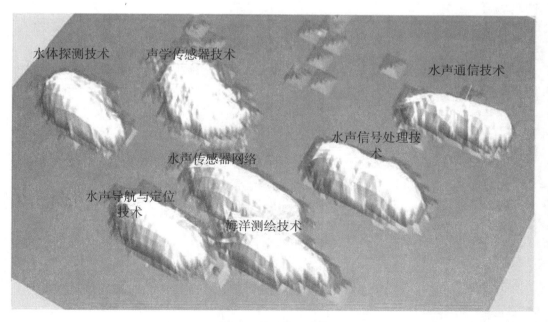

图4-3　深海声学传感探测技术专利地图

表 4-4　深海声学传感探测方向技术主题

序号	技术主题	重要专利家族公开量（项）	专利家族平均被引次数（次／项）	Inpadoc 同族专利数量（项）	平均公开时间（年）	2009～2018 年平均增长率（%）
1	水体探测技术	62	347	11.5	2014.2	44.3
2	海洋测绘技术	68	27.6	7.7	2013.9	49.3
3	水声信号处理技术	60	68.9	11.3	2013.8	49.8
4	声学传感器技术	40	35.2	9.2	2014.8	46.2

基于深海声学传感探测领域有效发明专利高频词、重要专利技术方向，综合判断深海声学传感探测领域技术开发的热点和前沿趋势（表 4-5）。

表 4-5　深海声学传感探测方向技术开发热点及前沿

序号	技术主题	高频词	重要专利技术方向
1	水体探测技术	多普勒流速剖面仪（ADCP） 目标探测 鱼探仪	用于鱼类资源探测的声呐测量系统 用于测量水速的声呐测量系统 被动目标探测技术及装置
2	海洋测绘技术	多波束 侧扫声呐 合成孔径声呐 单波束 成像声呐 前视声呐 浅地层剖面仪	用于水生生物测量的前视声呐系统 用于海底地形地貌测量的多波束测量系统 用于海中成像的合成孔径声呐系统
3	水声信号处理技术	降噪 测向 波束形成 滤波 目标识别 特征提取	波束形成系统 阵列信号处理技术 水下目标识别技术
4	声学传感器技术	水听器 发射换能器 新材料 光纤水听器 换能器阵列	用于记录海底地震的水听器设备 光纤水听器设备 换能器新材料研究

水体探测技术。技术研发热点主要集中在多普勒流速剖面仪（ADCP）、鱼探仪、目标探测技术等。重要专利包括用于鱼类资源探测的声呐测量系统（日本古野电气株式会社）、用于测量水速的声呐测量系统（美国 Teledyne RD Instruments 公司）、被动目标探测技术及装置（德国阿特拉斯电子公司）。

海洋测绘。技术研发热点主要集中在采用多波束、侧扫声呐、合成孔径声呐、浅地层剖面仪、单波束、成像声呐、前视声呐等设备对海洋地形地貌的测绘。重要专利包括用于水生生物测量的前视声呐系统（美国 Blueview 公司、美国 Farsounder 公司）、用于海中成像的合成孔径声呐系统（法国 iXblue 公司）、用于海底地形地貌测量的多波束测量系统（美国 Teledyne Reson 公司）。

水声信号处理技术。技术研发热点主要集中在目标增强、测向技术、波束形成技术、滤波处理技术、目标识别技术、特征提取技术等。重要专利研究包括波束形成系统（法国泰雷兹集团）、阵列信号处理技术（美国 Teledyne Reson 公司）、水下目标识别技术（美国海军研究实验室）等。

声学传感器技术。技术研发热点主要集中在水听器、发射换能器、光纤水听器、换能器新材料研究等。重要专利研究包括用以记录海底地震的水听器设备（中国石油天然气有限公司）、光纤水听器设备（挪威 Optoplan 公司）、换能器新材料研究（日本三井化学株式会社）等。

二、深海光学观测探测技术研发热点前沿

（一）基础研究热点前沿

基于 2011 ~ 2020 年 10 年的深海光学观测探测领域 SCI 论文数据引文网络，SCI 直接引用网络中的 SCI 论文定义为核心论文。可以看出深海光学观测探测技术的基础研究主要集中在光谱探测、水下成像两个方向，光纤传感技术有少量研究（图 4-4、图 4-5）。光谱探测的研究主要集中在激光诱导击穿光谱（LIBS）和拉曼光谱两个研究主题，平均发表年份集中在 2016 ~ 2017 年，平均被引 14.4 次 / 篇，近 10 年平均增长 16.7%。水下成像领域的基础研究主要涉及水下光学成像机理及水下成像应用研究两个方面，平均发表年份集中在 2015 ~ 2016 年，平均被引 19.6 次 / 篇，近 10 年平均增长 2.8%（表 4-6）。

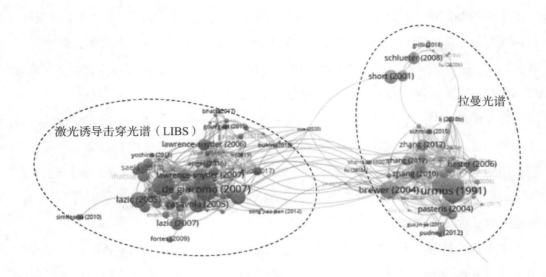

图4-4 深海光谱探测技术SCI论文直接引用网络

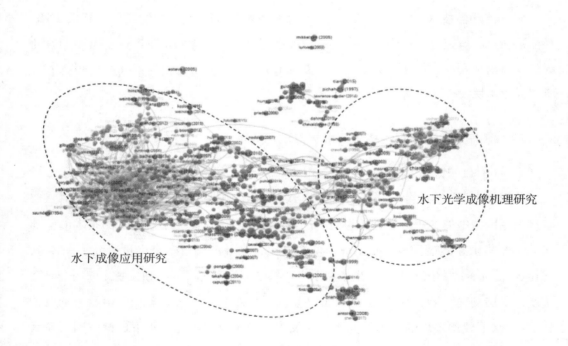

图4-5 水下成像技术SCI论文直接引用网络

表 4-6　深海光学观测探测技术方向研究主题

序号	研究方向	研究主题	核心论文数（篇）	篇均被引次数（次/篇）	平均发表时间（年）	2011~2020年平均增长率（%）
1	光谱探测	LIBS	67	18.3	2015.9	16.7
		拉曼光谱	35	10.8	2016.2	8.0
2	水下成像	水下光学成像机理研究	263	22.9	2015.4	7.8
		水下成像应用研究	662	18.2	2015.7	0.7

光谱探测领域，LIBS核心论文数量最多，近10年的年均增长率最快，是篇均被引次数最高的研究方向。水下成像技术领域，水下光学成像机理研究是篇均被引次数最高及年均增长率最快的研究方向，平均被引22.9次/篇，近10年增长7.8%。水下成像应用研究核心论文数量最多，近10年的增长率达0.7%（表4-6）。

基于深海光学观测探测技术领域共现词出现频次、年代较新的高被引关键词及论文被引次数等，筛选总结出了高频词、高被引新词以及高被引论文研究方向，用于判断深海光学观测探测技术领域基础研究热点和前沿（表4-7）。

表 4-7　深海光学观测探测技术方向基础研究热点与前沿

序号	研究方向	研究主题	高频词	高被引新词	高被引论文研究方向
1	光谱探测	LIBS	LIBS 元素分析 光击穿	诱导等离子体 单脉冲 考古材料	LIBS技术用于水下物质元素分析 LIBS技术机理研究
		拉曼光谱	浮游植物 溶解有机物 CDOM 二氧化碳 甲烷 沉积物 深海热液喷口	叶绿素a 定量分析 盐度 原位海洋观测 准解析算法 拉曼探针 激光雷达	深海拉曼探针 拉曼技术用于深海溶解性气体分析

序号	研究方向	研究主题	高频词	高被引新词	高被引论文研究方向
2	水下成像	水下光学成像机理研究	散射模型 深度测量法 图像分析 图像处理 光学性质 图像增强 深度学习 图像去雾	色彩校正 漫射衰减系数 机器学习 对象检测	水下图像增强 三维成像 水下三维重建 偏振成像 水下相机系统 利用波长补偿和去雾技术增强水下图像 利用深度卷积神经网络重建低照度水下光场图像 一种从数字沉积物图像中确定粒度的简单自相关算法 水下三维重建的结构光与立体视觉实验 距离门控水下激光成像系统
		水下成像应用研究	激光雷达 生物多样性 群落结构 相对密度 大堡礁 立体视频 水下视频站 远程水下视频 可变性 进化 动力学 浮游动物 沉积物 后向散射 底栖生物的栖息地 珊瑚礁 垂直分布 沉积物运移	物种之间的相互影响 远程水下视频 生态系统服务 多变量分析 远程水下视频站 诱饵远程水下视频 底栖生物组合 低氧区 粒度 海洋生态系统 图像分析 空间分布 时间序列	带饵远程水下视频 诱饵立体视频 水下立体视频技术 远程水下视频站 底栖生物图像分析、图像重建、生境制图 视频观测预测底栖生物群落

光谱探测。①**LIBS光谱探测技术。**主要用于对水中的金属阳离子和金属元素的分析，元素分析、诱导等离子体、单脉冲、门延迟等高频词在近几年被引用次数较多，被引用次数排名靠前的文献研究方向主要集中在利用LIBS技术进行考古材料分析（西

班牙赫罗纳大学、西班牙马拉加大学）、痕量金属元素分析（中国科学院海洋研究所）等；在 LIBS 技术机理研究方面主要侧重于双脉冲激发（美国蒙特利湾海洋研究所）、非门控激光诱导击穿光谱（中国海洋大学）等。**② 拉曼光谱探测技术。**可用于对具有拉曼活性的水下阴离子和有机分子的探测，在天然气水合物、海底热液、碳循环、水下沉积物、水溶液、海水溶解甲烷等方面的应用研究较多，在光谱探测技术的实验研究与建模、技术灵敏度、深海激光拉曼光谱仪的研制、光谱探测与其他探测技术的联合应用等方面也有所涉及。文献研究热点主要集中在深海拉曼探针（中国科学院海洋研究所），二氧化碳、甲烷等深海溶解性气体分析（中国海洋大学、中国科学院海洋研究所、美国蒙特利湾海洋研究所）。

　　水下成像。① 水下成像应用研究。澳大利亚、爱尔兰、英国、巴基斯坦、美国、法国、德国、加拿大、意大利、中国等开展的研究较多，研究内容主要集中在水下视频 / 水下摄像方法、海洋生物观测、底栖生物图像分析、图像重建、生境制图等方面，在近几年出现频次较高的是物种之间的相互影响、生态系统服务、浮游动物、沉积物、底栖生物栖息地、甲烷、珊瑚礁、底栖生物群落等。高被引论文主要研究内容包括带饵远程水下视频（澳大利亚海洋科学研究所、澳大利亚西澳大学、迪肯大学、皇家墨尔本理工学院）、诱饵立体视频（美国佛罗里达州立大学）、水下立体视频技术（新西兰梅西大学）、远程水下视频站（澳大利亚弗林德斯大学、英国国家海洋学中心、英国南安普敦大学、爱尔兰科克大学等）、基于测深激光雷达的温带海洋大型藻类群落生境分类研究（澳大利亚迪肯大学）、视频观测预测底栖生物群落（德国亥姆霍兹联合会、基尔大学、美国佛罗里达州立大学、罗德岛大学、法国索邦大学等）。**② 水下光学成像机理研究。**美国、法国、英国、澳大利亚、西班牙、日本、韩国等开展的研究较多，研究内容主要集中在水下图像增强、三维成像、水下三维重建、偏振成像、水下相机系统等，近几年出现频次较高的研究内容包括深度测量法、水下成像、重建、深度学习等。重点文献研究内容主要集中在利用波长补偿和去雾技术增强水下图像（浙江大学）、极化视觉（美国约翰·霍普金斯大学）、利用深度卷积神经网络重建水下光场图像（日本东京大学、日本九州理工学院）、水下三维重建（意大利卡拉布里亚大学）、距离门控水下激光成像系统（加拿大达尔豪斯大学、丹麦科技大学）、底栖生物立体图像重建（澳大利亚悉尼大学、美国俄勒冈州立大学）等方向。

（二）技术开发热点前沿

深海光学传感探测技术领域有效发明专利地图显示，技术研究热点主要集中在海洋光谱检测、海洋光纤传感、海洋生态原位检测 3 个技术主题，专利平均被引 12.0 次 / 项，平均公开时间集中在 2017 ～ 2018 年，近 10 年增长率达 33.5%。海洋光谱检测技术主要集中在 LIBS 及拉曼光谱探测技术及系统研究；海洋光纤传感技术侧重于利用光纤本质特性对海洋温度、压力、盐度等海洋参数进行测量；海洋生态原位检测技术主要测量海水中的叶绿素、浮游植物、浊度等要素（图 4-6）。水下成像技术领域主要集中在水下视频 / 水下摄像、水下照明、水下光学成像、图像数据处理 4 个方向，专利平均被引 19.6 次 / 项，平均公开时间集中在 2015 ～ 2016 年，近 10 年增长率达 2.8%（图 4-7）。

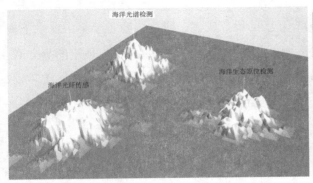
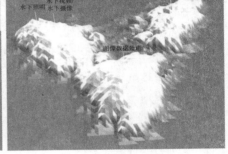

图4-6　深海光学传感探测专利地图　　　　图4-7　水下成像专利地图

深海光学观测探测技术领域满足以下三项条件之一的有效发明专利被定义为重要专利：一是同族个数在 3 项及以上；二是专利存在质押、转移等法律状态；三是专利同族被引次数在 10 次及以上。海洋光纤传感技术是 2009 ～ 2018 年近 10 年来专利增长最快的研究方向，平均增速达 23.4%，专利平均被引 43.2 次 / 项，专利平均公开年份集中在 2012 年。专利增速排在第 2 位的是海洋生态原位检测技术，近 10 年的平均增速达 18.7%。海洋光谱探测技术方面的专利平均被引次数最高，达 77.3 次 / 项。水下成像技术领域，光学成像技术是近 10 年来专利增长最快的领域，平均增长率达 34.7%，居其他领域首位。水下视频 / 水下摄像是水下光学成像探测领域专利增长相对缓慢的方向，近 10 年专利平均增长 26.2%。水下照明是专利被引次数最高的领域，专利数量少于其他领域。图像数据处理技术是专利数量最多的领域，近 10 年平均增长 34.1%（表 4-8）。

表 4-8　深海光学观测探测方向技术主题

序号	开发方向	技术主题	重要专利家族公开量（项）	专利家族平均被引次数（次/项）	平均 Inpadoc 同族专利数量（项）	平均公开时间（年）	2009～2018年平均增长率（%）
1	深海光学传感探测	海洋光谱检测	19	77.3	8.8	2013.8	14.2
		海洋光纤传感	25	43.2	8.7	2012.0	23.4
		海洋生态原位检测	8	66	25.8	2013.5	18.7
2	水下成像	水下光学成像	41	86.2	14.9	2012.5	34.7
		水下视频/水下摄像	23	30.9	7.1	2013.8	26.2
		水下照明	16	192.1	32.7	2013.6	34.1
		图像数据处理	99	41.2	8.3	2014.1	34.1

基于深海光学观测探测领域有效发明专利高频词、重要专利技术方向，综合判断深海光学观测探测领域技术开发的热点和前沿趋势（表 4-9）。

表 4-9　深海光学观测探测方向技术开发热点及前沿

序号	开发方向	技术主题	高频词	重要专利技术方向
1	深海光学传感探测	海洋光谱检测	比线谱 光学耦合 拉曼放大器 气体检测 激光脉冲 天然气水合物 压力自平衡 流通池 蠕动泵 孔隙水 光学探头	水下激光拉曼－激光诱导击穿光谱联合探测 基于激光诱导荧光的深海原位可溶性芳香氨基酸检测 LIBS 探测深海高压模拟控制 深海天然气水合物原位探测 拉曼技术用于评估水质和有害藻华毒素
		海洋光纤传感	分布式光纤 光纤光栅 光纤传感 非接触式 光纤复合 海底光缆 传感光缆	光纤传感技术用于二氧化碳测量 分布式光纤传感 基于光纤光栅传感技术的海洋底质特性探测及温度测量 基于光纤系统和方法远程监视海洋物理参数

序号	开发方向	技术主题	高频词	重要专利技术方向
1	深海光学传感探测	海洋生态原位检测	浮游植物 叶绿素 浮游生物 生物传感器 荧光传感器 光合色素 显微荧光 悬浮物	多通道荧光传感器 水质 RGB 传感器 荧光法测量叶绿素和藻类 浮游植物水下原位分类检测 总磷总氮原位在线监测 高精度浊度海洋原位监测
2	水下成像	水下光学成像	三维成像 偏振成像 激光扫描成像 距离选通成像 光谱成像 偏振膜	水下图像采集 三维声呐成像 水下光学成像系统密封装置 基于结构光技术和光度立体技术的水下三维重建装置及方法 偏光膜制造 基于仿生视觉机理的水下偏振成像方法 使用分离波场的高分辨率成像系统和方法
		水下视频/水下摄像	水下微光 一次性相机 多角度 多功能 便携式 双目视觉	防水相机 防水外壳 水下一次性使用相机 水下立体摄像机系统 三维点云 照相机镜头和成像设备
		水下照明	自适应 LED	水下 LED 照明灯 LED 照明系统和方法 基于可见光激光光源的水下照明系统
		图像数据处理	卷积神经网络 增强现实 机器视觉 高精度 透射率 微光	水下图像增强方法 基于全卷积神经网络的水下光学感知、水下图像复原方法 水下微光成像技术

深海光学传感探测。①**海洋光谱检测。**海洋光谱检测技术的重点方向是 LIBS、拉曼光谱探测技术及系统研究。专利的高频词主要集中在拉曼放大器、光学探头、激光脉冲、光学耦合等，重要专利研发方向涉及水下激光拉曼—激光诱导击穿光谱联合探测（中国海洋大学）、基于激光诱导荧光的深海原位可溶性芳香氨基酸检测（中国

科学院南海海洋研究所）、LIBS 探测深海高压模拟控制（中国海洋大学）、深海天然气水合物原位探测（青岛海洋地质研究所）、拉曼技术用于评估水质和有害藻华毒素（美国伍兹霍尔海洋研究所）等。② **海洋光纤传感**。光纤传感技术主要应用于海洋温度、压力、盐度的测量。专利的高频词主要集中在分布式光纤、光纤光栅、光纤传感、非接触式、光纤复合等。重要专利研发方向涉及光纤传感技术用于二氧化碳测量（加拿大维多利亚大学）、分布式光纤传感（挪威 Nortek 公司、中国科学院半导体研究所）、基于光纤光栅传感技术的海洋底质特性探测及温度测量（中国船舶集团第 715 研究所）、基于光纤系统和方法远程监视海洋物理参数（英国南安普敦大学）等。③ **海洋生态原位传感**。海洋生态原位传感主要用于测量海洋浮游生物、叶绿素、微生物、悬浮物等。专利的高频词主要有生物传感器、荧光传感器、光合色素、显微荧光等。重要专利研发方向有多通道荧光传感器（美国 In-Situ 公司）、荧光法测量叶绿素和藻类（美国 Wet Labs 公司）、浮游植物水下原位分类检测（中国科学院安徽光学精密机械研究所、浙江大学）、总磷总氮原位在线监测（中国科学院西安光学精密机械研究所）、高精度海洋原位浊度监测（浙江大学、中国海洋大学）等。

　　水下成像。① **水下光学成像**。专利技术主要集中在成像系统、成像装置、成像设备、水下光学成像系统密封装置等领域，水下偏振成像、三维成像技术、水下三维重建技术等是研究重点，重要专利包括布里渊散射水下激光成像探测装置（南京理工大学）、基于仿生视觉的水下偏振成像方法（河海大学）、用于混浊介质的光学成像系统（美国海军研究实验室）、偏振片和图像显示装置（日本日东电工株式会社、柯尼卡株式会社）等。② **水下视频/水下摄像**。专利技术主要集中在水下摄像机、防水相机、照明装置、防水外壳等领域，重要专利包括具有距离测量功能的单筒水下立体摄像系统（韩国海洋研究所、日本东芝株式会社）、水陆两用变焦透镜系统（日本尼康株式会社）、水下摄像机玻璃空心球外壳（日本冈本硝子株式会社）、带有可切换对焦相机的水下相机系统（美国高途乐公司）。③ **水下照明**。专利技术主要集中在照明装置、照明系统、照明单元、照明灯具等领域，重要专利包括基于可见光激光光源的水下照明系统（复旦大学）、水下光学仪器外壳（雷神加拿大有限公司）、水下照明装置（法国 SIELED 公司）等。④ **图像数据处理**。专利技术主要集中在视频数据、图像采集等领域，卷积神经网络、增强现实、机器视觉等是研究热点，重要专利包括基于增强现实的相机运动提取设备（韩国电子通信研究院）、基于卷积神经网络的水下图像复原方法（天津大学）、光学图像捕获装置（日本奥林巴斯株式会社）、通过去噪去卷积自动恢复水下图像（美国海军研究实验室）、水下目标三维重建方法（青岛大学）等。

三、深海电磁学传感探测技术研发热点前沿

（一）基础研究热点前沿

基于 2011 ~ 2020 年 10 年的深海电磁学传感探测技术领域 SCI 论文数据引文网络，可以看出深海电磁学传感探测技术基础研究主要集中在海洋可控源电磁法研究、海洋大地电磁法研究和海洋电磁环境研究 3 个方面（图 4-8）。深海电磁学传感探测领域 SCI 直接引用网络中的 SCI 论文定义为核心论文，平均发表年份集中在 2013 ~ 2014 年，平均被引 22.1 次 / 篇，近 10 年平均增长 2.2%。

海洋可控源电磁法论文发表数量规模最大，海洋大地电磁法论文篇均被引次数最高，海洋电磁环境论文平均发表年份最新，并且近 10 年增长速度最快（表 4-10）。

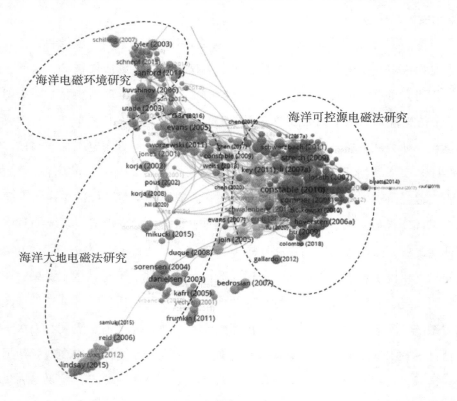

图4-8　深海电磁学传感探测技术SCI论文直接引用网络

表 4-10　深海电磁学传感探测方向研究主题

序号	研究主题	核心论文数（篇）	篇均被引次数（次/篇）	平均发表时间（年）	2011～2020年平均增长率（%）
1	海洋可控源电磁法研究	480	10.4	2015.8	4.8
2	海洋大地电磁法研究	251	19.0	2015.3	4.6
3	海洋电磁环境研究	124	12.3	2016.4	9.0

基于深海电磁学传感探测技术领域共现词出现频次、年代较新的高被引关键词及论文被引次数等，筛选总结出了高频词、高被引新词以及高被引论文研究方向，用于判断深海电磁学传感探测技术领域基础研究热点和前沿（表 4-11）。

表 4-11　深海电磁学传感探测方向基础研究热点与前沿

序号	研究主题	高频词	高被引新词	高被引论文研究方向
1	海洋可控源电磁法研究	算法 数值模拟 联合反演 海洋可控源电磁数据 碳氢化合物 电性各向异性 三维反演 电磁数据	有限元方法 直流电阻率 三维反演 直接解算器 非结构化网格 电磁响应 三维建模 油气勘探 电性各向异性	海洋可控源电磁数据反演 电磁三维自适应高阶有限元模拟 海洋可控源电磁数据成像 电磁和地震联合反演 三维可控源电磁正演模拟 海洋可控源电磁勘探的宽带波形和鲁棒处理
2	海洋大地电磁法研究	反演 电磁感应 电阻率 模型 天然气水合物 地幔 磁导率	感应电流 三维反演 二维反演 盐水入侵 潮汐信号 大地电磁测深	利用海底大地电磁数据对上地幔进行电性成像 大地电磁二维建模 基于大地电磁模型和地震模型联合解释岩性构造分类

序号	研究主题	高频词	高被引新词	高被引论文研究方向
3	海洋电磁环境研究	潮汐 海水运动 电磁场 频率 海冰 辐射 灵敏度 介电常数 偶极子	数学模型 接收器 电磁干扰屏蔽 电磁屏蔽	海水运动感应电磁场数值模拟 海水运动感应电磁场测量 地幔电导率模型 地幔电导率三维成像 海洋中的电磁感应

海洋可控源电磁法。海洋可控源电磁法是以海底介质的导电性和介电性差异为物质基础，通过观测和研究人工场源（电性源或磁性源）电磁场随空间分布规律或随时间的变化规律，进行海底油气资源和矿产资源勘探以及地质构造研究的一类海洋地球物理勘探方法。算法、数值模拟、联合反演等是基础研究的热点，位居高频词前列。可控源电磁学、有限元方法、直流电阻率、三维反演等是该领域基础研究前沿方向。目前高被引论文的研究集中在海洋可控源电磁数据反演（美国加州大学圣迭戈分校、美国斯克利普斯海洋研究所）、三维建模（美国加州大学伯克利分校、挪威国立科技大学地球物理与工程学院、挪威科技工业研究所、德国艾尔弗雷德·韦格纳研究所）、电磁三维自适应高阶有限元模拟（美国加州大学圣迭戈分校、美国犹他大学）、海洋可控源电磁数据成像（美国加州大学伯克利分校）、电磁和地震联合反演（美国斯伦贝谢公司）、三维可控源电磁正演模拟、宽带波形和鲁棒处理（德国地球科学研究中心、加拿大纽芬兰纪念大学）。

海洋大地电磁法。海洋大地电磁法是利用起源于高空电离层和大气中雷电活动垂直入射海表的天然交变电磁波为激励场源，通过在海底测量相互正交的电场和磁场来获取海底介质电性分布的一种地球物理勘探方法，它是研究大洋地壳和上地幔结构以及地质过程的重要地球物理手段之一。反演、电磁感应、电阻率、模型、地磁感应、地幔、磁导率等位居高频词前列，感应电流、三维反演、二维反演、大地电磁测深是该领域基础研究前沿方向。高被引论文的研究集中在利用海底大地电磁数据对上地幔进行电导率成像（日本东京大学、德国基尔大学）、大地电磁二维建模（日本东京工业大学）、基于大地电磁模型和地震模型联合解释岩性构造分类（德国地球科学研究中心）等。

海洋电磁环境研究。潮汐、海水运动、海冰、灵敏度等出现频次较高。数学模型、海洋可再生能源、电磁干扰屏蔽等为高被引新词。高被引论文的研究集中在海水运动感应电磁场数值模拟（德国亥姆霍兹联合会、美国华盛顿大学），北太平洋地区地幔电导率模型（日本东京大学），海洋中的电磁感应（德国地球科学研究中心），地幔电导率三维成像、地磁数据的三维电磁反演（瑞士苏黎世联邦理工学院），地磁感应对地幔导电性的影响（美国加州大学圣迭戈分校）以及海洋电磁场对鱼的影响（瑞典斯德哥尔摩大学）等等。

（二）技术开发热点前沿

基于近 10 年深海电磁学传感探测技术有效发明专利数据聚类的专利地图，可以看出专利技术主要集中在海洋电磁方法及应用研究和海洋电磁探测系统及装置 2 个主题（图 4-9）。满足以下三项条件之一的有效发明专利被定义为重要专利：一是同族个数在 3 项及以上；二是专利存在质押、转移等法律状态；三是专利同族被引次数在 10 次及以上。重点专利平均公开时间集中在 2017 ~ 2018 年，平均被引 6.6 次 / 项，近 10 年平均增长 32.2%。

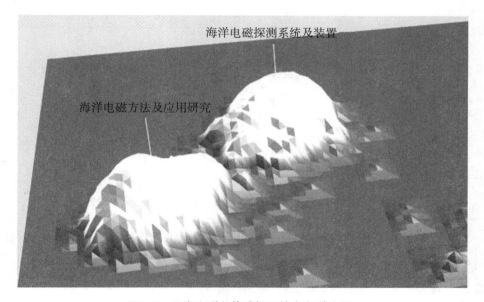

图4-9 深海电磁学传感探测技术专利地图

海洋电磁探测系统及装置的研究起步较晚但发展最快，近10年专利平均增长率达54.4%，位居首位。海洋电磁方法及应用研究在专利规模、被引次数、同族专利数量方面均领先，近10年专利平均增长率达35.3%，专利平均公开年份集中在2017～2018年（表4-12）。

表4-12　深海电磁学传感探测方向技术主题

序号	技术主题	重要专利家族公开量（项）	专利家族平均被引次数（次/项）	Inpadoc同族专利数量（项）	平均公开时间（年）	2009～2018年平均增长率（%）
1	海洋电磁方法及应用研究	81	45.7	12.5	2015.1	35.3
2	海洋电磁探测系统及装置	24	22.4	4.3	2013.7	54.4

基于深海电磁学传感探测领域有效发明专利高频词、重要专利技术方向，综合判断深海电磁学传感探测领域技术开发的热点和前沿（表4-13）。

表4-13　深海电磁学传感探测方向技术开发热点及前沿

序号	技术主题	高频词	重点专利技术方向
1	海洋电磁方法及应用研究	电磁场 电磁数据 电磁波信号 碳氢化合物 大地电磁场	电磁数据采集与处理 海洋电磁测量方法
2	海洋电磁探测系统及装置	电磁传感器 电磁接收器 拖缆 电磁源	水下电磁测量系统 电磁传感器 海洋电磁信号采集电缆 海洋电磁检测器

海洋电磁方法及应用研究。专利主要涉及海洋电磁法的建模、反演、电磁数据处理等方面，专利的高频词主要集中在电磁数据、电磁波、碳氢化合物、大地电磁场。重要专利涉及电磁数据采集与处理（中国地质大学（北京）、中国海洋大学、挪威电磁地形服务公司）、海洋电磁测量方法（英国南安普敦大学、挪威PGS地球物理公

司）、水下电磁勘测结果的分析方法（英国 OHM 公司）、降低海洋电磁勘测信号中感应噪声的方法（英国睦泰姆有限责任公司）。

海洋电磁探测系统及装置。专利研发的高频词为电磁传感器、电磁接收器、拖缆、电磁源等。重要专利涉及海洋电磁检测器、电磁传感器、拖曳电磁勘测系统、海洋电磁接收器和发射器（挪威 PGS 地球物理公司）、水下电磁测量系统（法国舍塞尔公司）、海洋电磁信号采集电缆、基于浮标的电磁信号采集系统（美国维斯特恩格科有限责任公司、美国 KJT 公司）等。

四、各国研发热点前沿

（一）基础研究热点前沿国家布局

2011 ～ 2020 年，根据深海探测 SCI 热点论文总被引次数分析显示，基础研究中影响力最大的 5 个方向分别是海洋生物声学研究、水下成像应用研究、水下光学成像机理研究、海洋可控源电磁法研究、海洋大地电磁法研究（图 4-10）。

美国的研究领域覆盖了全部热点，论文的总影响力处于全球最高水平。其在海洋生物声学、水声学，以及海洋可控源电磁法、海洋大地电磁法、海洋电磁环境等海洋电磁学研究方面具有明显优势，论文总影响力排名全球首位。

老牌海洋强国的研发热点普遍集中在海洋生物声学、海底声学、水下成像、电磁法研究等方向。英国在海洋生物声学领域的研究影响力排在全球第二位，位于美国之后。加拿大和澳大利亚在海底声学领域和水下成像应用领域的研究影响力分别排在全球首位。日本在水声学、LIBS、水下光学成像机理的研究影响力位于全球前列。德国、挪威、加拿大在电磁法探测领域的影响力位居世界前列。

在新兴海洋国家中，巴西、韩国和印度与老牌海洋强国仍存在较大的差距，韩国和印度的研发热点集中在水下光学成像机理方面，巴西的研发热点侧重于水下光学成像的应用。

相对而言，中国在光谱探测、水下光学成像、可控源电磁探测等方向在全球具有较高的影响力，其中针对拉曼光谱以及水下光学成像机理的研究 SCI 总被引数量已经位居首位，在 LIBS 领域的研究影响力位于日本和意大利之后，排在全球第 3 位。但我国在声学探测、水下成像应用、海洋大地电磁法及海洋电磁环境研究的影响力与美国及老牌海洋强国存在较大差距，这些方向是目前的研究薄弱环节。

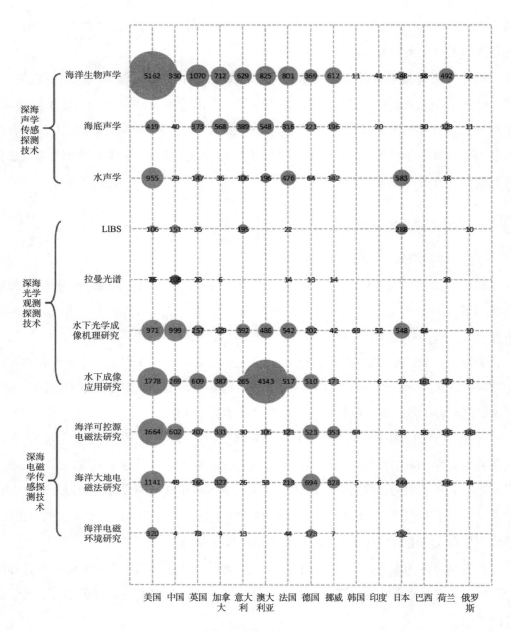

图4-10　深海探测领域主要国家研究主题布局
气泡大小代表论文的总被引数量

（二）技术开发热点前沿国家布局

2011～2020 年，深海探测技术开发热点专利同族总被引次数分析显示，技术开发方向中影响力最大的 5 个方向分别是水声信号处理技术、海洋电磁方法及应用研究、图像数据处理、水下光学成像、水下照明（图 4-11）。

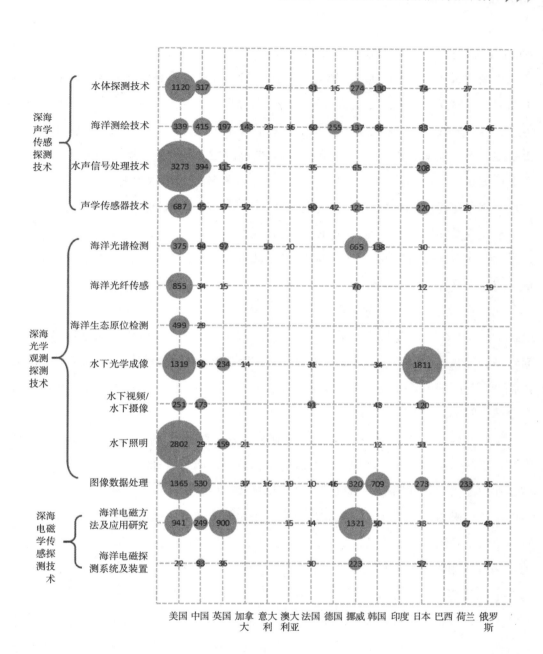

图4-11 深海探测领域主要国家技术主题布局
气泡大小代表同族专利被引次数

　　美国技术开发基本覆盖全部热点，专利的总影响力处于全球最高水平，在声学探测、光学传感、水下成像领域具有明显优势，其在水体探测技术、水声信号处理技术、声学传感器技术、海洋光纤传感、海洋生态原位检测、水下照明、图像数据处理等技术方向的影响力居全球首位。

在老牌海洋强国中，挪威、英国、德国、日本在全球具有较高的技术影响力，其中挪威在电磁探测及海洋光谱检测领域的影响力居全球首位，另外在水体探测、声学传感、海洋光纤传感、图像数据处理等领域的技术影响力也位居前列。英国在海洋光谱检测、水下光学成像、水下照明领域具有较高的技术影响力。德国的海洋测绘技术在全球的影响力排在第 3 位。日本在水下光学成像领域的技术影响力排在全球首位，在水声信号处理、声学传感器、水下摄像方面也具有较高的影响力。

在新兴海洋国家中，韩国在图像数据处理方面具有突出优势，技术影响力排在全球首位，在海洋光谱检测、水体探测技术领域也优势明显。印度和巴西在深海探测领域目前尚无符合重要专利筛选条件的专利。

我国在深海探测领域布局的技术方向较为全面，其中，在水体探测技术、海洋测绘技术、水声信号处理技术、图像数据处理、海洋电磁方法及应用研究等领域专利布局较多。但我国在海洋光纤传感、海洋生态原位检测、水下照明等方面布局较弱。总体看来，深海探测领域我国专利在国际市场上缺乏竞争力，专利技术的总体影响力排在全球第四位，位于美国、挪威、日本之后。

综上看来，我国在深海探测领域的基础研究及专利技术开发活跃，产出丰富，SCI 发文量仅次于美国位居全球第 2 位，发明专利数量已居全球首位，且以 26.2% 的平均增速在快速增长。我国在产出数量上已占据优势，但在影响力方面还比较弱，专利技术的总体影响力位于美国、挪威、日本之后，位列第 4 位；基础研究方面，中国的影响力位列第 6 位，排在美国、澳大利亚、法国、英国、德国之后。从高被引论文来看，关于深海探测领域相关理论研究，例如水声学、海洋生物声学、水下成像应用研究、海洋电磁法等，主要集中在美国、英国、德国、澳大利亚的高校院所。同时，在专利技术开发方面，基于专利的海外布局、法律状态、同族被引次数以及价值估值等评价指标分析显示，重要的专利集中在欧美的企业中。我国在拉曼光谱、水下光学成像机理等方面的研究具有较高的影响力，但在应用技术研究及产品开发方面远滞后于领先国家。

深海声学传感探测技术领域。基础研究主要集中在水声传感器网络、海洋生物声学、海底声学、水声学四个方向，其中海洋生物声学是研究热点。技术研发主要集中在海洋测绘技术、水体探测技术、声学传感器技术、水声信号处理技术、水声通信技术、水声导航与定位技术、水声传感器网络 7 个方向，声学传感器技术和水声信号处理技术是研发热点。从高被引论文来看，理论及应用研究主要集中在美国的高校，从重要专利来看，我国专利的被引用次数、同族专利数量、海外专利布局数量等还不及美国，重要专利主要分布于美国企业及海军研究实验室中，我国的专利集中在高校和研究院以及少部分企业中。

深海光学传感探测技术领域。光谱探测理论的研究，主要集中在美国、意大利、日本、西班牙的高校和研究所，我国的中国海洋大学、中国科学院海洋研究所、中国科学院安徽光学精密机械研究所、中国科学院中国科学技术大学已跻身研究前列，但高被引论文数量上与美国相比差距还较大。同时在专利的被引次数、专利的同族数量等方面，重要的专利主要集中在美国、德国、挪威、俄罗斯、日本的企业中，而我国对深海光谱探测技术的研究主要集中在高校和研究所，虽然我国发明申请专利占全球的 48.6%，但引用次数大于 5 的专利中，我国仅占 10%。在一定程度上说明我国在深海光学传感探测领域的理论研究已跻身世界前列，但在技术应用和产品开发方面仍滞后于领先国家。LIBS/ 拉曼光谱、基于光纤传感的深海原位探测技术、多参数光学传感器是重点研发方向，不断增强整体装置的探测精度和探测范围是未来研发重点。我国研制的深海原位激光拉曼光谱仪和深海 LIBS 水下原位探测系统已成功进行了深海试验。基于光纤传感技术的深海极端环境传感器、多参数光学传感器在深海探测中具有广阔的应用前景，全球尚处于研究探索阶段。

水下成像技术领域。在基础研究方面，美国、英国处于全球合作研究中心，美国在该领域的论文数量遥遥领先，美国和澳大利亚之间合作最为紧密。我国在该技术领域的发文量排在全球第 3 位。水下摄像、水下视频、水下相机、图像数据处理、水下照明、水下成像技术、底栖生物生境等研究较多，带饵远程水下视频、诱饵立体视频、水下视频站、卷积神经网络、深度神经网络、计算机视觉、饵相机、水下高光谱成像、广义加性模型、机器学习算法等出现频次较高。激光三维成像、偏振成像、激光扫描成像、水下微光成像、距离选通成像等激光成像技术为全球研究热点。美国、日本等在激光成像技术方面研究较多，掌握该领域核心技术，我国在水下成像技术、图像处理等方面参与较多，在水下照明、水下视频、底栖生物生境监测等方面涉及较少，尤其在水下激光成像系统研究方面与国外发达国家差距较大。华北光电技术研究所、中国科学院上海光学精密仪器研究所、华中科技大学、中国海洋大学等已经进行了激光水下成像技术研究，主要集中在成像方式的选取和图像数据处理方面，探测距离只有十多米，分辨率和可靠性也较低，有些关键问题尚未解决，所用关键器件尚需进口，还不能应用到实际的工程中。我国对水下激光三维成像系统的研究尚处于起步阶段，尚无成套设备的研制和生产工作。

深海电磁学传感探测技术领域。我国拥有的发明专利已超过全球的 60%，并且处于持续增长态势。在基础研究方面，我国的发文量居全球首位，美国排位第二，美国、法国和德国处于全球合作研究中心，美国和中国之间合作最为紧密。海洋电磁环境、海洋电磁探测系统及装置等研究较多，算法、模拟、联合反演、可控源电磁学、有限元方法、数值模拟、三维反演等出现频次较高，海洋可控源电磁法、海洋大地电磁法的研究是该领域的热点方向。我国的专利数量和论文数量居全球首位，但高被引专利及高被引论文来自挪威、英国和美国，挪威 PGS 地球物理公司、挪威 Advanced Hydrocarbon Mapping 公司、英国南安普敦大学、英国 OHM 公司、美国 KJT 公司、美国 Geometrics 公司等在电磁数据采集、海洋电磁勘探、电磁传感器、海洋电磁接收器和发射器等领域掌握核心专利技术。我国的中国海洋大学、中国地质大学（北京）、中国石油集团东方地球物理勘探公司、中南大学等开展了海洋可控源电磁勘探技术的相关研究，已初步掌握了海洋电磁仪器系统和采集技术，与挪威、英国、美国等技术领先国家相比在技术产品与产业应用方面尚存在较大差距。

第三节 深海探测研发力量

深海探测领域的研发力量主要分布在欧美国家、日本和中国，从图 4-12 显示的深海探测领域主要国家的 SCI 发文机构和 PCT 专利申请机构的合计数量在全球的占比来看，美国的研发力量占全球的 28.1%，中国的研发力量占 14.3%，法国、日本分别占 7.0%、5.7%。澳大利亚、英国等其他国家的研发机构数量占比在 4.4% 以下。全球研发力量呈现以下特征。

一是美国机构数量庞大。2011 ~ 2020 年，在深海探测领域发文数量超过 20 篇 SCI 论文的研究机构中，美国的 SCI 发文机构占全球的 26.2%，PCT 专利申请机构占全球的 32.2%，均排在首位。中国的 SCI 发文机构数量排在第 2 位，占全球的 15.6%，PCT 专利申请机构数量排第 3 位，占全球的 11.6%。中国和美国在研究机构数量上相差悬殊，美国的研究机构数量约是我国的 2 倍。法国、澳大利亚的 SCI 发文机构数量分别占 6.8%、6.1%，排在第 3、4 位，英国等其他国家的 SCI 发文机构数量占比不足 4.2%。日本的 PCT 专利申请机构数量占 13.2%，排在第 2 位；法国和挪威的 PCT 专利申请机构数量排在第 4、5 位，占 7.4% 左右，英国等其他国家的 PCT 申请机构数量占比不足 5%（图 4-13、图 4-14）。

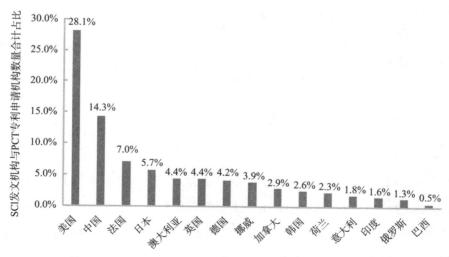

图4-12 深海探测领域主要国家的SCI发文机构和PCT专利申请机构合计数量全球占比

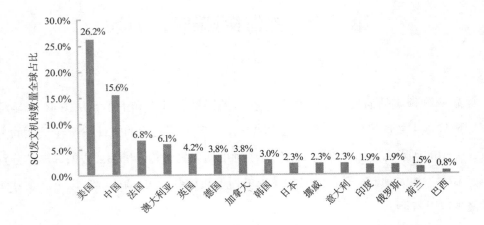

图4-13   深海探测领域主要国家SCI发文机构数量全球占比

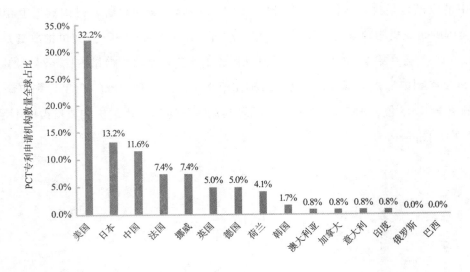

图4-14   深海探测领域主要国家PCT专利申请机构数量全球占比

二是欧美国家的科研机构具有更高的影响力。欧美国家科研机构在SCI论文的篇均被引次数上高于全球平均水平。美国主要研发机构SCI论文的总被引数量居全球首位，篇均被引频次略低于英国，位于全球第2位。法国、澳大利亚的总被引次数及篇均被引次数都超过了全球平均水平。因发文总量偏低，英国、德国、荷兰、意大利、巴西、挪威、日本、加拿大在总被引次数上低于全球平均水平。美国加州大学、德国亥姆霍兹联合会、法国海洋开发技术研究院、法国国家科研中心、伍兹霍尔海洋研究所、美国华盛顿大学、英国圣安德鲁斯大学等综合性海洋研究机构，以及美国国家海洋和大气管理局、美国国防部、美国航空航天局、美国海军、美国内政部等政府相关机构在 SCI 发文量、学术影响力等方面均排在全球前列。我国参与深海探测研发的机构较多，总被引数量排名第 2 位，但篇均被引次数低于全球平均水平（图4-15）。

三是油气能源公司、电气公司、地球物理公司、军工企业等专利技术开发活跃。主要企业如美国斯伦贝谢技术有限公司、哈里伯顿能源服务公司、壳牌石油公司等油气能源公司，军工企业如德国阿特拉斯电子公司、法国泰雷兹集团、美国洛克希德·马丁公司，地球物理公司如美国 ION 地球物理集团公司、挪威 PGS 地球物理公司等。

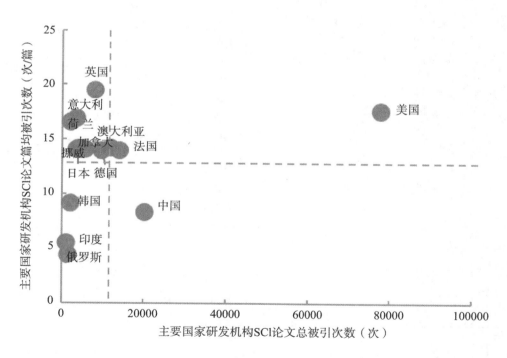

图4-15　深海探测领域主要国家研发机构SCI论文总被引数量与篇均被引数量分布
横虚线代表主要国家SCI发文机构篇均被引次数均值；
纵虚线代表主要国家SCI发文机构总被引数量均值

一、研发力量分布

深海探测领域主要研发力量分布如表 4-14 ~ 表 4-17 所示。

（一）深海声学传感探测技术主要研发力量分布

表 4-14　声学传感探测技术主要研发力量分布

声学传感探测（国外）		
国家	主要科研机构	主要企业
美国	美国加州大学圣迭戈分校 美国加州大学圣克鲁兹分校 美国伍兹霍尔海洋研究所 美国得克萨斯大学奥斯汀分校 美国佛罗里达州立大学 美国华盛顿大学西雅图分校 美国康奈尔大学 美国北卡罗来纳大学 美国康涅狄格大学 美国麻省理工学院 美国海军研究实验室	美国洛克希德·马丁公司 美国 Navico 公司 美国 Teledyne RD Instruments 公司 美国雷神公司 美国斯伦贝谢技术有限公司 美国哈里伯顿能源服务公司 美国通用电气公司 美国卡梅隆国际公司 美国 Bethos 公司 美国 Blueview 公司 美国 Detroit Technologies 公司 美国 EdgeTech 公司 美国 Falouth Scientific 有限公司 美国 Klein Associates 有限公司 美国 L-3 诺蒂科公司 美国 R2Sonic 有限责任公司 美国 Rowe Deines Instruments 公司 美国 SyQwest 公司 美国 FSI 公司 美国 LinkQuest 公司 美国 FarSounder 公司 美国 Teledyne Reson 公司 美国动力科技公司 美国罗斯蒙特公司

续表

声学传感探测（国外）		
国家	主要科研机构	主要企业
英国	英国圣安德鲁斯大学 英国埃克塞特大学 英国南安普敦大学 英国国家海洋研究中心 英国阿伯丁大学 英国巴斯大学 英国约克大学 英国爱丁堡大学	英国奎奈蒂克公司 英国海底七有限公司 英国 AML 公司 英国 Marine Electronics 有限公司 英国 Sonardyne 公司 英国 Tritech 公司 英国 Triton 公司 英国 BEA 系统公司
法国	法国海洋开发技术研究院 法国艾克斯 – 马赛大学	法国泰雷兹集团 法国 iXblue 公司 法国 Sercel 公司 法国 Thomson 公司 法国考弗莱西普公司
荷兰	荷兰应用科学研究组织 荷兰代尔夫特理工大学	荷兰 Radac 公司 荷兰 Datawell 公司 荷兰辉固国际集团
挪威	挪威特罗姆瑟大学 挪威奥斯陆大学 挪威海洋研究所 挪威卑尔根大学 挪威科技大学	挪威 FFI 公司 挪威 Norbit 水下分公司 挪威 Optoplan 公司 挪威 PGS 地球物理公司 挪威 Sound Metrics 公司 挪威康斯伯格海事公司 挪威安德拉仪器公司 挪威 Nortek 公司
德国	德国亥姆霍兹极地与海洋研究中心 德国亥姆霍兹基尔海洋研究中心 德国基尔大学 德国不来梅大学	德国阿特拉斯电子公司 德国 Innomar 技术有限公司 德国克虏伯公司 德国 Coda 公司 德国 Elac 公司 德国 EvoLogics 公司

声学传感探测（国外）		
国家	主要科研机构	主要企业
加拿大	加拿大温莎大学 加拿大维多利亚大学 加拿大达尔豪斯大学 加拿大纽芬兰纪念大学 加拿大渔业及海洋部（政府机构）	加拿大 GeoSpectrum Technologies 公司 加拿大 Imagenex 科技公司 加拿大海岸有限公司 加拿大 RBR 公司 加拿大 CARIS 公司 加拿大 Ultra 电子海洋系统公司
日本	日本国立海洋研究开发机构 日本东北大学	日本古野电气株式会社 日本电气株式会社 日本 IHI 公司 日本三井化学株式会社
丹麦	丹麦奥尔胡斯大学	丹麦 B&K 公司
声学传感探测（国内）		
国家	主要科研机构	主要企业
中国	大连理工大学 国防科技大学 广东石油化工大学 哈尔滨工程大学 哈尔滨工业大学 河海大学 华中科技大学 山东科技大学 上海交通大学 深圳大学 天津大学 武汉大学 厦门大学 西北工业大学 燕山大学 浙江大学 中北大学	北京海卓同创科技有限公司 北京神州普惠科技股份有限公司 北京蔚海明祥科技有限公司 海鹰企业集团有限责任公司 杭州安布雷拉自动化科技有限公司 杭州瑞声海洋仪器有限公司 江苏中海达海洋科技有限公司 上海达华测绘有限公司 上海瑞洋船舶科技有限公司 深圳市智慧海洋科技有限公司 苏交科集团股份有限公司 苏州桑泰海洋仪器研发有限责任公司 苏州声光达水下探测仪器有限公司 天津德芃科技集团有限公司 天津深之蓝海洋设备科技有限公司 厦门瀛寰电子科技有限公司 中船海鹰加科海洋技术有限责任公司

续表

声学传感探测（国内）		
国家	主要科研机构	主要企业
中国	中国地质大学（北京） 中国海洋大学 中国科学院声学研究所 中山大学 自然资源部第一海洋研究所 自然资源部第二海洋研究所	中船集团 702 所 中船集团 710 所 中船集团 715 所 中船集团 719 所 中船集团 726 所 中国交通部水运规划设计院有限公司 中国石油天然气有限公司 中交第一航务工程勘察设计院有限公司 中科探海（苏州）海洋科技有限责任公司 舟山邈拓海洋工程技术有限公司

（二）光学观测探测技术主要研发力量分布

1. 光学传感探测主要研发力量分布

表 4-15　光学传感探测技术主要研发力量分布

光学传感探测（国外）		
国家	主要科研机构（政府机构）	主要企业
美国	美国佛罗里达州立大学 美国加州大学圣迭戈分校 美国罗彻斯特大学 美国佐治亚大学 美国密歇根大学 美国国家海洋和大气管理局 美国伍兹霍尔海洋研究所 美国海军研究实验室 美国蒙特利湾海洋研究所	美国哈利伯顿能源服务公司 美国 Ecdab 公司 美国 3D at Depth 公司 美国 Enviro Tech 公司 美国 Gould Flber Optic 公司 美国 HOBI Labs 公司 美国 In-Situ 公司 美国 InterOcean 公司 美国 SubChem Systems 公司 美国 Teledyne RD Instruments 公司 美国 Turner Design 公司 美国 VIP Sensors 公司 美国 Wet Labs 公司 美国海鸟科技集团 美国切萨皮克科学公司 美国 Rowe Technologies Inc 公司 美国哈希公司

续表

光学传感探测（国外）		
国家	主要科研机构（政府机构）	主要企业
美国		美国赛默飞世尔公司 美国 YSI 公司 美国斯伦贝谢技术有限公司
英国	英国南安普敦大学 英国诺森比亚大学 英国国家海洋研究中心 英国伦敦大学 英国曼彻斯特大学 英国剑桥大学	英国 Macam 公司 英国 Valeport 公司 英国 Marine Electronics 公司 英国 Sonardyne 公司 英国 Tritech 公司 英国 Triton 公司
法国	法国海洋开发技术研究院	法国 iXblue 公司 法国 Thomson 公司
挪威	挪威科技大学	挪威安德拉仪器公司 挪威 SAIV AS 公司 挪威 Nortek 公司
意大利	意大利国家研究委员会	意大利 Idronaut 公司 意大利 Systea 公司
德国	德国亥姆霍兹基尔海洋研究中心 德国亥姆霍兹极地与海洋研究中心 德国不来梅大学	德国阿特拉斯电子公司 德国 OTT 公司 德国 TriOS 公司 德国 Sea&Sun Technology 公司 德国西门子公司
澳大利亚	澳大利亚新南威尔士大学悉尼分校	澳大利亚 Green Spna 公司
加拿大	加拿大魁北克大学 加拿大英属哥伦比亚大学 加拿大维多利亚大学	加拿大 AML 公司 加拿大 Satlantic 公司 加拿大 RBR 公司
日本	日本九州理工学院 日本国立海洋研究开发机构 日本东京大学	日本赛创尼克株式会社 日本 JFE Advantech Co., Ltd. 公司 日本 NTT 公司 日本 TSK 公司 日本 Alec 公司

续表

光学传感探测（国内）		
国家	主要科研机构	主要企业
中国	北京理工大学 大连理工大学 复旦大学 国防科技大学 哈尔滨工程大学 合肥工业大学 华中科技大学 上海交通大学 天津大学 同济大学 西安交通大学 浙江大学 中国海洋大学 中国科学技术大学 中国科学院海洋研究所 中国科学院长春光学精密机械与物理研究所 中国科学院西安光学精密机械研究所 自然资源部第一海洋研究所	湖北久之洋红外系统股份有限公司 莱森光学（深圳）有限公司 上海清淼光电科技有限公司 深圳云传物联技术有限公司 烟台凯米斯仪器有限公司 中船集团 715 所 中船集团 717 所

2. 水下成像主要研发力量分布

表 4-16　水下成像技术主要研发力量分布

水下成像（国外）		
国家	主要科研机构	主要企业
美国	美国佛罗里达州立大学 美国加州大学 美国伍兹霍尔海洋研究所 美国俄勒冈州立大学 美国海军研究实验室	美国 Navico Holding AS（Navico）公司 美国 Westinghouse 公司 美国 Wet Labs 公司 美国高途乐公司
英国	英国国家海洋学中心 英国伦敦帝国理工学院	英国 2G Robotics 公司
法国	法国海洋开发技术研究院 法国国家地球科学与天文学研究所 法国索邦大学	法国 iXblue 公司 法国 SIELED 公司

水下成像（国外）		
国家	主要科研机构	主要企业
挪威	挪威科技大学 挪威特罗姆瑟北极大学	挪威 Sound Metrics 公司
加拿大	加拿大渔业及海洋部（政府机构） 加拿大达尔豪斯大学	加拿大 Kraken Robotics 公司
日本	日本九州理工学院 日本东京大学 日本国立海洋研究开发机构	日本日东电工株式会社 日本古野电气株式会社 日本 IHI 公司 日本柯尼卡株式会社

水下成像（国内）		
国家	主要科研机构	主要企业
中国	哈尔滨工业大学 河海大学 华中科技大学 江苏科技大学 上海交通大学 天津大学 同济大学 西安交通大学 浙江大学 中国海洋大学 中国科学院长春光学精密机械与物理研究所 中国科学院西安光学精密机械研究所 自然资源部第二海洋研究所	北京臻迪科技股份有限公司 南京津淞涵电力科技有限公司 陕西格兰浮智能科技有限公司

（三）深海电磁学传感探测技术主要研发力量分布

表 4-17　深海电磁学传感探测技术主要研发力量分布

电磁学传感探测（国外）		
国家	主要科研机构	主要企业
美国	美国乔治亚理工学院 美国加州大学圣迭戈分校 美国华盛顿大学西雅图分校 美国纽约州立大学	美国 KJT 公司 美国 Geometrics 公司 美国 ION 地球物理集团公司 美国 Micro-g & LaCoste 公司 美国 JW Fishers 公司 美国沙特阿拉伯石油公司

续表

电磁学传感探测（国外）		
国家	主要科研机构	主要企业
	美国哥伦比亚大学 美国科罗拉多大学博尔德分校 美国密歇根大学 美国伍兹霍尔海洋研究所	美国费尔菲尔德工业公司 美国雪佛龙石油公司 美国康菲石油公司 美国 GECO 技术公司 美国西方奇科公司 美国 Oceanic Imaging 公司 美国维斯特恩格科有限责任公司
英国	英国南安普敦大学 英国赫利特瓦特大学	英国 WesternGeco 公司 英国 OHM 公司 英国睦泰姆有限责任公司
法国	法国海洋开发技术研究院 法国布列塔尼大学 法国国家地球科学与天文学研究所 法国格勒诺布尔大学 法国地质与矿产研究局（政府机构）	法国舍塞尔公司
挪威	挪威极地研究所 挪威科技大学 挪威卑尔根大学 挪威国立科技大学 挪威科技工业研究所	挪威 PGS 地球物理公司 挪威斯塔特伊石油公司 挪威 Advaced Hydrocarbon Mapping AS 公司 挪威 Electromagnetic Geoservices AS 公司 挪威电磁地形服务公司 挪威马格塞斯公司
德国	德国亥姆霍兹极地与海洋研究中心 德国亥姆霍兹基尔海洋研究中心 德国基尔大学 德国柏林自由大学 德国不来梅大学 德国科隆大学	德国 Geopro 公司 德国 Bodensee Gravitymeter Geo-System 公司 德国 Geopro 公司

电磁学传感探测（国外）		
国家	**主要科研机构（政府机构）**	**主要企业**
加拿大	加拿大约克大学 加拿大纽芬兰纪念大学 加拿大达尔豪斯大学 加拿大渔业与海洋部（政府机构）	加拿大 Marine Magnetics Corp 公司 加拿大 Scintrex 公司 加拿大 Sander Geophysics 公司 加拿大 Canadian Micro Gravity 公司 加拿大 Terraplus 公司
日本	日本东京大学 日本京都大学 日本神户大学 日本东京工业大学	日本电气株式会社
俄罗斯	俄罗斯科学院应用物理研究所 俄罗斯科学院施密特地球物理研究所 莫斯科罗蒙诺索夫国立大学 俄罗斯柯西金构造与地球物理研究所	莫斯科重力测量技术公司
挪威	挪威极地研究所 挪威科技大学 挪威特罗姆瑟北极大学	挪威电磁地形服务公司
电磁学传感探测（国内）		
国家	**主要科研机构**	**主要企业**
中国	大连海事大学 哈尔滨工业大学 上海海洋大学 浙江大学 中国地质大学（北京） 中国电子科技大学 中国海洋大学 中国科学技术大学	山东蓝海可燃冰勘探开发研究院有限公司 威海智惠海洋科技有限公司 武汉船用机械有限责任公司 中船集团 702 研究所 中船集团 707 研究所 中船集团 715 研究所 中船集团 719 研究所 中船集团 710 研究所 中国电子科技集团公司 中国石油集团东方地球物理勘探有限责任公司 中海油田服务股份有限公司

二、国内外主要研发力量概况

（一）国外研发力量概况

1. 美国

伍兹霍尔海洋研究所，在深海探测领域主要侧重于水下传感器网络、深海探测应用技术、深海数据收集、化学发光传感器等方面的研究。在水下光通信领域开展基于 LED 光源的全向型光通信技术研究，已研制出通信终端，2010～2015 年进行了多次深海光通信试验，能够在数十米远的距离内实现 Mb/s 量级的速率传输。在深海采样技术领域，研制了一种用于 CO 无污染采样的钛材采水器，其主要特点是采用了钛、316 不锈钢等材料以防止样品污染。在海底观测网领域，2000 年在埃德加顿南岸建立了一个大约 4.5 km 长的 MVCO（Martha's Vineyard Coastal Observatory）观测网。该所拥有海底地震仪、拖体声呐 DSL-120A、生物光学多频率声学物理环境记录仪 BIOMAPER-Ⅱ。

蒙特利湾海洋研究所，为一家私营、非营利性的致力于前沿科学研究并且发展海洋技术的机构，提出 8 个主要研究方向：底栖过程、中层水研究、上层大洋生物地球化学、大洋观测系统、水下航行器的强化和升级、新型仪器研发、设备的支撑、信息传播与普及。在取得的系列研究成果中，以其建立的一系列海底观测网和新型海底原位科学观测仪器最为著名，主要有 MARS 海底观测网、蒙特利海底宽带地震仪 MOBB、"海中之眼"深海相机 EITS、环境样品处理系统 ESP。

华盛顿大学西雅图分校，简称 UWashington 或 UW，始建于 1861 年，位于美国西海岸华盛顿州西雅图市，是世界著名的顶尖研究型大学。在深海探测领域主要侧重水下无线传感器网络、低声多普勒流廓线仪、海底地震监测、光电传感器、生化传感器、地震勘探、海洋声学技术等方向的研究。1986 年开始研制海底浅孔钻机，1989 年海试成功；1992 年研制的 Lupton 气密采样器用于采集热液，结构简单、尺寸较小，应用较广；2002 年成功研制了深海激光拉曼光谱系统 DORISS（Deep Ocean Raman In Situ Spectrometer），并于 2004 年在 2700 m 深海热液喷口附近成功获得光谱数据，为进一步利用激光拉曼光谱手段实现深海正常和极端环境原位探测奠定了基础。华盛顿大学应用物理实验室（APL/UW）合作设计的翼身融合水下声学滑翔机（XRay 和 ZRay），携载声压水听器阵列和矢量水听器，由于其优异的声学探测性能，是美军近海水下持续监视网（PLUSNet）的一部分。

佛罗里达州立大学（Florida State University），在深海探测领域主要侧重水下传感器网络、无线传感器网络、铋－壳聚糖纳米复合传感器、溶解有机质监测等方向的研究。

加州大学圣迭戈分校（University of California，San Diego），简称 UCSD，是世界顶尖的公立研究型大学，位于美国圣迭戈北郊的富人社区拉荷亚（La Jolla），隶属于著名的加州大学系统，是环太平洋大学联盟、国际公立大学论坛以及北美大学联盟美国大学协会的成员，被誉为公立常春藤名校。加州大学圣迭戈分校正式成立于 1960 年，是生物学、海洋科学、地球科学、计算机科学、心理学、政治学、经济学等领域的世界级学术重镇。根据美国国家科学基金会数据，学校研究拨款总额高达 19 亿美元，居全美第 5、加州大学系统首位。在深海探测领域主要侧重于海洋动力传感器、化学传感器、耐压 pH 传感器及应用研究。在水下无线光通信技术领域，开展基于大功率蓝绿光波段的 LD 或 LED 阵列作为通信光源实现水下短距离高速通信研究，借助成熟的 1064 nm 波段器件产生 1 Gb/s 的额光信号，然后通过非线性倍频技术思路将光信号波长变为 532 nm，以此实现高速蓝绿光信号的加载。

美国国家海洋和大气管理局（National Oceanic and Atmospheric Administration），简称 NOAA，在深海探测领域主要侧重于深海探测应用技术、海洋声学技术、生物地球化学传感器性能、深 Argo 阵列设计、仿生传感器、鲁棒传感器应用等研究。

麻省理工学院（Massachusetts Institute of Technology），简称"麻省理工（MIT）"，位于美国马萨诸塞州波士顿都市区剑桥市，主校区依查尔斯河而建，是世界著名私立研究型大学。麻省理工学院创立于 1861 年，早期侧重应用科学及工程学，在第二次世界大战后，麻省理工学院倚靠美国国防科技的研发需要而迅速崛起。在深海探测领域主要侧重于生物光学传感器、海底地震仪测量、水下监测机器人合作网络、柔性聚合物膜微传感器阵列、传感器优化规划、电化学传感器等研究。在水下无线光通信技术领域，开展基于 LED 光源的全向型光通信技术研究，在实验室研制出原理样机。

得克萨斯大学（University of Texas System），是一所教育和研究公立大学系统，有超过 48000 名学生、2700 名教职员和 19000 名职员。是全美受捐赠数额第二大的教育机构，累计超过 310 亿美元。在深海探测领域主要侧重于亚硝酸盐安培生物传感器、海底地震仪测量、仿生传感器等研究。

哥伦比亚大学（Columbia University in the City of New York），在深海探测领域主

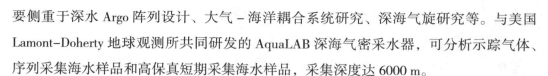

要侧重于深水 Argo 阵列设计、大气 – 海洋耦合系统研究、深海气旋研究等。与美国 Lamont–Doherty 地球观测所共同研发的 AquaLAB 深海气密采水器，可分析示踪气体、序列采集海水样品和高保真短期采集海水样品，采集深度达 6000 m。

美国海鸟科技集团（Sea–Bird Scientific）成立于 1974 年，位于美国华盛顿州贝尔维尤市（Bellevue），为世界上最大的海洋参数测量产品开发商和制造商。2008 年海鸟公司被丹纳赫（Danaher）集团收购，后来海鸟与同样被收购的 Wet Labs、Satlantic 共同组成了海鸟科技集团（Sea–Bird Scientific）。海鸟产品测量参数包括温度、盐度、深度、溶解氧、营养盐以及其他相关的海洋参数，主要产品有系列化 CTD 产品、多参数水质分析仪、水下光学传感器。

美国哈希公司（HACH）成立于 1947 年，总部位于美国科罗拉多州的 Loveland 市，是全球领先的水质分析解决方案提供商。1999 年，Hach 公司加入美国丹纳赫集团，现在是丹纳赫集团下属的一级子公司。哈希公司作为全球首位的水质分析仪器仪表供应商，现已成为丹纳赫集团下最强有力的支柱品牌。主要产品有实验室分析仪、便携式分析仪、在线分析仪、水质自动采样器、流量计。

美国 YSI（Yellow Springs Instrument）集团成立于 1948 年，总部位于美国俄亥俄州黄泉市，是目前世界上唯一一家同时掌握水质与流速流量测量技术的公司，是国际上领先的水质、流速流量监测仪器制造商，拥有世界领先的传感器核心技术。服务领域涵盖了海洋与陆地地表水的水质检测与监测、地下水的检测与监测、海洋的波浪和海流测量，和河流的流速、流量测量、环保监测、水产养殖、污水排放监测、工程水文测量以及其他工业领域内的水质检测与监测。主要产品有 YSI 水质分析仪、YSI 多参数水质监测系统、SonTek/YSI 声学多普勒流速流量测量系统、YSI 集成系统。

美国 In–Situ 公司创立于 1976 年，总部位于科罗拉多州柯林斯堡，是一家业内领先的水质检测仪器制造商。其产品销往 70 多个国家和地区，应用场景涉及科学研究、采矿、污水治理、水产养殖等方面。主要产品有 In–Situ 水质监测仪器、In–Situ 地下水水质检测仪、In–Situ 水质分析仪、In–Situ 手持多参数水质分析仪、In–Situ 水位记录仪、In–Situ 电导率仪、In–Situ 地下水质检测系统、In–Situ 水位计、In–Situ 溶解氧传感器。

美国通用电气公司（General Electric Company，GE）是一家多元化的科技、媒体和金融服务公司，也是全球知名传感器厂商之一。GE 的产品和服务范围广阔，从飞机发动机、发电设备、水处理和安全技术，到医疗成像、商务和消费者金融、媒体和工业产品，主要的传感器产品有压力传感器、温度传感器、光学传感器（元件）等。

美国 Teledyne Technologies 公司为深水油气勘探和生产、海洋研究、空气和水质环境监测、工厂自动化和医疗成像等提供技术支持。产品包括数字成像传感器、可见光、红外和 X 射线光谱内的摄像机和系统、用于海洋和环境应用的监控仪表、恶劣环境互连、电子测试和测量设备、卫星通信子系统。主要产品有 Teledyne 便携式氧分析仪、Teledyne 在线氧分析仪、Teledyne 氧传感器、Teledyne 气体分析仪、Teledyne 露点仪、Teledyne 真空计等。

美国红杉树科学仪器公司（Sequoia Scientific，Inc.），主要技术与产品有水质分析仪、激光粒度仪、泥沙传感器、沉降速度传感器。专利主要布局在美国、澳大利亚、世界知识产权组织。

美国 Teledyne RD Instruments 公司，主要技术与产品有 CTD 传感器、海流计、多普勒流速剖面仪（ADCPs）、H-ADCP 型大量程水平测流 / 测波仪、多普勒测速仪（DVLs）等。专利主要布局在美国、欧洲专利局、英国、德国、法国、挪威、加拿大、中国、日本、丹麦等。

美国 Falmouth 科学仪器有限公司（Falmouth Scientific,Inc），是高精度温度、深度、电导率、盐分、声速、海流、波浪、潮汐传感器的权威，仪器用于世界范围内的河口海岸和海洋科学研究，商业、教育亦有使用。主要产品有温度、深度、电导率、盐分、声速、海流、波浪、潮汐传感器等海洋多参数传感器，CTD 传感器，海流计，声学产品（包括 SAUV、声呐、浮标和远程监测系统）。专利主要布局在澳大利亚、加拿大、日本、美国、世界知识产权组织、德国、欧洲专利局等。

美国 CODAR 海洋传感器公司（CODAR Ocean Sensors），在地波雷达领域技术领先，侧重研究、设计、制造高频（HF）雷达系统，用于海流和波浪监测。产品有 SeaSonde 高频海表流测量系统、RiverSonde 高频河流测量系统。专利主要布局在美国、中国、日本、德国、英国、韩国。

美国 Geometrics 公司位于旧金山湾区城市圣何塞，是专业的地球物理勘探设备厂家，研发生产海洋磁力仪、海洋数字拖缆地震系统等产品，代表性产品有 G-882 铯光泵海洋磁力仪、GeoEel 海洋数字地震拖缆系统。

2. 英国

英国国家海洋中心（National Oceanography Centre，NOC），在深海探测领域侧重

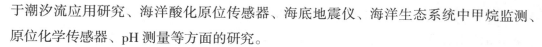

于潮汐流应用研究、海洋酸化原位传感器、海底地震仪、海洋生态系统中甲烷监测、原位化学传感器、pH测量等方面的研究。

英国南安普敦大学在深海探测领域的研究涉及地质碳储存监测、海底沉积物、电化学传感器、海洋内波、pH测量传感器等内容，是国际上较早研制海洋可控源发射系统的科研机构。20世纪80年代中期，其成功研制了深海拖曳式电磁发射仪（DASI）。该仪器在美国斯克利普斯海洋研究所早期设备的基础上，做了一些非常重要的改进，特别是增加了中性浮力发射天线，使得深海拖曳的发射天线能够浮在海底上方大约100 m处，从而使得地形剧烈起伏的洋中脊海洋电磁调查和海洋油气探测成为可能，目前该设备已应用于海洋油气和天然气水合物勘探中。

英国奎奈蒂克公司，是一家英国跨国防御技术公司，总部位于汉普郡的法恩伯勒。奎奈蒂克是前英国政府机构国防评估和研究机构旗下机构，该机构在2001年6月私有化。Qinetiq公司与包括英国皇家海军在内的多国海军和海军造船部合作，为英国海军提供服务，开展"先进综合管理和海上传感器（AIMMS）"项目，提高战术图像质量；为美国国防部提供地面X战车的技术支持；助力韩国潜艇发展。主要技术和产品有2193型声呐、综合勇士系统（IWS）、无人地面车辆（UGV）、单兵通用机器人系统（CRS）、高速靶机Banshee NG、基于UMS SKELDAR V-200无人机系统、太阳能动力无人机"微风（Zephyr）"、高能防御性激光武器系统、光纤激光器、拖曳线列阵系统、热成像探测器和摄像机。

英国WesternGeco是一家地震探测技术公司，总部位于伦敦。原隶属全球领先的、最大的油田技术服务集团斯伦贝谢（Schlumberger）公司，2018年被斯伦贝谢公司出售给英国的ShearwaterGeo。代表性产品有海底地震仪、海洋地震拖揽系统。

英国海底七有限公司（Subsea 7 S.A.），于2011年1月由阿瑟吉公司（Acergy S.A.）和海底七股份有限公司（Subsea 7，Inc.）组成，拥有众多的施工、勘测和潜水设备，能够在全球所有主要的近海石油和天然气领域开展业务，是目前世界上领先的海底工程和建筑公司，在水下传感器部署、浮标锚固等方面技术领先。

3. 法国

法国海洋开发研究院（IFREMER），在深海探测技术领域的研究内容涉及水下光学通信、生化传感器、环境动力传感器应用等。在深海光学传感探测技术领域，法国IFREMER于2017年基于LED阵列和硅光电倍增管（SiPM），采用OOK调制技术研制了全向型通信样机，通信速率范围为 125 kb/s 到 3 Mb/s，并在浅海开展了测试，在 3 Mb/s 通信速率下，最远通信距离约 60 m。

法国索邦大学（Sorbonne University）在深海探测技术领域的研究涉及浮游动物水下成像技术、声学探测技术等。

法国地中海大学（Mediterranean University）研制了名为 HPSS 的高压系列采水器，用于测量深海微生物活动。该采水器搭载在 CTD 采水器上，通过自带蓄能器维持样品压力。它能在不同深度进行多次采样，可以在 3500 m 深海工作，一次下放能完成 8 个 500 mL 的海水样品采样。

法国泰雷兹集团（THALES）源于 1879 年的法国汤姆逊（THOMSON）集团，是设计、开发和生产航空、防御及信息技术服务产品的专业电子高科技公司。公司总部设在法国巴黎西北郊的纳伊苏尔塞纳河，研发部门设在美国硅谷、法国巴黎及俄罗斯。主要技术和产品有水下系统、拖曳式声呐、合成孔径雷达 T-sas、光纤水听器。

4. 德国

德国基尔亥姆赫兹海洋研究中心（GEOMAR），在深海探测技术领域的研究涉及可燃冰多传感器探测、环境动力传感器应用研究、海洋电磁研究等。海洋电磁研究组自 2004 年成立以来，研制了用于海洋 CSEM 数据采集的发射源和采集站。其发射源 Sputnik 由两个正交电偶极子构成，可以在一次布放中沿相互垂直的两个方向先后发射电流信号，由放置于海底的电磁采集站接收信号。

德国西门子股份公司（Siemens AG）创立于 1847 年，是全球电子电气工程领域的领先企业。公司致力于产品开发和制造，设计和安装复杂的系统和工程，定制一系列解决方案。同时，它还是全球知名的传感器制造厂商，传感器质量优良。主要的传感器产品有温度 / 压力传感器、水下传感器组件等。

德国克虏伯·阿特拉斯电子公司（KRUPP ATLAS ELEKTRONIK GmbH），原是由英国的 BAE 系统公司控股的公司，2016 年被德国蒂森·克虏伯技术公司（TKT）和 EADS 集团德国公司联合收购。主要提供海军和民用的电子设备，其产品包括声呐、潜艇和水面舰艇的鱼雷和水雷系统、水下传感器、海底传感器、水下监测方法、海啸预警系统、通信浮标等。在声学探测技术方面有较大发展，拥有低频大功率 CAPTAS 系列声呐及 LFTAS 声呐产品。

德国 CONTROS 公司（CONTROS SYSTEMS & SOLUTIONS GMBH）主要技术产品

有水下传感器系统，用于监测碳氢化合物（如甲烷）、二氧化碳、水中的石油（多环芳烃，聚乙二醇）的传感器，Hydro C 走航二氧化碳传感器，Hydro C 水下甲烷传感器，Hydro C 水下二氧化碳传感器，专利布局在加拿大、德国、欧洲专利局、美国、法国、英国、意大利、挪威等。

德国 Hydro-Bios 公司专精于底泥采样技术。其生产的拖网是一个精简型的底部生物样品和矿物样品采集器，整个拖网重量约 9.5 kg。生产的抓斗式采泥器可以从任意深度进行采样。生产的 Ekman-Birge 箱式采泥器由黄铜制成，在采泥器向上拉出水体的过程中，采泥器顶部开口处的两块钢板可以防止样品被冲走。

德国 WTW 公司是美国赛莱默集团旗下的一个品牌，生产用于测量 pH、溶解氧、电导率、总溶解固体和特定离子的传感器、分析仪器。主要产品有 pH/ORP、溶解氧/BOD/呼吸速率、电导率、浊度、总氮、总磷等传感器、分析仪等。

5. 日本

日本国立海洋研究开发机构（Japan Agency for Marine-Earch Science and Technology）成立于 1971 年 10 月，隶属于日本科学技术厅，是从事海洋及其相关技术的综合研究机构，也是日本海洋科学技术研究与发展机构的核心。在深海探测领域开展激光诱导击穿光谱、水下视频、侧扫声呐等研究。

日本鹤见精机有限公司（TSK, the Tsurumi-seiki Co., Ltd.）主要技术产品有 XCTD、水质监测仪、水污染计、流向流速计、采水器、采泥器、波高潮位计、水质自动监视装置、浊度水温计等，专利主要布局在日本、美国、加拿大、德国、法国、挪威。

日本川崎制铁株式会社（JFE Advantech）原为川崎重工下属公司，于 1973 年分出成为独立的专业计量仪器制造商。公司总部位于日本东京，生产工厂设立在兵库县。分为水环境事业部、海洋·河川事业部、计测诊断事业部和计量事业部。其海洋监测探测技术方向的产品有 CTD（溶解氧、pH、叶绿素、浊度等海洋参数）传感器、海洋流速计、海底光学相机等。

6. 荷兰

荷兰辉固国际集团（FUGRO N.V.）是一家大型跨国公司，其海洋勘察业务包括海底电缆/管线路调查、地球物理工程测量、钻井平台及海上结构物基础调查、水下检测和勘察等，在水下观测装置、水下无线光通信、水下传感器布置、海底探测系统等方面具有技术优势。

荷兰 RADAC 公司总部设在代尔夫特，致力于高质量雷达系统的研发、生产和销售，雷达系统监测波浪、潮汐和水位。主要产品有 WaveGuide 平台测波仪、WaveGuide 船用测波仪、WaveGuide 波向测量系统、雷达水位计 / 潮位计 / 潮位仪 / 验潮仪等。

荷兰 Datawell 公司（Datawell BV）的浮标技术具有优势，主要产品有 MK Ⅲ 型测波浮标、GPS 型测波浮标、波浪骑士（Waverider 系列浮标）等，专利主要布局在荷兰、德国、法国、美国、英国、日本、欧洲专利局。

7. 加拿大

加拿大 Satlantic 公司在水下光学测量仪器领域处于世界领先地位。主要产品有 OCR-504 紫外线辐射传感器、OCR-500 系列多通道微型辐照度传感器、HyperOCR 高光谱海洋水色传感器、MicroSAS 水面多光谱测量仪、HyperSAS 海面高光谱测量仪、in situ FIRe（叶绿素荧光激发衰减全过程分析仪）、SeaFET 海洋 pH 测量仪、ISUS V3 硝酸盐测量仪、ECO-PAR™ 有效光合辐射传感器。

加拿大 AML Oceanographic 公司设计、生产高精度测量仪器、设备，可用于海洋水文观测、环境监测及其他水质测量。自 1974 年成立以来，AML 专注于海洋监测市场，以提供优质的解决方案及超高性价比的测量系统。AML 生产的海洋仪器可测量参数有温度、电导、盐度、压力、浊度、叶绿素、pH、声速等。AML 产品用于自然科学（物理海洋学、海洋环境学、生态动力学、河口海岸学、湖沼学、极地科学、水环境科学）研究、海洋工程勘察、水环境监测等，涉及海洋、河口、湖泊、河流、地下水、极地等。

加拿大 Micro-G LaCoste 公司是目前世界领先的重力仪生产厂家，代表性产品有 MGS 6 动态海洋重力仪。

加拿大 Scintrex Geoscientific Sensors 位于加拿大多伦多地区，从事重力仪和磁力仪的研发制造。与 Micro-G LaCoste 公司同属 LRS 集团，有 50 多年的历史，是世界领先的相对重力仪生产厂家。旗下有系列化的产品服务于油气勘探、矿产开发、科学研究等领域，应用场景有海洋、陆地及航空，代表产品有 CG-5 重力仪、CS-3 铯光泵磁力仪。

8. 挪威

挪威安德拉仪器公司（Aanderaa Data Instruments）创立于 1965 年，是世界上有名的气象、水文、海洋测量仪器设备研制和生产企业。公司产品主要包括海水多参数观测平台、多普勒流速流向仪、水位记录仪、TOC 分析仪等，远销世界上 40 多个国家和地区。

挪威康斯伯格公司总部位于挪威康斯伯格市，主要生产研发海洋领域中的自动监测控制系统产品，包括商船队、海工、海底、海运信息技术、仿真、工序自动化、渔业及渔业研究及石油天然气工业，为客户提供动力定位及航行系统、自动控制、货运管理系统及液位传感器、海事训练仿真及位置参考系统。康斯伯格海事是康斯伯格集团重要的业务单元之一，其应用信号处理、控制理论、软件开发和系统集成四项核心技术均处于世界领先地位。主要产品有多波速回声探测仪 EM 系列、水下定位导航系统 HIPAP、紧凑的声学定位系统 MICROPAP（μPAP）、防喷器运行声学控制系统 ACS500、温度传感器 GT300C2G16V、温度传感器 MN524S150U。

挪威 PGS 地球物理公司总部位于挪威奥斯陆，是世界知名的海洋石油物探公司，主要从事海底地震勘探，获取并提供海底地震勘探图像及三维数据。代表产品有 GeoStreamer 海底地震拖揽系统、地震源系统、地震数据处理软件。

9. 意大利

意大利 Idronaut 公司主要产品有七电极电导率传感器，300 系列温盐深传感器，深度 7000 m 以下的 CTDs、海水深度、温度、电导率、盐度、氧气、pH、氧化还原等传感器、剖面监测软硬件系统等。专利主要布局在欧洲专利局、法国、意大利、美国。

（二）国内研发力量概况

哈尔滨工程大学在矢量传感器、水声通信、传感器阵列、无线传感器网络、多波束合成孔径声呐、单声压传感器等领域开展了深入研究，是开展声学探测技术、水声通信网络研究较早的单位。2017 年设计了带盖板的空气背衬压电陶瓷圆管水听器和溢流式压电圆管水听器，均能够通过 20 MPa 压力测试。在大深度方面已研制出可适用于 1000 m 和 2000 m 水深的矢量水听器。

哈尔滨工业大学在水下无线光通信领域主要开展蓝绿激光通信技术研究，目前处于实验室静态原理实验研究阶段。在水下激光三维成像技术方面，哈尔滨工业大学在 2013 年搭建了基于条纹管的激光三维成像系统，在空气中对 15 m 处的目标进行了拍摄实验，能达到 0.5 m 分辨率，下一步将进行水下实验。

天津大学在水下传感器网络、水下声学网络协议、水下声学探测技术、水下相机等领域研究较深入。在深海声学传感探测技术领域，天津大学通过对现有"海燕"水下滑翔机进行声学特性及电磁兼容性优化设计和减振降噪处理，集成矢量水听器探测单元及其信号处理设备，设计水声信号处理机舱室，研发了"海豚"水下声学滑翔机工程样机，该样机可自主完成水中目标噪声信息获取、自主探测、声学信号跟踪、目标属性自主判别及快速上浮，整个流程无需人工干预，其技术性能已经过海上实际检验。在深海偏振成像技术方面，2016 年天津大学以 Schechner 物理退化模型为基础，提出一种基于曲线拟合实现目标信号估算的方法；2018 年天津大学提出一种对偏振图像进行直方图均衡后再进行传统水下偏振复原处理的方法。

浙江大学在水下声学网络、无线网络、水下声学图像、原位探测、水下无线光通信技术、深海采样技术、海底观测网技术等领域都进行了深入研究。2018 年，浙江大学利用 PAM-4 调制 LED 实现 12.288 Mb/s 传输速率，另外在空中 - 水下两种混合介质的水下光通信和非接触式水下无线通信方面做出了重要贡献。在深海水体的采样方面，浙江大学基于 Jeff 气密保压水体采样器研制了一种保压采水器，通过特殊设计的压力平衡采样阀和采样阀水下直线驱动技术，实现了稳定可靠的采样并可取得高质量的保压样品。浙江大学自 2002 年开始了深海热液采样器研究，研制出了机械触发式和电控触发式"CGT"气密采样器（Chinese Gas Tight），并已多次在国内外进行海试和实际使用。在海底长期观测网络试验节点关键技术研究中，浙江大学研制的中国节点成功布放到 MARS 网络，运行达半年之久；研制的长柱状沉积物保真取样器目前可取得大于 30 m 长的柱状保真沉积物样品，处于国际领先水平。

中船集团 715 研究所始建于 1958 年，为中国船舶集团有限公司的成员单位，是我国专业从事声学、光学、磁学探测设备研制的骨干研究所。所内建有声呐技术重点实验室、水声一级计量站、水声产品检测中心、杭州无线电计量二级站等重要技术机构，拥有大型室内消声水池、变温变压声学测试装置和国内一流的湖上试验基地，具备一流的总装总成科研生产条件，是国际标准化组织声学技术委员会水声分委会（ISO/TC43/SC3）和国际电工委员会第 87 分委会（IEC/TC87）在国内的技术对口单位。重点发展海洋仪器与海工机械装备、超声电子与节能环保、光纤传感与智慧交通和智能装备四大新兴科技产业板块与现代服务业。主要技术和产品有多波束测深系统、合成孔径声呐、水下相机、水声通信设备、海洋监测系统、SBF 型波浪浮标系统、全光纤水

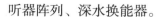

听器阵列、深水换能器。

中国海洋大学在深海探测领域侧重水下声学传感器网络、海洋动力要素探测、激光探测等方面的研究，是国内开展声学通信组网研究较早的单位。在光谱探测技术方面开展了深入研究，2006 年启动了"深海原位激光拉曼光谱系统"的研究工作，2015年研制了一套 4000 m 级深海 LIBS 水下原位探测系统（LIBSea），2017 年研制了小型化的 LIBS 系统 MiNi-LIBS，该系统 2018 年在南海成功进行了测试。中国海洋大学和美国 MBARI 研究所合作，在美国西部海域进行了一系列实验，利用光谱探测技术对深海沉积物孔隙水中甲烷浓度进行了测量分析。在水下激光三维成像技术方面，2004 年采用同轴同步飞线扫描方法，在水池中对 1.1 m 处分辨率板成像，成像分辨率 2 mm，其中水池水质圆盘透明度为 0.9 m。在海洋电磁环境监测 / 探测方面，中国海洋大学开展了海水运动感应电磁场数值模拟和实际观测研究，2011 年开始研发深水海洋可控源电磁探测装备。近年来，中国海洋大学研制成功 4000 m 深海海底电磁采集站，并在黄海、东海、南海以及西太平洋等海域完成了大量的海试工作，填补了国内相关领域的技术空白。

中国科学院地质与地球物理研究所是由中国科学院地质研究所（1951 年在南京成立）和中国科学院地球物理研究所（1950 年在南京成立）于 1999 年 6 月整合而成，2004 年中国科学院兰州地质所并入该所，成立中国科学院地质与地球物理研究所兰州油气资源研究中心。同年，中国科学院武汉物理与数学研究所电离层研究室整体调整到该所。整合后的地质与地球物理研究所是中国最重要和最知名的地学研究机构之一。除了基础性研究，在地球物理勘探仪器设备方面包括重力仪、地震仪等设备的研制也取得了一定成果，研发了万米级的海底地震仪并采集了世界上首个万米级海洋人工地震剖面样品。

中国科学院海洋研究所在拉曼光谱、海底沉积物、深海热液测温、原位声学测量、传感器阵列等领域开展了深入研究。其研发了国内首套探针式深海激光拉曼光谱探测（Deep ocean in situ spectrometer with Raman insertion probes，简称 Rip）系统，并将之用于深海渗漏流体的原位探测。2012 年，中国科学院海洋研究所联合湖南科技大学、广州海洋地质调查局共同承担国家"十二五"863 主题项目"海底 60 m 多用途钻机系统技术开发与应用研究"（"海牛"号深海钻机），"海牛"号深海钻机于 2015 年6 月在南海海试成功，实现了国内海洋矿产资源探采装备的新突破。

中国科学院声学研究所成立于 1964 年，总部位于北京市海淀区中关村。研制的声学系统在"蛟龙"号载人深潜器历次下潜中表现出色；承担的"十二五"国家科技支撑计划"全海深多波束测深系统工程化研究及应用示范"项目于 2018 年 6 月顺利通过科技部技术验收。项目成功突破了多项关键技术，研制了国产全海深（最大 11000 m）多波束测深系统工程样机，先后在南海、西太平洋、印度洋等海域完成了 6000 km 以上的测线应用示范，通过了第三方检测，现已具备开展海底测绘和支撑科学研究的实际应用能力。主要技术和产品有 cs-1 型侧扫型声呐、多波束测深系统、7000 m 载人深潜器核心装备声学系统、水下安保系统、合成孔径声呐、系列多普勒流速剖面仪。

中国科学院西安光学精密机械研究所在深海光学成像领域，开展了多种深海光学成像产品的研制，包括 3D 超高清相机、全景相机、小型超高清相机等，在"十三五"期间承担深海视频摄录系统的研制，成功完成了我国载人深潜器"奋斗者"号在万米深海作业的首次直播。在水下无线光通信领域开展研究，主要基于 LED 的蓝绿光通信工程样机研制，最高通信速率 25 Mb/s，"十二五"和"十三五"期间承担国家研究任务，已研制成功深海无线蓝绿光通信工程样机并进行了海试验证。

北京海卓同创科技有限公司是一家专注于水下勘测、水下探测领域，拥有核心技术并致力于持续创新的国家级高科技企业。目前已经形成了多波束测深系统、多波束侧扫系统、图像声呐系统、小目标精细化探测系统、运动目标探测系统共五类产品开发平台。代表产品有 MSP 系列多波束探测仪、三维成像声呐、侧扫声呐。

江苏中海达海洋信息技术有限公司成立于 2014 年 3 月，公司经营范围包括卫星导航定位、水利水文、海洋探测、水下声呐等，主要技术及产品有 iBeam 系列多波束探测仪、三维成像声呐、iScan 系列侧扫声呐。

中船海鹰加科海洋技术有限责任公司是由中国船舶工业集团公司下属企业海鹰集团控股的一家专业化、国际化高科技企业。公司成立于 1958 年，主要从事水道测量、工程测量、海洋工程、航海安全、水文测验、海洋调查、海洋地球物理勘测等行业有关海洋电子设备的研制开发、生产、销售和进口代理业务。公司专注四类产品——海洋测绘、海洋地球物理勘察、水文与环境监测、海洋工程与安防设备。代表性产品有海鹰 RIV 系列 ADCP、HY1300 全数字潮位仪。

中国石油集团东方地球物理勘探有限责任公司（BGP）是中国石油天然气集团公

司的全资子公司，以地球物理方法勘探油气资源为核心业务，是集陆上、海上油气勘探，资料处理解释，综合物化探，信息技术服务，物探装备、软件研发制造，多用户勘探等业务于一体的综合性国际化技术服务公司。自主研发地震勘探核心软件、核心装备等关键技术，代表产品有 KLSeis Ⅱ V3.0 地震采集工程软件系统、G3i 有线地震仪、Hawk 节点地震仪。

第五章

深海生物资源开发科技
创新格局发展趋势

深海生物资源包括物种资源、基因资源和产物资源。深海分布着海山、洋中脊、深海平原、深渊、海沟等多种复杂的地质地貌以及热液口、冷泉等独特的生态系统，深海生物处于高盐、高压、低温、寡营养、无（寡）氧和无光照的环境中，产生具有特殊生理功能的活性物质。深海微生物及其基因资源在生物医药、工业、农业、食品、环境等领域的开发应用已取得突破性进展，形成了数十亿美元的产业。深海生物资源开发技术主要涉及深海生物调查技术、深海生物基因开发与利用以及深海微生物基础研究与利用。深海生物调查技术是认识和探索深海的必备首要条件，基于海洋物理、化学与生物学方法，并依赖于先进的深海装备和技术，进行深海生物（嗜压、嗜热）资源的探查、原位固定、获取与保藏等，实现海洋生物全面综合的调查。深海生物基因开发与利用涉及深海生物原位培养与资源获取、深海生物基因资源获取与大数据集成、基于"虚拟筛选"和"定向改造"的深海生物新型活性产物挖掘以及深海病毒高效分离及其基因资源获取技术等。深海微生物基础研究与利用指古菌、细菌、噬菌体等深海微生物的生理代谢、基因组学、在地球生物化学循环过程中的作用及应用研究。

第一节 深海生物资源开发研发概述

一、总体评价

深海生物资源开发领域科技创新能力评价指标显示，美国整体实力雄厚，中国在研发规模及研发增速方面表现突出，老牌海洋强国在研发竞合、研发引领方面具有明显优势，新兴海洋国家则具有较好的研发增速（表 5–1）。

美国在深海生物资源开发子领域的研发引领、研发力量、研发规模及研发竞合四个一级指标排名第一位。2011 ～ 2020 年美国在深海生物资源开发子领域 SCI 发文规模、ESI 发文规模、国际论文合著网络中心度、基础研究机构数量、PCT 专利数量、技术开发机构数量 6 个二级指标均居世界首位。深海生物资源开发研发前沿分析显示，美国在深海生物资源研发子领域基本覆盖了全部技术方向，在生物多样性调查及采样、调查技术、深海微生物以及基因功能基础研究及利用等方向的优势尤为显著。美国在深海生物资源开发子领域拥有众多科研机构，机构数量居全球首位，代表性机构有美国加州大学、美国伍兹霍尔海洋研究所、美国佛罗里达州立大学、美国夏威夷大学、美国华盛顿大学等，同时，美国国家海洋大气管理局、美国能源部、美国内政部等机构也具有较强的研发实力。国际论文合著网络年度分析显示，美国始终是全球深海生物资源开发领域的科研合作网络中心，其国际合著论文网络中心度高达 97.6%，居全球首位，几乎与所有的国家存在合作关系，成为合作网络的重要节点。

中国在深海生物资源开发领域的研发增速、研发规模方面具有领先优势，研发力量也占据全球的重要地位，在研发引领和研发竞合方面与老牌海洋国家有一定的差距。2011 ~ 2020 年，中国在深海生物资源开发子领域的 SCI 发文增速、有效发明专利规模等评价指标居世界前列，SCI 论文数量仅次于美国，全球占比达 15.7%，SCI 发文年均增速达 19.2 %，显示出强劲的发展势头。截止至 2020 年底中国有效发明专利数量全球占比达 47.6%。2009 ~ 2018 年，发明专利申请年均增速为 20.4%，高于第 2 位印度 7.4 个百分点，研发整体处于活跃状态。在研发力量方面，随着国家重视及投入加大，中国参与深海生物资源开发研究的科研机构和企业不断增加。中国基础研发机构数量与技术开发机构数量全球占比分别为 6.3%、7.6%，与排名第 1 位的美国存在较大差距。在深海生物资源开发研发竞合方面，中国国际 SCI 论文合著网络中心度为 90.5%，表现较好，但发明专利平均同族专利数仅为 1.1 个 / 项，意味着中国发明专利基本只布局在国内，国外市场鲜有布局。

老牌海洋国家在深海生物资源开发领域仍有较强的研发引领能力，研发竞合实力尤为显著。德国、荷兰、挪威、法国、英国、加拿大、日本等国家在不同的细分领域各占优势。**德国**的综合竞争力较强，其中研发竞合及研发引领实力较为突出，2011 ~ 2020 年的论文合著合作网络中心度达 96.4%，紧随美国之后，与英国、澳大利亚相当；发明专利更多地布局在国外市场，平均同族专利数达 5.6 个 / 项；高被引 ESI 论文占全球总量的 20.5 %，仅次于美国、澳大利亚、英国、法国；SCI 篇均被引次数达 24.7 次 / 篇，仅次于加拿大；有效发明专利平均被引达 17.4 次 / 项，专利的被引用情况仅次于美国、荷兰、挪威；基础研究机构数量占全球总量的 5.3 %，仅次于美国、法国、中国；SCI 论文数量全球占比 10.8 %，仅次于美国、中国、英国。发文数量超过 200 篇的机构 4 家，总被引次数排名居前 10 的有 2 家。德国亥姆霍兹研究所、德国马克斯·普朗克学会、德国不来梅大学等是德国在深海生物资源开发中极为重要的研究机构。**荷兰**在深海生物资源开发领域研发竞合及研发引领能力较为突出，具有极高的海外市场布局能力；有效发明专利平均被引达 55 次 / 项，高出其他国家，反映出荷兰拥有的深海生物资源开发专利具有极高的价值；SCI 发文年均增速达 11.0 %，仅次于中国、印度、巴西，与挪威相当；SCI 篇均被引次数达 24.5 次 / 篇，仅次于加拿大、德国。**挪威**在深海生物资源开发领域的研发竞合能力较为突出，有效发明专利平均被引达 23.8 次 / 项，专利的被引用情况仅次于美国、荷兰，同时注重海外布局，平均同族专利数达 6.9 个 / 项。**法国**在深海生物资源开发领域研发竞合及研发引领能力较为突出。基础研究机构数量占全球总量的 8.3%，仅次于美国；高被引 ESI 论文占全球总量的 23.2%，仅次于美国、英国、澳大利亚；SCI 论文发文数量占总量的 9.5%，仅次于美国、中国、英国、德国。**英国**在深海生物资源开发领域研发竞合实力较为突出，具有一定的研发引领能力，论文合著合作网络中心度为 96.4%，仅次于美国，与德国、澳大利亚相当，与较多国家存在合作关系；高被引 ESI 论文占全球总量的 27.6%，仅次于美国；SCI 篇均被引次数达 24.1 次 / 篇，仅次于加拿大、德国、荷兰。**加拿大**在深海生物资源开发领域研发竞合能力较强，具有一定的研发引领能力，有效发明专利更多地布局海外市场；SCI 篇均被引次数达 24.8 次 / 篇，居全球首位；高被引 ESI 论文占总量的 19.5%，仅次于美国、英国、澳大利亚、法国、德国。**日本**在深海生物资源开发领域专利优势较为明显，技术开发机构数量占全球总量的 8.6%，PCT 专利数量占全球总量的 8.2%，仅次于美国、韩国；发明专利数量占全球总量的 8.8%，仅次于中国、韩国、美国；有效发明专利平均被引达 8 次 / 项，专利价值较高，专利技术主要分布在深海微生物化学原位装置、底栖微生物领域，以及深海鱼油、深海生物肽、深海生物基因等应用领域，在未来的深海生物资源开发应用上进行了一定的布局。**澳大利亚**在深海生物资源开发领域研发引领能力较强，高被引 ESI 论文占全球总量的 23.8%，仅次于美国、英国；SCI 篇均被引次数达 23.1 次 / 篇，仅次于加拿大、德国、荷兰、英国；论文合著合作网络中心度 96.4%，仅次于美国，与德国、英国相当，与较多国家存在合作关系。

新兴海洋国家有印度、巴西、韩国，综合实力与海洋强国有较大差距，但发展后势较为强劲。**印度**的研发规模及研发力量虽然与中、美及其他老牌海洋强国还有相当大的距离，但在研发增速方面表现较好，SCI 发文增速、发明专利申请增速均达到 13.0%，仅次于中国，显示出强劲的发展势头。**巴西**的创新综合实力与中、美等其他国家均有相当大的距离，但表现出较好的研发竞合能力，有效发明专利的平均同族专利数达 5.0 个 / 项，显示其较为重视海外市场；SCI 发文增速达到 11.8%，仅次于中国、印度。**韩国**对技术的研发较为重视，PCT 专利数量占全球总量的 15.5%，仅次于美国。

表 5-1　深海生物资源开发领域主要海洋国家科技创新能力一级评价指标得分

国家	研发引领	研发力量	研发规模	研发增速	研发竞合
美国	● 100.0	● 100.0	● 100.0	○ 13.5	● 100.0
中国	◔ 26.9	◔ 28.1	● 85.4	● 100.0	◕ 75.3
荷兰	◔ 66.4	○ 9.1	○ 9.1	◔ 24.1	● 92.7
德国	◑ 52.3	◔ 22.7	◔ 31.6	○ 19.0	● 94.1
挪威	◑ 50.1	◔ 19.2	○ 11.8	◔ 37.1	● 97.3
法国	◑ 48.2	◔ 24.1	◔ 28.4	○ 14.7	● 98.6
英国	◑ 43.8	○ 17.9	◔ 33.4	◔ 25.2	● 97.3
加拿大	◑ 45.1	○ 7.7	○ 18.0	○ 8.5	● 89.2
日本	◔ 36.7	◔ 25.9	◔ 27.1	○ 0.9	● 81.3
澳大利亚	◔ 38.2	○ 12.6	◔ 25.3	○ 18.4	◕ 75.2
意大利	◔ 32.8	○ 14.0	○ 15.0	◔ 22.7	● 87.2
俄罗斯	◔ 23.3	○ 6.9	○ 8.4	◑ 49.3	◑ 58.4
韩国	◔ 31.5	◔ 36.8	◔ 26.2	○ 11.7	◕ 61.0
巴西	◔ 21.9	○ 5.7	○ 9.5	◔ 26.0	● 90.8
印度	○ 19.5	○ 6.2	○ 6.9	◕ 65.4	◕ 69.9

二、深海生物调查技术概述

深海生物调查技术包含数据观测、样品采集、样品分析等方面,主要是基于光学、声学、化学、生物学及环境 DNA/RNA 等方法,利用调查船、浮/潜标、水下机器人、深海潜水器、无人机、水色卫星等先进观测设备,结合先进采样设备,对海洋生物进行全面、综合的调查。

深海生物调查技术的发展过程也体现在方法、装备等方面,如海洋浮游生物调查,其采样技术经历了由传统的人工浮游生物网,到自动化的 MultiNet 多联网,再到智能化的 CTD 采水器和环境样品处理系统(ESP)采集等;其分析技术经历了由人工的显微镜检分析,到自动化的 CPR、库尔特计数器分析,再到智能化的 FlowCam、IFCB 机器人分析,以及水色卫星遥感分类算法分析等。大型生物调查方法和新设备发展相对缓慢,经历了百年前传统的生物拖网到 20 世纪 80 年代的声学调查评估技术,以及目前新兴起的环境 DNA 监测和评估技术的变化。

深海生物调查技术的快速发展也推动了大型国际计划的实施，比如 2000～2010年，由超过 80 个国家的 2700 多位科学家共同完成了全球海洋生物普查计划（CoML），该计划采用先进的装备对海洋生物进行普查，此外还通过在海洋动物体表固着、体内植入探测与发射装置，从而了解这些生物的洄游路线、分布范围和生活习性等。

美国。美国在深海生物调查技术研制和应用方面处于绝对领先位置，随着设备和技术的更新换代，许多声学、光学传感器都得到了更适宜、更全面、更精准的发展，被更广泛地应用到深海生物调查中。在声学观测技术领域，美国伍兹霍尔海洋研究所设计的 BIOMAPERII（Bio-Optical Multifrequency Acoustical and Physical Environmental Recorder）采用了多频率（5 个波长）声学系统，成功应用于南大洋锚定观测平台，观测到多种海洋生物优势种群空间分布与种群变动过程。美国伍兹霍尔海洋研究所开发的自动流式细胞仪（FlowCytobot）在美国 LEO-15 海底观测站持续运行数月。美国蒙特利湾海洋研究所开发的环境样品处理系统，是基于分子生物学的生物传感器，集成了采样、样品处理与分析模块，可以进行非连续采样、富集生物、分子探针杂交、荧光检测等操作，结合特定的探针芯片，能够鉴定细菌、古菌、浮游植物、浮游动物等多个物种，已成功用于蒙特利湾、缅因湾等海域，并可在 4000 m 水深工作数天。

法国。法国滨海自由城海洋学实验室的剖面浮标 PROVBIO，在传统 Argo 浮标的基础上，搭载了多个生物光学传感器，提供大量高垂直分辨率的温度、盐度等参数剖面数据，并可同时观测叶绿素 a 荧光浓度等一系列光学参数，用于评估浮游植物生物量及初级生产力。

中国。中国对深海生物调查起步较晚，但随着"科学"号、"向阳红"系列调查船的投入使用，"蛟龙"号、"深海勇士"号、"奋斗者"号等载人深潜器，"发现"号、"海马"号等深海遥控潜水器的研发及应用，以及"海翼"号、"海燕"号等水下滑翔机不断突破技术瓶颈，中国已全面迈入深海生物调查的队伍中。自主研发了配套潜水器使用的各种采样设备及系统，可实现原位定点取样，构建了深海原位长期连续监测和现场原位实验平台。如利用潜水器及配套的高清影像设备、采样器、诱捕器等，多次对冷泉、热液、海山等深海生境进行了原位生物多样性调查及采样工作，获取了大量极端环境生物样品，并在原位进行了相应培养实验，实现了"室内模拟实验—海洋移动实验室—深海原位实验室"的跨越。中国科学院半导体研究所研制的浮游动物原位探测超分辨三维成像系统，可用于海洋生态科学研究及渔业资源评估，并已在南海海域进行了多次深海宏生物原位探测，最大工作深度达 3291 m。

三、深海生物基因开发与利用概述

随着深海探测和样品获取技术的发展，许多国家机构和国际组织、私人企业参与的深海生物研究计划正在逐步实施。2011 年，由英国组织发起，美国、法国、澳大利亚、加拿大、挪威、西班牙等 16 个国家参与的 INDEEP（International Network for Scientific Investigation of Deep-Sea Ecosystems）计划，率先开展深海大生态系统的研究，主要涉及生物分类学、生物多样性及连通性等方面的研究。德国科学家 Pedro Martinez Arbizu 和美国科学家 Craig Smith 主持的 CeDAMar（Census of Diversity of Abyssal Marine life）项目，包括 17 个国家 56 个组织参与其中，同样从深海海洋生物多样性普查研究入手，重点研究一些具有特殊代谢途径和代谢产物的物种。中国在近年启动了"深海生物资源计划"，主要围绕深海生物资源调查与新资源的获取，提升深海极端生物新菌种资源、基因资源、化合物资源的拥有量，并在此基础上深入开发深海微生物在生物医药、工业、农业等领域的应用潜力。

深海生物基因的开发主要集中在基因组测序方面，目前已测序的深海生物包括羽织虫（*Lamellibrachia luymesi*）、巨乌贼（*Architeuthis dux*）、深海贻贝等物种，深海特殊生境适应机制方面的研究仍相对较少。

美国。美国完成了墨西哥湾的羽织虫的基因组研究。羽织虫主要栖息于深海热泉和冷泉口等极端环境，缺乏消化道，通过与氧化硫化物的细菌共生来获取营养。因此，该动物造就了区域的独特生态栖息地。研究发现羽织虫缺乏许多氨基酸合成所必需的基因，揭示了其依赖共生产物生存的遗传特征。反之，羽织虫能够通过血红蛋白携带硫化氢，送达其体内共生细菌，来助其获得营养原料，与该功能相适应的是其血红蛋白 B1 基因明显发生扩张，编码的多种血红蛋白 B1 中具有一个游离的半胱氨酸残基，从而具有与硫化物结合的能力。另外，该研究发现 Toll 样受体途径是其耐受病原体和进行共生模式的必要基础。

丹麦。丹麦完成了巨乌贼的全基因组测序。巨乌贼是一种活动于全球深海区域（高纬度北极和南极海域除外）的巨型软体动物，由于极其难以捕捉而鲜有研究。丹麦哥本哈根大学通过解析巨乌贼全基因组序列，注释了 33406 个编码蛋白的基因，

BUSCO（Benchmarking Universal Single-Copy Orthologs）评估的基因组完成度达 92%。同时该研究对巨乌贼与其他后生动物中高度保守的基因家族（发育相关的转录因子和信号配基）进行分析，发现巨乌贼同样具有冠轮动物中原始的 12 个 WNT 基因（编码脂质修饰的分泌性糖基化蛋白）亚型（1、2、4、A、5、6、7、8、9、10、11、16）。原钙黏附蛋白是脊椎动物脑发育中的重要分子，头足类编码该蛋白的基因显著增加，在加州双斑蛸（*Octopus bimaculoides*）基因组中鉴别出 168 个，而在环节动物和非头足类软体动物中仅有 17 ~ 25 个，此次在巨乌贼基因组中鉴别出 135 个原钙黏附蛋白基因，意味着该基因在发育中的重要作用。另外，前期研究在夏威夷短尾乌贼（*Euprymna scolopes*）中首次报道了头足类特异性蛋白质——反射素（通过形成平面结构反射环境中的光线而调节颜色，从而实现交流和伪装的作用）。该研究发现巨乌贼基因组包含 7 个反射素基因和 3 个类反射素基因。

奥地利。奥地利采用高通量技术完成了深海贻贝的基因组测序。深海贻贝是生活于深海热泉和冷泉的主要生物，它适应极端环境的基础是其成功演化出与化能合成细菌共生的机制。这些细菌常常共生于这些贻贝的鳃上皮细胞。其中一些贻贝种类只与硫氧化细菌共生，从而能够利用硫化物作为能量来源；另一些贻贝种类只与甲烷氧化型细菌共生，从而利用甲烷作为能量来源；还有一些贻贝种类能够同时与两类细菌共生。为了能够更好地了解深海贻贝与细菌共生关系的遗传学基础，奥地利维也纳大学完成了硫氧化共生型深海贻贝的基因组测序，并与其近缘的非共生型和专性共生型基因组进行了比较。研究发现，有 2.3% ~ 7.6% 的基因仅存在于硫氧化细菌贻贝共生体中，而在硫氧化细菌蛤蜊共生体和独立生活型细菌中均不存在，这些基因大多与毒素有关。这些深海贻贝共生体所独有的毒性相关基因的功能可能是驱逐自然环境的敌害。

英国。英国科学家完成了深海鱼类圆吻突吻鳕（*Coryphaenoides rupestris*）的基因组测序。圆吻突吻鳕具有广阔的栖息范围，分布深度可从 180 m 至 2600 m。英国杜伦大学 Rus Hoelzel 教授团队选择栖息于同一位置的 750 ~ 1800 m 水深的圆吻突吻鳕，对其全基因组进行测序，获得了具生物功能的编码基因，然后对 4 个不同深度（750 m、1000 m、1500 m、1800 m，每深度 15 条）的鱼进行了基因组重测序，揭示了 1800 m 水深的鱼具有对深度适应的功能性基因，有助于进一步研究不同水平维度及垂直维度造成的多样化的海洋地理和栖息环境对物种形成的促进作用。

中国。2017 年，我国研究人员首次完成了由载人深潜器"蛟龙"号在南海海域采集的深海贻贝（*Bathymodiolus platifrons*）的基因组测序和注释，这也是首次发表的深海海底大生物的基因组。通过鳃的蛋白质组学分析，研究人员进一步证明了在深海环境中，深海贻贝及其共生体可通过甲烷氧化、同化硫酸盐还原和氨同化途径，在没有光合作用产物的深海环境获得营养。2019 年，我国研究人员对生活在马里亚纳海沟水深 7000 m 的深海钝口拟狮子鱼（*Pseudoliparis swirei*）进行了形态学分析及基因组测序，研究涉及的狮子鱼样本由我国深渊科学考察船"探索一号"通过"天涯""海角"号深渊着陆器获得。该研究有助于阐明物种对于深海极端环境所做出的演化性适应，并为更深入的深海探索提供了线索。为进一步探索生物在极端黑暗的深渊生态环境中如何生存繁衍，研究人员从嗅觉系统入手，对钝口拟狮子鱼和其他硬骨鱼尤其是与其浅海近缘的细纹狮子鱼（*Liparis tanakae*）进行比较分析，探讨脊椎动物在深渊环境中化学感应相关的适应变化。2020 年，我国研究人员对"科学"号在冲绳热液和南海冷泉采集的柯氏潜铠虾（*Shinkaia crosnieri*）进行研究，发现了热泉口和冷泉口 30 个柯氏潜铠虾个体的 12963 个 SNP 位点，其中有 54 个与群体的环境适应性特征有关，表明了自然选择对于该物种演化的驱动作用，进一步分析发现包含这些 SNP 位点的基因与多种生物过程有关。

四、深海微生物基础研究与利用概述

由于生存环境的特殊性（高温 / 低温、高压、高盐、寡营养等），深海微生物具有近海和陆地微生物所不具备的许多特殊功能，具有重大开发利用价值及战略意义。各国投入了巨大的人力物力进行深入系统研究，包括深海钻探计划（DSDP，1968—1983）、大洋钻探计划（ODP，1985—2003）、综合大洋钻探计划（IODP，2003—2013）、国际大洋发现计划（IODP Ⅱ，2013—2023）、国际联合的 Tara Oceans 计划、Pacific Ocean Virome（POV）计划、Global Ocean Sampling（GOS）Expedition 计划等，获取大量海洋微生物物种多样性和功能基因多样性的数据信息，并进行数据分析和挖掘。目前，从深海微生物多样性调查、深海生态系统观测、地球生命起源与进化、系统生物学、深海生物地球化学过程等认知科学，到深海微生物资源获取、挖掘及其在人类健康、环境保护、生物技术、绿色农业、生物材料和工业催化与生物制造等领域应用，都开展了研究工作。

中国是国际上少数几个能系统开展深海微生物及其基因资源调查的国家之一，依

托国际海域科研调查队伍和调查平台，初步具备了开展深海微生物及其基因资源基础研究和应用潜力评估的深海微生物实验室和相关研究技术平台。在国际海域调查方面，发现多个新的热液区，开展硫化物资源等综合调查，微生物样品来源方面有较好的基础。

第二节 深海生物资源开发研发前沿

在深海生物资源开发领域，2011 ~ 2020 年美国 ESI 论文数量、PCT 专利数量、发明授权专利平均被引次数均居首位，SCI 篇均被引次数远高于平均水平，研发前沿一级指标综合排名第 1 位。荷兰、挪威、德国、法国的 SCI 篇均被引次数及发明授权专利平均被引次数均高于平均水平。中国的 SCI 篇均被引次数、发明授权专利平均被引次数与平均水平差距较大，在 ESI 数量、PCT 专利数量上均没有优势，总体而言在研发前沿的影响力有待提升。印度、巴西、韩国等新兴海洋国家无论在总体的影响力还是分项的影响力方面均处于较低位次。从研发前沿一级指标综合评分来看，美国在深海生物资源开发领域的科技研发引领能力遥遥领先，英国、澳大利亚、法国、德国在基础研究方面相对突出，韩国、日本则在技术开发方面具有较强实力（图 5-1）。

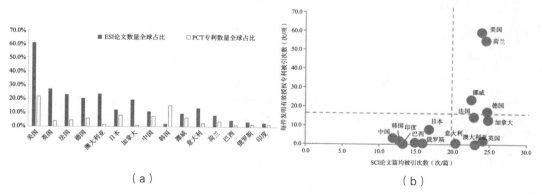

图5-1 （a）深海生物资源开发领域主要国家ESI论文数量、PCT专利数量全球占比；（b）深海生物资源开发领域主要国家在SCI篇均被引频次与发明授权专利平均被引次数指标上的表现，虚线代表主要国家平均值。

一、深海生物调查技术研发热点前沿

（一）基础研究热点前沿

基于 2011 ~ 2020 年 10 年的深海生物资源调查技术领域 SCI 论文数据引文网络分析，深海生物资源调查研究主要集中在生物多样性、生物资源利用、调查技术 3 个方面（图 5-2）。

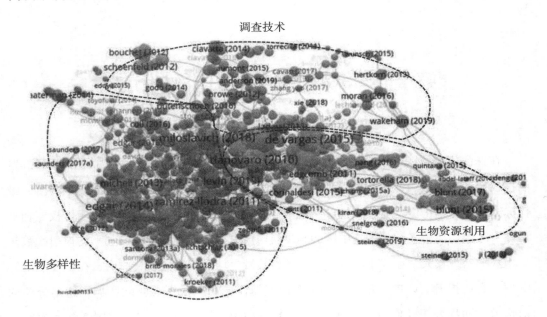

图5-2　深海生物调查SCI论文直接引用网络

引用次数大于 4 次且存在直接引用的、相关性排名前 1000 的论文被定义为深海生物资源调查技术领域的核心论文。根据核心论文的聚类结果统计显示，核心论文平均发表时间在 2014 ~ 2015 年，其中有关生物多样性的核心论文数量最多，生物资源利用是篇均被引次数最高、平均发表年代最新的主题（表 5-2）。

表 5-2　深海生物调查技术方向论文研究主题

序号	研究主题	核心论文数（篇）	篇均被引次数（次／篇）	平均发表时间（年）
1	生物多样性	455	54.8	2014.8
2	生物资源利用	258	62.4	2015.2
3	调查技术	209	50.2	2015.1

基于深海生物资源调查领域高频共现词、新出现关键词及论文被引次数等，筛选总结出了高频词、高被引新词以及高被引论文研究方向，用于判断深海生物资源调查领域基础研究的热点和前沿（表5-3）。

表5-3　深海生物资源调查技术方向研究热点与前沿

序号	研究主题	高频词	高被引新词	高被引论文方向
1	生物多样性	气候变化 生态 演化 海洋酸化 物种丰富度	微塑料 海洋碎屑 碳循环	气候变化对生物多样性的影响 生态系统对海洋酸化的响应 生物多样性的维持机制 采矿等对深海环境影响
2	生物资源利用	降解 鉴定 天然产物 毒性 多环芳烃 次生代谢产物	个人护理用品肽 药品 抗氧化剂	海洋天然产物 芽孢杆菌代谢物 抗肿瘤肽 细胞毒性代谢物
3	调查技术	模型 叶绿素 脱氧核糖核酸 遥感 宏基因组学 原位	高通量测序 物种分布模型 DNA 条形码 预测 环境 DNA/RNA	声、光、生物传感技术 遥感技术 原位采样技术 转录组、宏基因组、环境 DNA 等生物组学调查分析技术 模拟预测多样性及生态

生物多样性。高被引论文的研究方向主要集中在气候变化对生物多样性的影响（英国伦敦大学等）、生态系统对海洋酸化的响应（威尔士阿伯里斯特威斯大学、澳大利亚詹姆斯·库克大学等）、生物多样性的维持机制（澳大利亚塔斯马尼亚大学等）、商业采矿等人类活动对深海环境产生的影响及生态效应（英国南汉普顿大学、西班牙 Ciencias 海洋研究所等）。

生物资源利用。高被引论文主要集中在有关海洋天然产物的研究及综述（新西兰惠灵顿维多利亚大学、葡萄牙里斯本大学、芬兰赫尔辛基大学等），海洋天然产物的发现和开发路径及其在医药、食品加工、生物材料等领域的用途概述，如芽孢杆菌代谢物（孟加拉国开放大学等）、抗肿瘤肽（中国首都药科大学等）、具有细胞毒性的代谢物（南非罗德大学等）。

调查技术。研究主要集中在生物调查及生态观测 / 监测中应用声、光、生物传感技术以及遥感技术、原位采集技术，利用宏基因组（环境 DNA/RNA）等生物组学调查分析技术，以及模拟预测生物多样性及海洋生态环境的变化趋势。高被引论文的研究方向主要有采用声波遥感技术结合原位采样制作底栖生境图（加拿大渔业与海洋局）、采用水声和视频观测来预测底栖生物群落的自动分类技术（澳大利亚迪肯大学）、高通量测序揭示生物多样性（西班牙 Ciencias 海洋研究所等）、利用转录组（环境 DNA）监测海洋生物（加拿大不列颠哥伦比亚大学、丹麦哥本哈根大学等）、模拟海洋生态系统及预测（瑞典 Meteorol 和 Hydrol 研究所）、海洋物种分布建模数据集（比利时根特大学）。

（二）技术开发热点前沿

深海生物调查领域有效发明专利家族数据聚类的专利地图显示，生物调查技术主要集中在样品的采集（处理）保存、观测（监测）系统、生物检测技术、资源利用 4 个主题（图 5-3）。

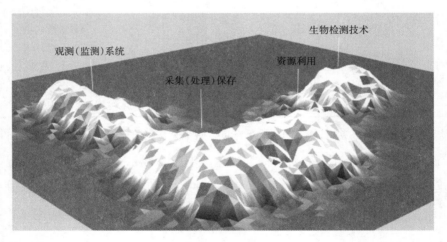

图5-3　深海生物调查专利地图

深海生物调查技术领域满足以下三项条件之一的发明有效专利被定义为重要专利：一是同族个数在 3 项及以上；二是专利存在质押、转移等法律状态；三是专利同族被引次数在 10 次及以上。深海生物调查技术领域重要专利统计分析显示，核心专利平均公开时间是 2016 ~ 2017 年，年代较新。其中资源利用专利规模最大，同时被引次数和国家专利布局最多，说明其技术较为成熟（表 5-4）。

表 5-4　深海生物调查技术方向专利技术主题

序号	技术主题	重要专利家族公开量（项）	专利家族平均被引次数（次/项）	Inpadoc 同族专利数量（项）	平均公开时间（年）
1	采集（处理）保存	43	4.7	2.9	2017.4
2	观测（监测）系统	40	19.7	8.5	2017.6
3	生物检测技术	33	4.1	3.7	2016.9
4	资源利用	76	28.9	15.3	2016.4

基于深海生物调查技术领域有效发明专利地图聚类高频词、重要专利，判断深海生物调查领域技术开发的热点和前沿趋势（表 5-5）。

表 5-5　深海生物调查技术方向技术开发热点及前沿

序号	技术主题	高频词	重点专利研发方向
1	采集（处理）保存	底栖 高压	原位富集固定 耐高压系统 自动化 自主导航
2	观测（监测）系统	原位 实时监测 图像识别	传感器扫描测量 动态数量/重量分布计数 原位监测 视频图像观察记录
3	生物检测技术	DNA 蛋白（肽） 遗传标记	生物组学技术 微生物检测技术 分子探针检测技术
4	资源利用	酶 多糖 肽	酶制备及功能 多糖提取及功能开发 蛋白、肽制备及功能

采集（处理）保存技术。专利主要集中在深海底栖、沉积物、深水生物及微生物的捕获、采集方式及装置，极端环境微生物的保压、原位采样保存。重点专利研发方向包括微生物富集装置（冰岛 PROKARIA EHF）、耐压保存装置（德国亥姆霍兹极地海洋研究中心、葡萄牙国家统计和地理研究所 INEGI 等）、底栖生物采集装置（韩国海洋科学技术院、獐子岛集团股份有限公司等）、浮游（悬浮）生物收集（克罗地亚

163

ZLATAR DOMAGOJ、日本合昌株式会社等）、自主导航和人机协同海底生物捕捞系统（浙江大学）、定量分层取样（中国科学院海洋研究所）。

观测（监测）技术。专利技术主要集中在应用光学、声学及生物传感探测技术，实现对海洋环境、海洋生态、深海生物群落的观测及监测。重点专利的研发方向包括海洋生物动态数量/重量分布计数（挪威 WINGTECH 公司、英国智能系统有限责任公司、埃克森美孚上游研究公司等），原位监测深水海底生物群落（模式）（挪威研究中心等），生物视频图像观察识别（美国伍兹霍尔海洋研究所、美国 ECOTONE AS、美国康奈尔大学、日本国土环境株式会社、韩国海洋研究所、清华大学深圳研究生院、浙江大学、上海海洋大学等），利用声学信号、生物传感器等技术实现生物识别监测（美国佛罗里达大学、法国苏伊士集团等），便携式生物监测系统（日本精工爱普生株式会社）。

生物检测技术。专利技术主要集中在利用生物组学技术进行生物种类的检测鉴定。重点专利研发方向包括利用 DNA 检测样品中的生物种类（沙特阿拉伯石油公司、韩国国立水产科学院、韩国海洋科学技术院、中国水产科学研究院南海水产研究所、中国科学院南海海洋研究所、中国海洋大学）、通过检测蛋白（肽）实现生物监测（西班牙奥维耶多大学、中国水产科学研究院黄海水产研究所）。美国南佛罗里达大学的自主式生物传感器装置可自动提取环境样本，使用 DNA 或生物标记进行现场检测和分析，并将生成的数据存储或传输到远程计算机或计算机网络。

资源利用。专利技术主要集中在深海微生物活性产物酶、多糖、肽（蛋白）的制备及其在医药、环保等领域的开发利用。重点专利研发方向包括酶制备及功能（韩国海洋研究所、法国国家科学研究中心、中国科学院大连化学物理研究所等）、多糖提取及功能（韩国高丽大学、吉林省辉南长龙生化药业股份有限公司等）、功能蛋白（肽）制备（俄罗斯 BIOSIN ARTSNAJMITTEL GMBKH、福州大学、中山大学）。

二、深海生物基因开发与利用研发热点前沿

（一）基础研究热点前沿

基于 2011 ～ 2020 年深海生物基因开发与利用方向 SCI 论文数据引文网络分析，深海生物基因开发利用领域的研究主要集中在基因资源多样性、特殊生境适应机制及

基因功能 3 个研究主题（图 5-4）。

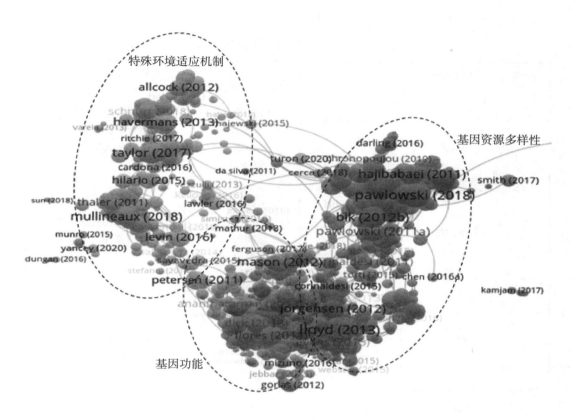

图5-4 深海生物基因开发与利用SCI论文直接引用网络

引用次数大于 4 次且存在直接引用的、相关性排名前 1000 位的论文被定义为深海
生物基因开发利用领域的核心论文。核心论文的聚类结果统计显示，核心论文平均发
表时间在 2014～2015 年，篇均被引次数约 41 次 / 篇（表 5-6）。

表 5-6 深海生物基因开发与利用方向论文研究主题

序号	研究主题	核心论文数（篇）	篇均被引次数（次 / 篇）	平均发表时间（年）
1	基因资源多样性	418	47.8	2015.5
2	特殊生境适应机制	298	30.9	2014.7
3	基因功能	251	41.5	2015.1

基于深海生物基因开发与利用领域高频共现词、新出现关键词及论文被引次数等，筛选总结出了高频词、高被引新词以及高被引论文研究方向，用于判断深海生物基因开发利用领域基础研究的热点（表5-7）。

表5-7 深海生物基因开发与利用方向研究热点与前沿

序号	研究主题	高频词	高被引新词	高被引论文研究方向
1	基因资源多样性	沉积物 微生物群落 古细菌 16S 核糖体 RNA 宏基因组学	扩增子测序 基因组 产甲烷菌 真菌多样性	基因资源多样性 环境 DNA（宏基因组） 高通量测序
2	特殊生境适应机制	演化 系统发育 脱氧核糖核酸 生物地理学 遗传结构	系统基因组学 多金属结核 趋同进化 系统发生位置 生境异质性	深海微生物代谢机制 环境互作与适应
3	基因功能	序列 基因表达 基因组 大肠杆菌 热液喷口	序列比对 化学合成 病毒 重建	溢油降解 基因结构和功能 活性产物

基因资源多样性。研究主要集中在16S核糖体RNA基因PCR引物在多样性研究中的应用（德国马克斯·普朗克海洋微生物研究所、美国俄亥俄州立大学等）、基于环境DNA（DNA条形码、宏基因组）的生物多样性研究（丹麦哥本哈根大学、瑞士尼斯大学等）、高通量测序与多样性研究（西班牙Ciencias海洋研究所等）。

特殊生境适应机制。高被引论文的研究方向主要集中在深海微生物代谢机制、环境互作与适应，如古细菌降解沉积物碎屑蛋白（丹麦奥胡斯大学等），深海硫氧化细菌的氢氧化和代谢（美国密西根大学等），热液喷口贻贝共生体及微生物群落环境适应机制（德国马克斯·普朗克海洋微生物研究所、中国香港大学、英国牛津大学等），病毒生态及地球化学影响（美国俄亥俄州立大学等）。

基因功能。高被引论文的主要研究方向集中在溢油降解、基因结构和功能、活性产物，如微生物溢油降解功能基因（美国加州大学、美国俄克拉荷马大学等）、特殊功能微生物活性产物如对肿瘤具有细胞毒性的放线菌双吲哚生物碱（中国科学院海洋生物资源重点实验室等）、未培养细菌群落（病毒）功能基因组数据库和资源（美国亚利桑那大学等）。

（二）技术开发热点前沿

深海生物基因开发与利用方向的专利地图显示，该领域的研究热点主要集中在功能筛选及应用、基因产物及应用、研究装置及方法 3 个技术主题（图 5-5）。深海生物基因开发利用领域重要专利统计分析显示，重要专利平均公开时间在 2012 ~ 2015年。其中研究装置及方法的被引次数和国家专利布局最多，技术较为成熟（表 5-8）。

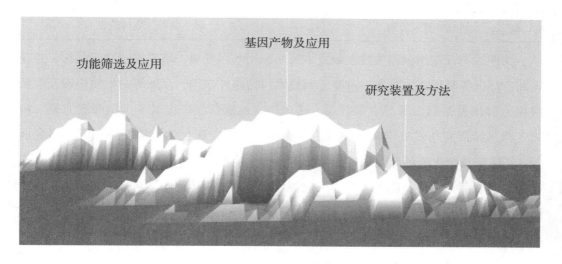

图5-5 深海生物基因开发与利用专利地图

表 5-8 深海生物基因开发与利用方向专利聚类结果

序号	技术主题	重要专利家族公开量（项）	专利家族平均被引次数（次/项）	Inpadoc 同族专利数量（项）	平均公开时间（年）
1	功能筛选及应用	24	6.4	5.0	2015.9
2	基因产物及应用	17	4.8	2.5	2015.5
3	研究装置及方法	13	18.7	6.2	2012.4

基于深海生物基因开发利用领域有效发明专利地图聚类高频词、重要专利，判断深海生物基因开发利用领域技术开发的热点和前沿趋势（表 5-9）。

表 5-9 深海生物基因开发与利用方向技术开发热点及前沿

序号	技术主题	高频词	重点专利研发方向
1	功能筛选及应用	16S 核糖体 RNA 序列芽孢杆菌	细胞毒活性化合物 蛋白酶 石油降解菌株筛选 胞外多糖 水产养殖应用
2	基因产物及应用	酯酶	低温耐盐酯酶 发光多肽
3	研究装置及方法	取样	培养、取样装置

功能筛选及应用。相关技术研究主要是利用基因资源，培养筛选功能菌株，并在医药、环保等领域开发应用。重要专利技术包括胞外多糖、多肽等衍生物提取及医药应用（韩国爱茉莉太平洋有限公司、法国国家健康医学研究院、美国弗雷克斯·拉夫·弗莱姆研究与发展学院、中国广东海洋大学、中国自然资源部第三海洋研究所等）、降解及净化等环保应用（法国国家科学研究中心、中国大连民族学院）、芽孢杆菌等功能菌株筛选及应用（日本国立海洋研究开发机构、中国自然资源部第三海洋研究所等）。

基因产物及应用。相关技术研究主要是利用基因资源，采用基因编码重组等技术，定向改造筛选具有特定结构和功能的多糖、酯酶等深海活性产物，并在医药、环保等领域开发应用。重要专利技术包括发光多肽试剂盒（日本 JNC 株式会社）、低温耐盐酯酶编码重组及应用（中国科学院南海海洋研究所、自然资源部第二海洋研究所）。

研究装置及方法。专利技术主要是研究相关的样品培养、取样装置。重要专利有水生物培养装置（挪威 Gigante Havbruk 公司）、热液口取样装置（美国麦克莱恩研究实验室股份有限公司）。

三、深海微生物基础研究与利用研发热点前沿

（一）基础研究热点前沿

基于 2011 ~ 2020 年深海微生物基础研究与利用领域 SCI 论文数据引文网络分析，深海微生物领域的研究主要集中在海洋微生物物种多样性和功能基因的信息分析和挖掘，以及深海微生物代谢机制、环境适应机制等生物学特性研究（图 5-6）。

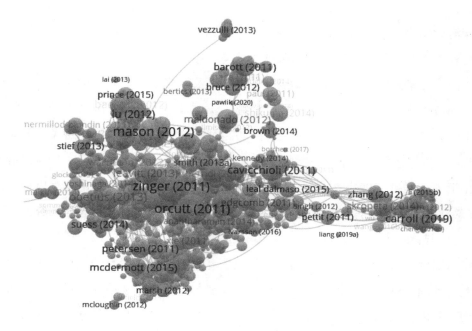

图5-6　深海微生物基础研究与利用SCI论文直接引用网络

引用次数大于4次且存在直接引用关系、被引次数排名前1000位的论文被定义为深海微生物基础研究与利用领域的核心论文。根据核心论文的聚类结果统计显示，核心论文平均发表时间为2015年，篇均被引接近33次/篇（表5-10）。

表5-10　深海微生物基础研究与利用方向论文研究主题

研究主题	核心论文数（篇）	篇均被引次数（次/篇）	平均发表时间（年）
深海微生物研究	978	32.6	2015.1

基于深海微生物基础研究与利用领域高频共现词、新出现关键词及论文被引次数等，筛选总结出了高频词、高被引新词以及高被引论文研究方向，用于判断深海微生物领域基础研究的热点（表5-11）。

表5-11　深海微生物基础研究与利用方向研究热点与前沿

研究主题	高频词	高被引新词	高被引论文研究方向
深海微生物研究	多样性 沉积物 微生物群落 古细菌 演化 硫酸盐还原	生态位分离 高通量测序 马里亚纳海沟 转录组 氢化酶 代谢组学	物种多样性 基因功能 代谢机制 环境适应机制

深海微生物研究。有关深海微生物研究的 SCI 论文较多，高被引论文研究主要集中在物种多样性、基因功能、代谢机制、环境适应机制等方向，包括海洋沉积物、深渊、热液、冷泉微生物的种类、功能多样性，以及深海微生物的能量获取、环境适应机制，如微生物生态学、微生物多样性研究（美国加州大学、德国马克斯·普朗克海洋微生物研究所等），微生物种群及基因功能对溢油的反应（美国加州大学伯克利分校、美国佛罗里达州立大学、美国俄克拉荷马大学、中国浙江大学等），微生物群落与地球化学（美国俄亥俄州立大学、挪威卑尔根大学等），热液中非生物有机合成、碳（氢）转化（美国伍兹霍尔海洋研究所、德国马克斯·普朗克海洋微生物研究所等）。

（二）技术开发热点前沿

深海微生物基础研究与利用领域有效发明专利家族数据聚类的专利地图显示，深海微生物基础研究与利用领域技术开发热点主要集中在微生物培养装置、微生物培养及应用、基因开发利用 3 个方面（图 5-7）。深海微生物基础研究与利用领域重要专利统计分析显示，重要专利平均公开时间在 2014 年至 2016 年。其中微生物培养装置的专利数量、被引次数和国家专利布局最多，技术较为成熟（表 5-12）。

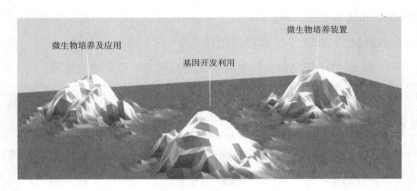

图5-7　深海微生物基础研究与利用专利地图

表 5-12　深海微生物基础研究与利用方向专利技术主题

序号	技术主题	重要专利家族公开量（项）	专利家族平均被引次数（次/项）	Inpadoc 同族专利数量（项）	平均公开时间（年）
1	微生物培养装置	74	13.8	6.3	2016.6
2	微生物培养及应用	32	5.6	2.5	2014.3
3	基因开发利用	42	6.9	5.3	2015.5

基于深海微生物基础研究与利用领域有效发明专利地图聚类高频词、重要专利，判断深海微生物基础研究与利用领域技术开发的热点和前沿趋势（表5-13）。

表5-13　深海微生物基础研究与利用方向技术开发热点及前沿

序号	技术主题	高频词	重点专利研发方向
1	微生物培养装置	原位 保压	原位微生物培养 高压流体样品的保压转移
2	微生物培养及应用	低温耐盐 热液	燃料电池 降解功能菌 活性产物 浸出硫化矿复合菌群 枯草芽孢杆菌和耐碱抗盐酶 菌株筛选培养
3	基因开发利用	基因编码 氨基酸序列	低温耐盐酯酶 多肽

微生物培养装置。专利技术主要是研究深海、底栖微生物的培养装置，其中原位培养、保压转移特性是研究的热点。重要专利主要有在深海环境下长期放置的原位微生物培养装置（杭州电子科技大学），可维持高压水体样品气相、有机组及嗜压型微生物等状态的保压转移装置（浙江大学）。

微生物培养及应用。专利技术主要是研究燃料电池、降解功能菌、活性产物、浸出硫化矿复合菌群、枯草芽孢杆菌和耐碱抗盐酶、菌株筛选培养，采用发酵等方式培养、筛选、制备深海微生物及其活性产物，开发抗菌、抗肿瘤、石油降解等功能并在农业、食品、化工、制药等行业应用。重要专利主要有抑制肿瘤转移细菌胞外多糖（法国海洋开发研究院），微生物燃料电池（美国海军研究实验室、中国厦门大学），降解石油（芘、多环芳烃等）功能菌株（日本石油天然气·金属矿物资源机构、中国自然资源部第三海洋研究所），抗菌、抗病毒等黄链霉菌（青霉菌、芽孢杆菌）及代谢衍生物（中国科学院微生物研究所、中国自然资源部第三海洋研究所、中国海洋大学）。

基因开发利用。专利技术主要集中在采用基因编码重组技术，定向改造制备具有特定结构和功能的多糖、酯酶等深海活性产物，并在医药、环保等领域开发应用。重要专利技术包括发光多肽试剂盒（日本JNC株式会社）、低温耐盐酯酶编码重组及应用（日本国立海洋开发研究院、中国科学院南海海洋研究所、中国自然资源部第二海洋研究所）。

四、各国研发热点前沿

（一）基础研究热点前沿国家布局

2011～2020年深海生物资源开发领域SCI热点论文总被引次数分析显示，基础研究中影响力最大的两个方向分别是生物多样性、深海微生物研究，而基因及生物资源的利用也具有相当高的热度（图5-8）。

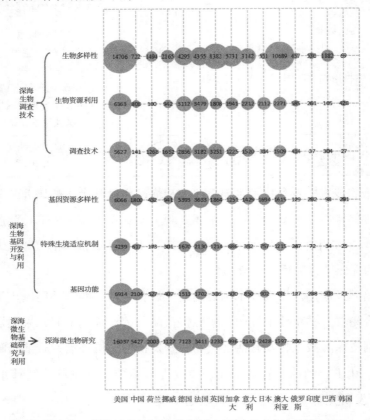

图5-8　深海生物资源开发领域主要国家研究主题布局
气泡大小代表论文的总被引数量

美国的基础研究覆盖了全部热点，论文的总影响力处于全球最高水平，其在各个方向的研究均具有明显优势，论文总影响力排名全球首位。在老牌海洋强国中，德国、法国、澳大利亚、英国、加拿大、意大利的论文总影响力排名全球前列，德国在深海微生物及基因资源多样性研究上具有明显优势，澳大利亚、英国、加拿大、法国的热点主要集中在生物多样性研究，日本、荷兰的研究更多地集中在深海微生物，俄罗斯的研究大多集中在深海生物调查方向。新兴海洋国家与老牌海洋强国在论文总影响力上仍存在较大的差距，印度、巴西的研发热点主要集中在生物多样性，韩国主要集中在生物资源利用方向。

中国在部分研究方向上的 SCI 总被引数量已经位居世界前列，基因功能方向仅次于美国，而深海微生物方向仅次于美国、德国。但中国在调查技术、生物多样性等研究方向的影响力仍与美国及老牌海洋强国存在较大差距，这些方向是目前研究的薄弱环节。

（二）技术开发热点前沿国家布局

2011～2020 年深海生物资源开发技术热点专利同族总被引次数分析显示，资源利用、微生物培养装置及观测（监测）系统是影响力最大的技术开发方向（图 5-9）。

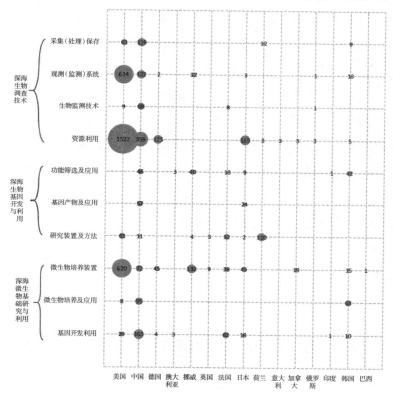

图5-9　深海生物资源开发领域主要国家技术主题布局
气泡大小代表同族专利被引次数

美国专利的总影响力处于全球最高水平，具有绝对优势。其在深海生物资源利用、微生物培养装置以及深海生物调查观测（监测）系统等方向具有明显优势，专利影响力远超其他国家。在老牌海洋强国中，日本、挪威、德国、法国的影响力最大，专利布局方向较多。其中日本的专利布局较为全面，其主要布局在深海生物资源利用方面；德国、挪威的技术开发优势分别在资源利用、微生物培养装置方面；法国则在基因开发利用方面具有一定优势；荷兰有关基因研究的装置及方法的专利影响力最高；加拿大、英国侧重于微生物培养装置；澳大利亚、俄罗斯则分别侧重于基因开发利用及生物检测技术。在新兴海洋国家中，韩国的发明有效专利数量仅次于中国，而PCT专利数量仅次于美国，技术开发实力较强，在多个技术方向上有所布局，其中重点布局微生物培养及应用。目前印度、巴西在深海生物资源开发领域仅有极少量符合重要专利筛选条件的专利。

中国的专利数量庞大，在深海生物资源开发领域布局的技术方向较为全面。其中资源利用方向的专利数量较多，影响力较强。但在基因研究的装置及方法上的专利数量较少，布局较弱。整体而言，中国专利在国际市场上缺乏竞争力，呈现多而不强的局面。

在深海生物资源开发领域，中国研发相对活跃，SCI论文的产出仅次于美国，有效发明专利技术的产出接近全球的50%。但从高被引论文数量、SCI篇均被引次数来看，有关深海生物资源开发领域的重要研究主要集中在美国及欧洲的高校及研究机构，中国仍然缺乏理论研究方面的高水平论文。在技术开发方面，基于专利的海外布局、法律状态、同族被引次数以及价值估值等评价指标分析，重要的专利仍然集中在欧美的机构中。从公开的数据看，中国在深海生物资源开发领域中的理论研究仍滞后于领先国家，技术产品开发与发达国家存在一定差距。

第三节　深海生物资源开发研发力量

在深海生物资源开发领域，2011 ～ 2020 年美国基础研究机构数量全球占比、技术开发机构数量全球占比分别为28.7%、22.0%，均居全球首位，具有绝对领先优势。中国的基础研发机构数量占比6.3%，落后于美国、法国，与排名第1位的美国存在较大差距；技术开发机构数量占比7.6%，落后于美国、韩国、日本。老牌海洋强国在基础研究机构数量上具有一定优势。新兴海洋国家在基础研究机构及技术开发机构方面仍有很大的发展空间。综合分析，深海进入领域研发力量呈现以下特征。

一是深海生物资源开发领域主要的研究机构集中在美国和欧洲老牌海洋强国，数量远超除中国外的其他国家，其中美国异常突出。2011 ～ 2020 年 SCI 发文数量超过50 篇以上的研发机构 195 家。主要分布在美国、法国、德国、英国、澳大利亚等国家。发文数量 20 篇以上的研发机构中，美国占比 28.7%，法国占比 8.3%，德国、英国、澳大利亚占比 5.1% ～ 5.3%，中国占比 6.3%，挪威、荷兰、俄罗斯、韩国、印度的研发机构全球占比相对较低（图 5–10）。

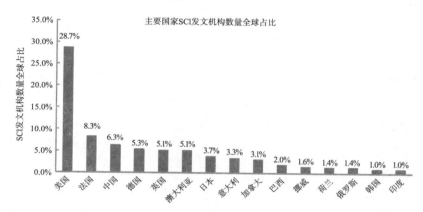

图5–10　深海生物资源开发领域主要国家在SCI发文机构全球占比的表现

二是美国及德国、英国、法国、澳大利亚等老牌海洋国家的影响力更大。在体现机构研发实力的指标上，美国、德国、英国、法国、澳大利亚等国家表现突出，主要研发机构的SCI论文总被引数量、SCI篇均被引次数均在平均水平之上，远超其他国家；加拿大、荷兰、挪威、意大利的总被引数量虽然低于平均水平，但SCI篇均被引次数较高，显现出较高的研究水平。我国的文献数量较大，总被引次数尚可，但SCI篇均被引次数很低，显示研究质量还有待提高。在影响力上，我国的机构与美国、法国、德国等老牌海洋强国差距较大（图 5–11）。

三是深海生物资源开发技术的专利申请机构中高校院所比重较大。由于深海生物资源开发领域具有开发周期长、技术难度高等特点，产业发展仍处于初级阶段，参与机构多为侧重于基础研究的研究机构或大学，相对其他行业而言，深海生物资源开发领域的企业数量偏低。海洋生物资源开发的相关产品（含定制化产品）主要集中在深海生物采样器、底栖微生物及深海微生物化学原位装置等领域，海洋生物资源利用的产品（研发方向）主要集中在医药、环保、水产养殖等领域。

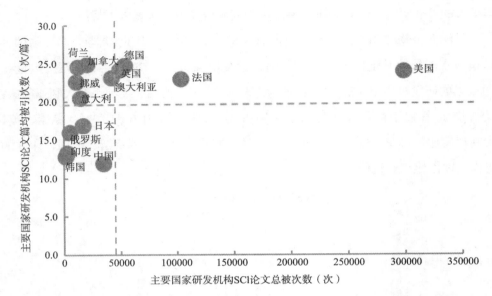

图5-11　深海生物资源开发领域主要国家研发机构SCI论文总被引数量与篇均被引数量分布

横虚线代表主要国家SCI发文机构篇均被引次数均值（19.8次/篇）；纵虚线代表主要国家SCI发文机构总被引数量均值（~45300次）。

　　四是美、韩的技术开发机构较多，技术布局更为全面。在深海生物资源开发领域，美国依然显现出强劲势头，无论是机构数量还是PCT专利数量均遥遥领先于其他国家。韩国的表现不俗，在机构及专利数量上与其他国家拉开了距离。中国的发明专利数量巨大，但体现高质量的PCT专利较少，PCT专利申请机构全球占比居美、韩、日之后，且申请机构大多是科研机构，企业参与度较低（图5-12）。

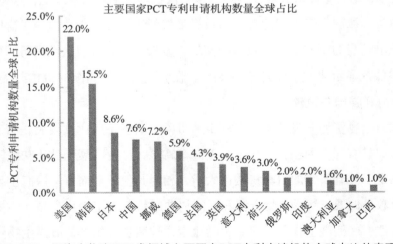

图5-12　深海生物资源开发领域主要国家PCT专利申请机构全球占比的表现

一、深海生物资源开发主要研发力量分布

深海生物资源开发领域国内外主要研发力量见表 5-14 至表 5-15。

（一）深海生物调查技术

表 5-14　深海生物调查技术主要研发力量分布

深海生物调查技术（国外）	
国家	**主要科研机构**
美国	美国加州大学 美国国家海洋大气管理局（政府机构） 美国夏威夷大学系统 美国北卡罗来纳大学 美国佛罗里达州立大学
荷兰	荷兰乌得勒支大学 荷兰皇家海洋研究所
挪威	挪威海洋研究所 挪威卑尔根大学 挪威特罗姆瑟北极大学
德国	德国亥姆霍兹极地与海洋研究中心 德国不来梅大学
法国	法国海洋开发研究院 法国索邦大学 法国巴黎萨克莱大学 法国艾克斯－马赛大学
英国	英国国家海洋学中心 英国普利茅斯大学 英国南安普敦大学 英国埃克塞特大学
加拿大	加拿大不列颠哥伦比亚大学 加拿大渔业与海洋局（政府机构） 加拿大达尔豪斯大学 加拿大纽芬兰纪念大学 加拿大维多利亚大学
日本	日本国立海洋研究开发机构

续表

深海生物调查技术（国外）	
国家	**主要科研机构**
意大利	意大利马尔凯理工大学
澳大利亚	澳大利亚昆士兰大学 澳大利亚塔斯马尼亚大学 澳大利亚西澳大学
俄罗斯	俄罗斯科学院
韩国	韩国高丽大学校产学协力团 韩国大韩民国国立水产科学院 韩国海洋科学技术院
巴西	巴西里约热内卢联邦大学 巴西圣保罗大学
深海生物调查技术（国内）	
国家	**主要科研机构**
中国	北京大学 暨南大学 清华大学 上海海洋大学 天津大学 厦门大学 浙江大学 中船集团第 725 研究所 中国地质大学 中国海洋大学 中国科学院广州地球化学研究所 中国科学院海洋研究所 中国科学院南海海洋研究所 中国科学院烟台海岸带研究所

（二）深海生物基因开发与利用

表 5-15　深海生物基因开发与利用主要研发力量分布

深海生物基因开发与利用（国外）	
国家	**主要科研机构**
美国	美国加州大学 美国伍兹霍尔海洋研究所 美国佛罗里达州立大学 美国夏威夷大学 美国北卡罗来纳大学
荷兰	荷兰乌得勒支大学 荷兰皇家海洋研究所
挪威	挪威卑尔根大学 挪威奥斯陆大学 挪威特罗姆瑟北极大学
德国	德国亥姆霍兹极地与海洋研究中心 德国不来梅大学 德国汉堡大学
法国	法国索邦大学 法国海洋开发研究院 法国艾克斯－马赛大学
英国	英国伦敦自然历史博物馆 英国南安普敦大学 英国国家海洋研究中心
加拿大	加拿大不列颠哥伦比亚大学
日本	日本国立海洋研究开发机构 日本东京大学 日本京都大学 日本北海道大学

续表

深海生物基因开发与利用（国外）	
国家	**主要科研机构**
意大利	意大利国家研究委员会 意大利马尔凯理工大学 意大利安东·多恩动物研究所
澳大利亚	澳大利亚昆士兰大学 澳大利亚联邦科学与工业研究组织 澳大利亚詹姆斯·库克大学
俄罗斯	俄罗斯科学院
巴西	巴西圣保罗大学 巴西里约热内卢联邦大学
深海生物基因开发与利用（国内）	
国家	**主要科研机构**
中国	山东大学 上海交通大学 深圳大学 同济大学 厦门大学 浙江大学 中国海洋大学 中国科学院海洋研究所 中国科学院南海海洋研究所 中国科学院深海科学与工程研究所 中国水产科学研究院 中山大学

（三）深海微生物基础研究与利用

表 5-16 深海微生物基础研究与利用主要研发力量分布

深海微生物基础研究与利用（国外）	
国家	**主要科研机构**
美国	美国加州大学 美国伍兹霍尔海洋学研究所 美国能源部（政府机构） 美国佛罗里达州立大学 美国北卡罗来纳大学 美国佐治亚大学系统 美国华盛顿大学 美国海军研究实验室（政府机构）
荷兰	荷兰乌得勒支大学 荷兰皇家海洋研究所
挪威	挪威卑尔根大学 挪威特罗姆瑟北极大学
德国	德国亥姆霍兹极地与海洋研究中心 德国不来梅大学 德国卡尔·冯·奥斯西茨基大学 德国汉堡大学 德国基尔大学
法国	法国索邦大学 法国海洋开发研究院 法国西布列塔尼大学 法国艾克斯-马赛大学
英国	英国国家海洋研究中心 英国南安普敦大学 英国伦敦自然历史博物馆
加拿大	加拿大渔业与海洋局（政府机构）
日本	日本国立海洋研究开发机构 日本东京大学 日本国立先进工业科学技术研究院
意大利	意大利海洋科学研究所 意大利马尔凯理工大学 意大利安东·多恩动物研究所

续表

深海微生物基础研究与利用（国外）	
国家	主要科研机构
澳大利亚	澳大利亚西澳大学
俄罗斯	俄罗斯科学院生物技术研究中心
印度	印度科学与工业研究理事会国家海洋研究所
巴西	巴西里约热内卢联邦大学 巴西圣保罗大学
深海微生物基础研究与利用（国内）	
国家	主要科研机构
中国	北京大学 华大基因（企业） 南京大学 山东大学 上海交通大学 深圳大学 同济大学 厦门大学 浙江大学 中国地质大学 中国海洋大学 中国科学院海洋研究所 中国科学院南海海洋研究所 中国科学院深海科学与工程研究所

二、国内外主要研发力量概况

（一）国外研发力量概况

1. 美国

美国伍兹霍尔海洋研究所（WHOI）是一家综合性海洋科学研究机构，下设生物系、深海开发研究所等部门。研究对象涉及各种海洋生物，如原核生物（细菌和古细菌）、病毒、原生生物、浮游植物、浮游动物、鱼类、海鸟和鲸鱼等。研究范围从分子和细胞群落到生态系统整个级别，包括浮游动物生态学、浮游植物生态学、底栖生物和幼虫生态学、海洋微生物生态学和生物地球化学、建模与数学生态学、环境毒理学、海洋哺乳动物生物学、鱼类生态学以及保护生物学等多个研究方向研制及拥有"阿尔文"号等多个深潜器，搭载多种生物、化学传感器，可进行大范围的冰下观测和取样等作业，对深海生物进行采样和收集。

美国夏威夷大学。在海洋学和海洋生物学方面具有较强的研究实力，其夏威夷海洋生物研究所（HIMB）是研究海洋生物的重要机构，在海洋生态系统、海洋生物化学过程、珊瑚礁和海洋渔业及海洋和人类的互相作用等领域具有研究优势。

美国加州大学。研究领域包括海洋微生物活性代谢产物的发现、生物合成技术等海洋微生物药物研发。

美国雅培公司。研发销售营养品添加的益生菌、动物饲料添加剂等微生物制品。

2. 德国

德国不来梅大学（University of Bremen）。下设海洋生态研究教育中心（研究所），分设海洋植物学、海洋化学、海洋微生物生态学、海洋生态学、分子生态学等海洋科学工作组，专注于研究生态系统功能、海洋生物的适应策略（生态生理学）、海洋系统和食物网中的功能多样性以及生物活性痕量元素的循环，例如海洋酸化的生物效应以及海洋中不断增加的最低氧气含量。采用现代的生态生理学、分子生物学、生物化学和微量物质分析方法，在热带、温带和极地海域，沿海地区和深海中开展研究项目。

德国巴斯夫股份公司（BASF SE）。世界最大化学品生产商，商业领域涵盖植物保护剂和营养品、动物药业，专注于高效农业、绿色食品和高效提高作物产量的产品，致力于研究、开发、生产并销售动物保健产品。2018 年 6 月 6 日出版的《科学进展》（*Science Advances*）发表的最新研究报告显示，巴斯夫公司注册了 1988 ～ 2018 年的全球所有海洋遗传资源序列（Marine Genetic resources，MGRs）专利的 47%。

德国 Hydro-Bios 公司。生产销售浮游生物沉降器，用于对浮游植物进行沉降计数，广泛应用于水生生物的观察计数。

3. 法国

法国海洋开发技术研究院（Ifremer）。法国专门从事海洋开发研究和规划的机构。下设生物资源与环境、物理资源与深海生态系统等相关科研部门及北海海峡中心等研究中心。研究内容包括海洋生态系统、浮游植物和浮游动物监测、环境微生物学与藻类毒素、生物资源勘探等，其中物理资源与深海生态系统研究部的生态系统研究为多学科交叉研究，主要涉及深海生态系统和生物群落及生态环境之间的相互作用、生物多样性以及人类对环境的影响等。

法国拉曼集团（Lallemand）。产品包括酿酒酵母、人用酵母制剂、动物活菌酵母、青贮饲料发酵活菌剂、生物乙醇、植物生态制剂等海洋微生物制品。

法国顶尖拓普安公司（TOP INDUSTRIE）。开发销售深海生物圈样品保真采样及模拟培养系统，为在实验室进行深海深部生物圈的原位研究，解决保真采样、保真转移、高压下高温/低温保真培养、原位分析等一系列技术难题。

4. 英国

英国国家海洋中心（National Oceanography Centre，NOC）。主要从事从海岸带到深海大洋的海洋学综合研究与技术研发，下设海洋生物地球化学与生态系统组等科研部门，分为浮游植物和海气二氧化碳、微生物浮游生物、粒子通量、生物物理过程、深海5个小组，研究生物群落在海洋中的生长规律和方式，以及它们在全球气候系统中承担的角色和全球变化对它们的影响。主要研究方向为浮游生物、暮色区域、海底生物、极端环境、海洋洋流、生态系统模拟等。

英国南安普顿大学。南安普顿大学的海洋学主要依托于南安普顿国家海洋中心（National Oceanography Centre，Southampton，NOCS）。海洋学中心是全世界最大的海洋研究机构之一，致力于海洋的演变和发展研究、气候变化以及技术的发展，探索海洋和海床的奥秘。

5. 日本

日本国立海洋研究开发机构（JAMSTEC）。在地球生物科学研究所等研发部门中设立海洋生物多样性研究项目、极限环境生物圈研究项目、地球微生物学集团。主要研究内容包括探索海洋极限环境生物圈，研究生物进化，了解全球生物多样性、生命形式的多功能性、生物圈内生物地球化学的联系和自然资源的可持续使用等。主要开展的研究项目有地球和生命史研究项目、海洋生物多样性研究计划、极端生物圈研究计划。

日本东京海洋大学。海洋生命科学部设立海洋生物资源学科，包括生物生产和生物资源科学两个专业领域，涉及海洋生物的生殖生理、营养代谢、抗疾病机制等相关的资源，以及种群动态、种群遗传机制、栖息地和生长、生存、繁殖、迁移、渔业生产等。近年来从基因、细胞和个体层面以及组和生态系统级别进行广泛研究，建立与水产养殖和海洋生物资源管理有关的理论及开发技术，特别是有关基因组分析、生物技术、鱼类和贝类的安全养殖、资源扩散和生物多样性保护等研究，确定可接受的生物捕获量，开发环境友好的捕鱼技术和太空水产养殖技术等新技术。

日本株式会社 EM 研究机构。成立于 1994 年，作为有效微生物菌群（EM）的创始者，是一家全球性微生物技术研究开发应用企业，也是全球复合微生物菌剂的最大供应商。主要从事微生物技术在工农业产业废弃物的再生处理，大气污染、水质污染、垃圾处理、农业种植养殖、土壤修复等方面的环境净化处理，以及微生物技术在健康医疗领域的研究及应用。

（二）国内研发力量概况

上海交通大学。与自然资源部第二海洋研究所积极合作共建上海交通大学海洋学院，组建了物理海洋、化学海洋、深海生物、海洋生态和海洋技术等多个跨学科研究团队，致力于开展海洋综合过程观测、全球气候变化、深海生命过程、潜水器、水下观测技术及智慧海洋环境观测系统等领域的研究。

厦门大学。在海洋与地球学院下设海洋生物科学与技术系、海洋生物多样性与全球变化实验室，联合集美大学、自然资源部第三海洋研究所、福建省水产研究所以及 10 多家省内龙头企业共同组建并培育海洋生物资源开发利用协同创新中心，着力于海洋生物活性物质开发利用、海洋生物遗传育种与健康养殖、海洋生物资源高值化利用与食品安全、深海生物资源开发以及海洋污染控制与生物资源养护等五个重点领域的研发和成果转化。

浙江大学。海洋学院内下设海洋生物与药物研究所，海洋资源与能源开发技术是其主要研究方向之一，重点针对海洋药物微生物资源开发、海洋微生物功能基因挖掘和海洋环境监测与修复开展相关科学研究。承担国家重点研发计划"深海关键技术与装备"、"海洋环境安全保障"重点专项等国家项目，设计并研制了一款可搭载独立工作系统的深海实验生态系统时间序列原位观测装置。

中国海洋大学。海洋和水产学科特色显著，下设海洋生命学院、海洋生物多样性与进化研究所，2020 年教育部正式批复中国海洋大学"深海圈层与地球系统前沿科学中心"立项建设。牵头承担国家重点研发计划"深海关键技术与装备"重点专项"海洋生物资源的高值化利用技术与健康功能新产品的研发"等项目。

中国科学院海洋研究所。下设深海极端环境与生命过程研究中心,将海山、热液及冷泉等典型深海系统作为主要研究对象,开展地质过程—化学过程—生物过程综合性研究。研究方向包括深海极端环境生物多样性,深海特殊生命过程及其对极端环境的适应机制,极端环境下水体、沉积物等微生物参与的生物地球化学过程,深海极端环境的长周期观测设备及原位环境探测技术装备研发等等。组建了深海微生物/原代细胞分离培养系统、深海大生物模拟养殖系统、深海功能基因表达验证平台、模拟深海原位养殖系统、保真取样系统。在有关万米水深钩虾、深海贻贝、深海热液食物网构建、深海极端生态系统(热液、冷泉)原位定量观测体系等方面获得研究进展。

中国科学院南海海洋研究所。设有热带海洋环境国家重点实验室、中国科学院热带海洋生物资源与生态重点实验室、中国科学院应用海洋学实验室、中国科学院海洋微生物研究中心等。拥有广东大亚湾海洋生态系统国家野外科学观测研究站、海南三亚海洋生态系统国家野外科学观测研究站、西沙海洋环境观测研究站、湛江海洋经济动物实验站、汕头海洋植物实验站和南沙海洋生态环境实验站。重点学科领域包括热带海洋环境动力与生态过程、热带海洋生物资源可持续利用与生态保护和海洋环境观测体系及其关键技术等,有热带海洋生态系统结构与生态过程、海洋生态环境变动与生态安全、海水健康增养殖生物学理论与技术、热带海洋生物活性与功能物质的利用原理与途径等多个研究方向。

中国科学院深海科学与工程研究所。开展与海洋生物相关的深海科学问题研究,以及深海生物资源探测技术与系统、深海低温高压及高温高压体系的生物学实验模拟技术、深海科学研究和深海资源开发的作业装置和工具(各类保真采样、原位监测与实验技术及装置)等深海工程技术研究。下设深海生物学研究室、深海极端环境模拟研究实验室、深海资源开发研究室。深海生物学研究室主要聚焦于研究海洋(微)生物的分类、分布等生态学特征,海洋生物生长、发育、生理、生化以及遗传特征,探索海洋生命的起源与演化,进而阐明海洋中发生的各种生物学现象及其变化规律。承担国家重点研发计划"深海关键技术与装备"重点专项"深海生物功能基因原位检测与传感系统研制"项目,联合其他单位研发多序列原位核酸收集装置、深海原位紫外拉曼化合物探测装置、深海蓝绿激光厘米量级生物三维成像装置、深海显微成像装置和深海原位微生物计数和荧光检测等设备,以及深海微生物原位富集与固定取样器。

自然资源部第二海洋研究所。主要开展与海洋资源、环境、生态的调查、监测与探测相关的科学研究、技术研发与应用推广，开展海洋生态预警监测、保护修复和海洋防灾减灾的科技支撑工作，以及大洋（深海）、极地资源环境的调查研究和技术研发，承担国际海底资源的勘查、评价与开发。在邻近我国的西北太平洋海域首次构建了中国 Argo（Array for Real-time Geostrophic Oceanography）大洋观测网基础平台，开创了我国对该海域 0 ~ 2000 m 水深内温度和盐度的长期、高分辨率和大范围的实时监测业务。

自然资源部第三海洋研究所。是国家重点研发计划"深海关键技术与装备"重点专项"深海热液区生物资源研究与应用评价"等多个深海生物资源项目的主要承担单位，拥有深海长期生态观测技术装备研制、深海高温高压模拟培养、微生物菌种库、海洋活性化合物库等海洋微生物资源调查与开发利用平台，研究领域涉及深海（微）生物及基因资源调查、深海（微）生物资源潜力评估与应用开发、重要海水养殖生物遗传资源的应用基础研究。2008 年成立了中国大洋深海生物及其基因资源研究开发中心。2005 年建立了我国第一个海洋微生物菌种资源共享平台——中国海洋微生物菌种保藏中心。

华大集团。通过基因检测等手段，为医疗机构、科研机构、企事业单位等提供基因组学类的检测和研究服务。2018 年，深圳华大生命科学研究院与中国科学院深海科学与工程研究所签署战略合作协议，支持海南深海科创中心建设，共建深海生命研究院，共同发起国际深海生命科学计划，配合深海科学与工程研究所开展深海生物研究项目，建立世界领先的深渊生命跨学科体系。

第六章

深海油气与矿产资源开发
科技创新格局发展趋势

　　深水油气资源开发是近年全球油气勘探热点及增储上产的主力来源。深海油气及矿产资源开发主要包括深海油气资源开发、天然气水合物开发及深海矿产开发。深海油气资源开发包括深海油气勘探、钻井、开发、工程装备和安全保障技术。其中，深海油气勘探主要指海洋地震勘探技术。深海油气钻井主要基于半潜式钻井平台和钻井船。深海油气资源开发根据载体平台不同可分为三种主要模式：一是浮式平台（包括半潜式、张力腿式和单柱式）+水下生产系统（SPS）+海底管线；二是浮式生产储卸装置（FPSO）+水下生产系统（SPS）+海底管线；三是浮式液化天然气船（FLNG）+水下生产系统+海底管线模式。深海油气工程装备主要包括物探装备、深海钻采平台及辅助装备、海洋浮式结构物、水下工程装备、深海运载与作业装备等。深海油气工程安全保障指在深海油气勘探开发过程中的安全保障模拟、监测、管理等技术。天然气水合物开发技术包括天然气水合物勘探、开采技术。海域天然气水合物勘探主要依靠地震勘探、电磁勘探、热流勘探、测井技术等地球物理勘探方法，以及稳定同位素法等地球化学勘探方法，确定天然气水合物的赋存位置，进而估计饱和度、评价和估算资源量。天然气水合物开采主要有降压法、加热法、二氧化碳置换法、注入化学抑制剂法、固态流化开采等方法。深海矿产资源开发主要包括勘探、开采、选冶以及环境治理等。深海矿产资源勘探主要利用电磁勘探、地震勘探、地球化学勘探等方法，深海矿产资源开发主要包括海底多金属结核、多金属硫化物、富钴结壳、深海稀土等资源的开发，深海矿产资源选冶集中在对矿产资源中金属元素的选冶，环境治理主要研究深海矿产资源开采可能引发的环境风险以及对深海底栖生物多样性影响等。

第一节　深海油气与矿产资源开发研发概述

一、总体评价

深海油气与矿产资源开发领域主要海洋国家总体评价结果显示，美国在研发引领和研发力量方面具有绝对优势，我国在研发规模和研发增速方面表现突出，挪威、英国和法国等老牌海洋强国在研发竞合、研发引领方面具有明显优势，新兴海洋国家中印度和俄罗斯表现出较高的研发增速（表6–1）。

美国总体实力最强。在深海油气与矿产资源开发领域5个一级指标中，研发引领和研发力量居全球首位，研发竞合和研发规模处于全球领先水平。12个二级指标中5项居首位，ESI论文全球占比高达44.0%，PCT专利全球占比27.1%，发明授权专利平均被引次数高达26.2次/项，基础研究机构和技术开发机构数量全球占比分别为22.9%、35.0%，论文合著合作网络中心度达93.9%。根据研发前沿分析显示，美国基本覆盖了全部基础研究和技术开发方向。在基础研究热点前沿方向中，美国在天然气水合物勘探与储量评估、天然气水合物与气候变化、深海油气开发与生态环境3个技术方向引领优势明显。技术开发热点前沿中，美国在深海油气资源的勘探、钻井、钻井平台、水下生产系统，天然气水合物钻井以及深海矿产采集装备等方向优势明显。美国在深海油气与矿产资源开发领域科研机构众多且极具影响力，SCI发文数量超过50篇的机构有12家。同时，美国在该领域拥有一批全球领先企业，PCT专利数量排名前100的机构中，美国有35家。SCI论文合著网络分析显示，美国与超过90%的国家有合作关系，是全球深海油气与矿产资源开发领域科研合作网络的中心节点。专利海外布局分析显示，美国超过75%的专利布局在世界知识产权组织、欧洲专利局、巴西、加拿大等海外市场，且在海外市场中美国的专利数量远超其他国家，具有强大的技术竞争能力。

中国在深海油气与矿产资源开发领域研发规模和研发增速居全球首位。2011～2020年中国SCI论文数量、有效发明专利数量全球占比分别为27.0%、38.6%，为全球SCI论文和发明专利的最大贡献者。SCI发文量和发明专利申请数量近10年年均增速分别为20.6%、21.0%，研发保持快速增长趋势。在研发力量方面，中国基础研发机构和技术开发机构数量占比仅次于美国，分别为18.1%和10.0%，但美国技术开发机构主要为企业，而中国以高校和科研机构为主。在研发引领方面，中国ESI论文数量仅次于美国，主要集中在天然气水合物开发方向。PCT专利数量全球占比5.8%，排名第5位。中国在研发竞合方面综合排名第13位，国际SCI论文合著网络中心度为79.6%，与意大利、荷兰等国家相近，但海外专利布局不足10%。

英国、挪威、法国等老牌海洋强国在研发竞合和研发引领能力方面表现较强。其中，**英国**研发增速仅次于中国，SCI发文增速达15.1%。研发引领排名第5位，基本覆盖了深海油气与矿产资源开发领域全部基础研究热点，在深海油气开发与生态环境、天然气水合物与气候变化和深海矿产资源开发对环境影响等方面的论文影响力较高。在技术开发热点前沿中，主要集中在深海油气资源开发和天然气水合物开发方向，其中在深海油气钻井、天然气水合物勘探技术等方向的专利影响力较高。研发竞合排名第7位，国际论文合作网络中心度为91.8%，有效发明专利平均布局国家或地区为4.3个/项，均处于较高水平。**挪威**专利指标位居全球前列。其中，PCT专利数量全球占比达12.8%，有效发明专利被引次数24.3次/项，均排名第2位，技术开发主要集中在天然气水合物勘探、深海油气勘探、钻井、水下生产系统等领域。近90%的专利布局在世界知识产权组织、美国、巴西、澳大利亚及加拿大等国家和地区。同时在深海油气工程风险分析与安全保障、天然气水合物与气候变化的关系等基础研究热点前沿方向具有较高影响力。**法国**研发引领能力排名第 3 位。其 ESI 论文数量和 PCT 专利数量占比分别为 10.0% 和 8.1%，每件有效发明授权专利被引次数为 19.0 次 / 项，SCI 论文篇均被引频次 17.3 次 / 篇，均处于较高水平。基础研究热点主要集中在深海油气、天然气水合物和矿产资源开发对环境的影响等方向。技术开发主要集中在海上油气平台、水下生产系统、天然气水合物勘探等方向。近 90% 的专利布局在世界知识产权组织、美国及欧洲专利局等。**德国**反映基础研究水平的论文指标处于较高水平。SCI 篇均被引次数 19.3 次 / 篇，居首位，ESI 论文数量全球占比 18%，排名第 4 位。基础研究主要集中在天然气水合物开发和深海矿产资源开发方向，特别是在天然气水合物与气候变化的关系、深海矿产资源开发对环境影响两个方向论文影响力较高。**俄罗斯**从 SCI 论文和发明专利公开数据来看，研发增速表现较好，近 10 年 SCI 发文量和发明专利申请量出现明显增长，年均增速分别为 5.8%、9.1%。在深海油气资源开发、天然气水合物开发和深海矿产资源开发三个方向均有基础研究布局，技术开发专利布局数量较少。**日本**在研发引领、研发力量、研发规模等方面表现相对较好。研发主要集中在天然气水合物开采试采、天然气水合物勘探与储量评估、深海矿产资源勘探开发等基础研究方向，以及海上油气平台、天然气水合物勘探技术、钻井技术等技术开发方向。

巴西、印度等新兴海洋国家在深海油气与矿产资源开发领域的研发增速表现较好。**巴西**在深海油气与矿产资源开发方面具备一定的实力，近 10 年 SCI 发文年均增速为 13.9%，处于较高水平。研发主要布局在深海油气开发与生态环境、水下生产系统、钻井平台等基础研究和技术开发方向。在研发竞合方面，近 80% 的专利布局在美国、世界知识产权组织、欧洲专利局、英国及挪威等海外市场，在新兴海洋国家中专利海外市场布局意识最强。**印度**研发增速处于较高水平，近 10 年 SCI 发文增速和发明专利申请年均增速分别为 10.3%、5.2%。ESI 论文数量占比为 12%，SCI 篇均被引次数 12.5 次 / 篇，其在天然气水合物勘探与储量评估、天然气水合物开采试采、深海矿产资源勘探开发等基础研究方向有一定布局和影响力。**韩国**研发规模居第 5 位，其中有效发明专利数量占比为 8.9%，仅次于中国和美国，但 2014 年后其发明专利数量急剧减少，导致研发增速表现一般。研发主要集中在天然气水合物勘探与储量评估、天然气水合物开采试采等基础研究方向，以及海上油气平台、液化天然气储运、深海矿产勘探、深海采矿系统等技术开发方向。

表6-1 深海油气与矿产资源开发领域主要国家科技创新能力一级评价指标得分

国家	研发引领	研发力量	研发规模	研发增速	研发竞合
美国	100.0	100.0	86.9	20.6	77.7
中国	38.7	53.8	100.0	100.0	38.7
挪威	60.0	17.9	21.5	18.3	100.0
法国	54.1	21.4	13.6	27.1	95.2
加拿大	53.7	9.6	10.2	10.5	65.5
英国	53.2	26.3	21.0	50.3	82.3
澳大利亚	39.6	8.7	9.3	38.7	93.5
德国	39.1	18.8	16.2	15.8	87.7
日本	39.0	8.9	12.5	7.2	48.9
荷兰	35.7	10.4	6.2	39.0	83.1
意大利	29.0	7.5	6.2	25.2	92.4
俄罗斯	12.1	7.2	6.2	37.2	31.7
巴西	32.2	11.0	9.7	32.9	62.3
印度	20.2	6.1	5.2	34.7	40.9
韩国	19.6	13.0	18.7	6.8	28.9

二、深海油气资源开发概述

全球已普遍进入深水油气开发阶段，深水油气产量日益增大。海上油气勘探新发现项目平均作业水深已超过500 m，重点成熟海域部分深水项目盈亏平衡点已降至40美元以下。2020年，全球海上共发现油气田65个，合计可采储量14.4亿吨油当量，占全球新增总储量的74.6%，高于2019年的68%，圭亚那盆地、黑海盆地、桑托斯盆地位列海上盆地油气可采储量前三。截至目前，世界深水钻井的最深纪录为水深3628 m，水下油气开采的最深作业纪录为水深2943 m。近年来主要国家深海油气田勘探开发情况见表6-2。

表 6-2 2016 年以来主要国家探明深海油气田情况

国家	机构名称	勘探区域	水深（m）	储量（油当量）
美国	埃克森美孚公司（Exxon Mobil）	圭亚那 Stabroek 区海域 Yellowtail 油田	1695	0.56 亿桶
		圭亚那 Stabroek 区海域 Tilapia 油田	1783	0.45 亿桶
		圭亚那 Stabroek 区海域 Haimara 油田	1460	0.35 亿桶
		圭亚那 Stabroek 区海域 Longtail 油田	1940	5.3 亿桶
		圭亚那 Stabroek 区海域 Ranger 油田	2735	4.7 亿桶
		塞浦路斯海域 Glaucus 天然气田	2063	1.07 亿桶
	康菲石油公司	挪威海 Heidrun 油田东北 Slagugle 区	2179	0.75 ~ 2 亿桶
		挪威海 Skarv 油田西南部天然气田		尚未探明
	雪佛龙公司	墨西哥湾海域 Ballymore 油田	1992	5.46 亿桶
法国	道达尔公司（TOTAL）	南非莫塞尔湾海域 Brulpadda 凝析油、天然气田	1432	0.34 亿桶
荷兰	皇家壳牌石油公司（Shell）	美国墨西哥湾深水区发现 Blacktip 油田，Great White、Silvertip 和 Tobago 油田已投产	8960	约 2 亿桶
英国	英国石油公司（BP）	非洲西北部毛里塔尼亚海上 C8 区块比拉拉地区天然气田	2510	2.16 亿桶
	图洛石油公司（Tullow）	圭亚那海域 Jethro、Joe2 个油田	*	2 亿桶
意大利	埃尼集团（Eni）	塞浦路斯海域 Calypso 天然气田	2074	6.72 亿桶
		安哥拉近海的 Agogo 油田	1636 ~ 4450	6.5 亿桶
		挪威巴伦支海 Goliat 油田	*	1.74 亿桶
挪威	Equinor 能源公司	挪威巴伦支海的 Johan Castberg 油田 Sputnik 油田	*	6.5 亿桶
俄罗斯	俄罗斯天然气工业股份公司	喀拉海亚马尔半岛附近卡拉海的 Dinkov（丁科夫）和 Nyameskoye（尼亚梅斯科耶）两个天然气田	*	17.5 亿桶
巴西	巴西国家石油公司	巴西里约热内卢州海岸近 200 公里 Buzios 盐下油田、Tupi 和 Sapinhoa 油田	5540	尚未探明
中国	中国海洋石油公司	英国北海中部海域 Glengorm 油田	5056	2.5 亿桶

＊：缺少数据

美国。在深海油气资源开发方面，美国的开发模式以单柱式（SPAR）平台为基础，主要有两种实现形式，分别为 SPAR+ 干式进口 + 海底管线,SPAR+SPS+ 海底管线。其适用水深为 600~3000 m，目前最大的应用水深为墨西哥湾 2450 m 的 Perdido 深水油气田。Perdido 深水油气田是世界上最深的 SPAR 平台，水深 2450 m，Perdido 船体是由 Technip 在芬兰 Pori 建造的，顶部由 Alliance Engineering 公司设计、Kiewit Offshore 公司建造，产量为每天 100 000 桶石油当量。

巴西。 作为世界深水、超深水石油资源最丰富、产量最高的国家，自 20 世纪 80 年代末开始，巴西制定了 PROCAP（The Deepwater Technology Program）深水技术发展计划等阶段性发展计划，进行深水、超深水技术研发，分三个阶段分别形成 1000 m、2000 m、3000 m 水深海洋油气技术开发能力，2006 年原油自给中，深水贡献率达到 70%。巴西深海油气资源开发以浮式生产储卸油轮（FPSO）为基础的开发模式，主要实现形式为 FPSO+SPS+ 穿梭油轮、FPSO+SPS+ 海底管道，适用水深为 30 ～ 3000 m，目前最大的应用水深为墨西哥湾 2900 m。Stones 油田位于墨西哥湾沃克岭（Walker Ridge）地区的 508 区块，距离美国路易斯安那州新奥尔良市海岸约 322 km，拥有世界上最深的 FPSO Turritella 号，也是世界上最深的油田开发项目，水深 2900 m，位于墨西哥湾。据估计，Stones 油田可容纳超过 20 亿桶石油当量。FPSO 方案解决了基础设施不足、海床复杂性和独特的油藏特征等问题。

中国。 在深海油气资源勘探方面，中国深海石油资源主要集中在南海海域，石油探明地质储量占总探明地质储量的 99%。天然气资源主要集中在东海、珠江口、琼东南、莺歌海 4 个盆地，占总资源量的 86%；天然气勘探开发主要集中在上述 4 个盆地，天然气探明地质储量占总探明地质储量的 76%。在勘探技术方面我国创立了一整套 "本土化" 的海域油气勘探技术体系。例如，由射线追踪、波动方程照明（三维）和能量分布等表征地震波在目标层的三维传播特性，研发了采集设计技术，指导地震采集，解决了以往复杂构造区地震成像差的问题，大大提高了构造成像的精确程度；突破了地震勘探频带宽度限制和难以获得低频信息的世界难题，自主研发了国内领先、国际先进的海洋 "犁式" 宽频地震采集系统，地震频带达到 5 个倍频程，实现了产业化生产。建立了高温高压钻井和深水钻井作业技术体系，实现了国内首个海上高温高压气田的安全高效开发，发展了深水探井高效钻井技术，单井建井周期从 64.5 天降低至 34 天，钻井成本从 6 亿元降为 2.3 亿元。在深海油气资源开发方面，目前我国对南海油气开发刚刚起步，主要着眼于 500 m 以下油气田开发，主要的开发模式为 FPSO、海底管道、水下生产系统的组合，主要装备需求类型为导管架、拖航下水驳船、拖轮、工作船、供应船、穿梭油轮等。主要开发方式有半潜式平台 + 水下井口 + 海底管道（输送到 FPSO）+FPSO+ 穿梭油轮（半潜式生产平台实现开采功能，FPSO 实现油田产出物的预处理和储存，穿梭油轮实现原油外输）、水下生产系统＋海底管道（输送到FPSO）+FPSO+ 穿梭油轮（周边水下井口实现开采功能，FPSO 实现油田产出物的预处理和储存，穿梭油轮实现原油外输）以及水下生产系统＋海底管道 +FLNG。

三、天然气水合物开发概述

1965 年，苏联在西伯利亚的永久冻土中首次发现天然产出的天然气水合物。1971年，美国在其东海岸大陆边缘利用地震反射剖面发现了具有水合物标志的 BSR（拟海底反射层）。1979 年，国际深海钻探计划（DSDP）在大西洋和太平洋中直接发现了海底天然气水合物，由此揭开了人类全面进行陆地及海洋天然气水合物调查研究的序幕。20 世纪 70 年代以来，美国、日本、俄罗斯、德国、印度、中国、韩国等国家相继开展海域天然气水合物调查研究和开采试验，先后在俄罗斯梅索亚哈冻土区（Messoyakha）、加拿大马里克冻土区（Mallik）、美国埃尔伯特山冻土区（Mt Elbert）、日本海槽海域（METI）以及中国南海神狐海域（SHSC）等 5 个区域开展天然气水合物试开采（表 6–3）。

表 6–3　主要国家天然气水合物探查及试采列表

国家	代号	地域	目的	主要进展与成果	时间
俄罗斯	Messoyakha	俄罗斯西北部西伯利亚冻土区	商采	利用降压法和注入甲醇、氯化钙等化学抑制剂等方法开采	1969 年
美国等	ODP 164	太平洋布莱克海台	勘探	发现大量饱和度较低的分散型水合物	1995 年
	ODP 204	太平洋俄勒冈外海	勘探	发现层状、结核状、脉状水合物	2002 年
	Eileen	阿拉斯加北坡 Mount Elbert	试采	采用 CO_2–CH_4 置换法试采，30 天累计产气 2.8 万立方米	2012 年
加拿大、日本、美国	Mallik	加拿大北部马利克站位	试采	先后利用热注入法、降压法实现连续稳定产出	2002 年、2007 年、2008 年 3 次试采
美国、加拿大等	IODP311	太平洋加拿大西海岸	勘探	发现层状、结核状、脉状水合物	2005 年
印度	NGHP01	印度洋 KG 盆地以及安达曼群岛附近海域	勘探	水合物大多数以裂缝充填型赋存与细粒沉积物中	2006 年
	NGHP02	印度洋 KG 盆地以及安达曼群岛附近海域	勘探	确定 KG 盆地的粗粒富砂质沉积中存在高饱和水合物	2015 年

国家	代号	地域	目的	主要进展与成果	时间
韩国	UBGH-1	日本海（韩国称为东海）郁陵盆地	勘探	发现层状、分散状、脉状水合物	2007年9～11月
	UBGH-2	日本海（韩国称为东海）郁陵盆地	勘探	数据显示地层含有高质量的水合物砂质储层	2010年7～9月
日本	METI	日本南海海槽渥美海丘	勘探试采	采用直井降压法，6 d累计12万 m^3 天然气	2013年
	—	日本南海海槽渥美海丘	勘探试采	AT1-P3井持续试采12 d，AT1-P2井持续24 d	2017年5月
中国	GMGS-1	南海神狐海域	勘探	发现分散状水合物	2007年
	GMGS-2	南海珠江口以东海域	勘探	发现层状、分散状、块状、结核状、脉状水合物	2013年
	SHSC	南海神狐海域	试采	完成连续试采60 d，累计30.9万 m^3 天然气	2017年5月
	—	南海神狐海域	试采	采用深海浅软地层水平井钻采技术，完成30 d试采，产气总量86.14万 m^3，日均产气量2.87万 m^3，	2020年2～3月

美国。在天然气水合物资源勘探技术方面，由美国主导的大洋钻探计划（ODP）是世界上完成海洋天然气水合物钻探取样调查评价次数最多的国际机构，先后完成多个航次的天然气水合物钻探取样调查评价工作。2009年5月，美国国家天然气水合物研发计划下属的墨西哥湾天然气水合物联合工业项目（JIP）历时21 d完成第二航次，首次在天然气水合物钻探中应用三维图像技术，并在 Walker Ridge 313 区块完成天然气水合物创纪录钻孔深度3500英尺，在钻探的3个站位中，发现2个站位中具有高饱和度的天然气水合物砂层，证实墨西哥湾储存性能良好的砂层中具有天然气水合物。2009年9月，美国海军研究实验室与美国能源部下属的美国国家能源技术实验室、荷兰皇家海洋研究所等机构，共计32位科学家组成的团队共同协作，完成北极波弗特海天然气水合物考察，研究内容包括地球物理、地球化学、沉积物和水体微生物等多个专业领域，评估天然气水合物扩散的空间变化以及控制因素，对由于天然气水合物失稳导致的分解对大气环境的影响进行数值模拟，同时对释放有机气体总量的控制机制进行分析。在天然气水合物开发技术方面，作为最早建立国家天然气水合物研发计划的国家之一，天然气水合物开发是美国近年深海油气与矿产资源开发领域的重点，美国能源部2020财年联邦预算申请中，用于水合物计划的经费由2019财年的350万美

元增长至 870 万美元。20 世纪 80 ～ 90 年代，美国能源部组织开展天然甲烷水合物埋藏分布和物理/化学性质研究，2000 年美国参议院通过天然气水合物研究与开发法案，2006 年和 2013 年先后发布两版天然气水合物研发路线图。

日本。在天然气水合物资源勘探技术方面，从 1995 年开始，日本经济贸易及工业省启动日本第一个大型的天然气水合物研究计划，受到日本能源企业的资助，每年投入达 60 亿日元经费，其中日本石油公团占 75%，其他 10 家石油公司占 25%，该计划集中 20 多个机构、200 多位科学家参与天然气水合物的调查研究。2004 年 1 ～ 5 月，日本在其南海海槽再次租用"决心号"深水钻井船，在水深 772 ～ 2033 m 进行大规模的海洋天然气水合物取样钻探施工，完成了 32 个天然气水合物钻探取样孔，对该海域水合物资源进行全面调查评价，并进行开采试验研究。在天然气水合物开发技术方面，2013 年，日本在其南海海槽进行了全球首次海洋天然气水合物试采，采用直井降压法成功生产天然气约 12 万立方米，由于大量出砂被迫终止试采。2017 年 5 ～ 6 月，日本在首次试采的附近海域实施第二次试采，解决了首次试采中遇到的气水分离、出砂等技术问题，确保了为期数周的持续产气。第二次试采也遇到了一些新问题，包括实际与预测产气情况之间的差异、没有观测到稳定压力下产气率增加趋势等。

印度。在天然气水合物资源勘探技术方面，2006 年印度执行国家天然气水合物计划（NGHP）并在其东部陆架海域完成第一航次任务，主要实施天然气水合物大洋钻探、取芯、测井及分析研究工作，并对印度大陆边缘的区域地质背景以及天然气水合物的存在特征进行评估。航次共调查 21 个站位，对 12 个钻孔进行随钻测井，对 13 个钻孔进行电缆测井。2015 年印度雇用日本大型钻探科考船"地球号"继续在印度东部海岸进行 NGHP 第二航次任务，主要实施目的是为远期天然气水合物试采选定砂质储层中的高饱和度天然气水合物。该航次的前两个月主要进行随钻测井作业，共钻了 25 个钻孔并实施测井；后 3 个月则对最具资源远景的 10 个站位进行取芯作业，经过共 5 个月的连续现场作业。该航次被认为是印度实施国家计划以来最全面的一次天然气水合物调查。

韩国。在天然气水合物资源勘探技术方面，1996 年，韩国第一个天然气水合物项目启动，由韩国地球科学与矿产资源研究院组织实施。1997 ～ 1999 年，在韩国东海（日本海）郁陵盆地西南部开展了基础地质调查和研究工作，并于 1998 年首次在郁陵盆地发现海底模拟反射层。2000 ～ 2004 年，为确定韩国东海天然气水合物的潜力及分布，以及掌握天然气水合物开发的基本技术，开展了区域地球物理调查及地质和试验研究。2007 年 9 月 20 日至 11 月 17 日，韩国开展针对郁陵盆地的第一次天然气水合物钻探航次（UBGH-1），确定了该盆地天然气水合物的赋存。2010 年 7 月 7 日至 9 月 30 日，开展针对郁陵盆地的第二次天然气水合物钻探航次（UBGH-2），一方面在郁陵盆地中选择试采钻位，另一方面评估该盆地的资源潜力。

中国。在天然气水合物资源勘探技术方面，我国海域天然气水合物调查与勘查评价研究主要经历了 1995 ~ 1998 年调研及预研究、1999 ~ 2001 年海洋地质调查评价及勘查研究、2002 ~ 2010 年勘查评价与综合研究，以及 2011 年后的勘查评价与探索性及试验性试采等 4 个重要阶段。随着我国主要海域的天然气水合物勘探进入详查和开采阶段，对深海天然气水合物矿体空间分布的探查精度要求显著提高，为此，在国家重点研发计划支持下，组织开展了天然气水合物高分辨率三维地震勘探技术等天然气水合物勘探开发核心技术、装备研究，以及核心装备自主化需要的共性关键技术研发。2019 年 10 月至 2020 年 4 月，中国地质调查局在南海水深 1225 m 的神狐海域进行了第二次天然气水合物试采，采用水平井开采技术，突破了钻井井口稳定性、水平井定向钻进、储层增产改造与防砂、双管注液控压等一系列深水浅软地层水平井技术难题，建立多参数的大气、水体、海底、井中"四位一体"环境监测体系，实现连续产气 30 d，日产气 $2.87 \times 10^4 \, \mathrm{m}^3$，是首次试采日产气量的 5.57 倍。

四、深海矿产资源开发概述

近几十年来，人类在深海矿产资源勘探、开采、选冶、深海环境监测以及开发支撑技术等方面开展大量工作。其中对深海结核的采集和输送技术研究始于 20 世纪 70 年代，美国、日本等国进行了大量的深海原位开采试验。在这一阶段，先进国家验证了深海多金属结核采矿技术上的可行性，打通了采矿系统的流程，形成了海底集矿机采集、管道输送和水面采矿船组成的深海采矿系统。20 世纪 80 年代到 21 世纪初期，深海采矿技术发展缓慢，先进国家基本放弃多金属结核采矿系统的海上试采试验，转而开展深海硫化物和富钴结壳的采集技术研究。这一时期随着越来越多的国家介入深海资源开发事务，国际上对深海采矿可能引起的环境问题也存在担忧，成立了国际海底管理局（ISA）等相关国际组织，先后制定深海多金属结核、富钴结壳、多金属硫化物勘探规章，使得深海矿产资源开发逐步从无序到有序。许多新兴国家出于长远考虑，纷纷加大对深海矿产资源开发的研究，以便在新一轮的蓝色圈地运动中，获取更多利益（表 6-4）。

表6-4 世界主要国家深海矿产资源开发历程

国家	机构名称	时间（年）	试验内容	水深（m）
美国、德国、日本、加拿大	海洋管理公司	1978	多金属结核海试	5500
美国和比利时	海洋矿业协会	1978	多金属结核海试	4570
美国和荷兰	海洋矿产公司	1979	多金属结核海试	5000
德国	普罗伊萨格公司	1979	多金属软泥试采	2200
俄罗斯	莫斯科地质勘探学院	1990	水力提升系统海试	79
比利时	比利时德米集团	2017	采矿车行走海试，环境评估	4571
加拿大	鹦鹉螺矿业公司	2017	采矿车带水试验	—
欧盟	可行性替代采矿作业系统项目	2017	采矿车定位导航及感知试验	—
荷兰	荷兰IHC公司	2018	采矿车行走试验	300
	荷兰IHC公司	2019	采矿车行走试验	300
印度和德国	印度海洋技术研究院、德国锡根大学	1996 2003	采矿车行走和采集试验	500
印度	印度海洋技术研究院	2006	采矿车海试	450
日本	日本多金属结核采矿系统研发项目	1997	钢丝绳和采矿机联合拖航试验	2200
	日本石油天然气金属矿物资源机构	2002	采矿车行走试验	1600
	日本石油天然气金属矿物资源机构	2012	多金属硫化物采矿车采样试验	1600
	日本石油天然气金属矿物资源机构	2017	多金属硫化物采矿车采集和水力提升试验	1600
韩国	韩国地质资源研究院	2009	输送系统海试	100
	韩国海洋科学技术院	2013	采矿车海试	1370
	韩国海洋科学技术院 韩国海洋工程研究所	2015	水力提升系统海试	1200
中国	中国大洋矿产资源研究开发协会	2001	采矿车单体湖试	135
	中国长沙矿冶研究院有限责任公司	2016	输送系统单体海试	304
	中国长沙矿冶研究院有限责任公司	2018	采矿车单体海试	514
	中国长沙矿山研究院有限责任公司	2018	富钴结壳规模取样车	2019
	中国科学院深海科学与工程研究所	2019	采矿车单体海试	2498

从 21 世纪初期至今，深海矿产资源的开发工作进入一个新的发展阶段。截至 2020 年年末，国际海底管理局在全球三大洋共核准了 30 块勘探合同区，其中多金属结核 18 个，多金属硫化物 7 个，富钴结壳 5 个。与此同时，越来越多的国际商业公司积极参与进来，特别是加拿大鹦鹉螺矿业公司、比利时 GSR 公司和澳大利亚 DeepGreen 公司等企业，以深海矿产资源商业化开采为目标，积极推进深海矿产资源勘探开发活动。

表 6-5　世界各国深海矿产勘探合同汇总

国家	承包者	勘探区域	面积 / 万千米²	生效日期	终止日期	矿产勘探类型
中国（5个）	中国大洋矿产资源研究开发协会	CC 区	7.5	2001 年 5 月 22 日	2016 年 5 月 21 日（延期 5 年）	多金属结核
	中国五矿集团公司	CC 区	7.3	2017 年 5 月 12 日	2032 年 5 月 11 日	多金属结核
	北京先驱高技术开发公司	西太平洋	7.4	2019 年 10 月 18 日	2034 年 10 月 17 日	多金属结核
	中国大洋矿产资源研究开发协会	西南印度洋洋脊	1	2011 年 11 月 18 日	2026 年 11 月 17 日	多金属硫化物
	中国大洋矿产资源研究开发协会	西太平洋	0.3	2014 年 4 月 29 日	2029 年 4 月 28 日	富钴铁锰结壳
韩国（3个）	韩国政府	CC 区	7.5	2001 年 4 月 27 日	2016 年 4 月 26 日（延期 5 年）	多金属结核
	韩国政府	中印度洋	1	2014 年 6 月 24 日	2029 年 6 月 23 日	多金属硫化物
	韩国政府	太平洋	0.3	2018 年 3 月 27 日	2033 年 3 月 26 日	富钴铁锰结壳
俄罗斯（3个）	俄罗斯海洋地质作业南方生产协会	CC 区	7.5	2001 年 3 月 29 日	2016 年 3 月 29 日（延期 5 年）	多金属结核
	俄罗斯联邦政府	大西洋中脊	1	2012 年 10 月 29 日	2027 年 10 月 28 日	多金属硫化物
	俄罗斯联邦自然资源和环境部	太平洋麦哲伦海山	0.3	2015 年 3 月 10 日	2030 年 3 月 9 日	富钴铁锰结壳
法国（2个）	法国海洋开发研究所	CC 区	7.5	2001 年 6 月 20 日	2016 年 6 月 19 日	多金属结核
	法国海洋开发研究所	大西洋中脊	1	2014 年 11 月 18 日	2029 年 11 月 17 日	多金属硫化物

续表

国家	承包者	勘探区域	面积/万千米²	生效日期	终止日期	矿产勘探类型
德国（2个）	德国联邦地质科学及自然资源研究院	CC区	7.5	2006年7月19日	2021年7月18日	多金属结核
	德国联邦地质科学和自然资源研究院	中印度洋脊和东南印度洋脊	1	2015年5月6日	2030年5月5日	多金属硫化物
大不列颠及北爱尔兰联合王国（2个）	英国海底资源有限公司	CC区	7.5	2013年2月8日	2028年2月7日	多金属结核
	英国海底资源有限公司	CC区	7.5	2016年3月29日	2031年3月28日	多金属结核
日本（2个）	深海资源开发有限公司	CC区	7.5	2001年6月20日	2016年6月19日（延期5年）	多金属结核
	日本国家石油天然气和金属矿物公司	西太平洋	0.3	2014年1月27日	2029年1月26日	富钴铁锰结壳
印度（2个）	印度政府	中印度洋海盆	7.5	2002年3月25日	2017年3月24日（延期5年）	多金属结核
	印度政府	印度洋洋脊	/	2016年9月26日	2031年9月25日	多金属硫化物
巴西（1个）	巴西矿产资源研究公司（CPRM）	大西洋里奥格兰德海隆	0.3	2015年11月9日	2030年11月8日	富钴铁锰结壳
保加利亚、古巴、捷克共和国、波兰、俄罗斯联邦、斯洛伐克（1个）	国际海洋金属联合组织	CC区	7.5	2001年3月29日	2016年3月28日（延期5年）	多金属结核
瑙鲁（1个）	瑙鲁海洋资源公司	CC区（保留区域）	7.5	2011年7月22日	2026年7月21日	多金属结核
汤加（1个）	汤加近海矿业有限公司	CC区（保留区域）	7.5	2012年1月11日	2027年1月10日	多金属结核
比利时（1个）	全球海洋矿产资源公司（G-tec）	CC区	7.5	2013年1月14日	2028年1月13日	多金属结核
基里巴斯（1个）	马拉瓦研究与勘探有限公司	CC区（保留区域）	7.5	2015年1月19日	2030年1月18日	多金属结核
新加坡（1个）	新加坡大洋矿产有限公司	CC区（保留区域）	7.5	2015年1月22日	2030年1月21日	多金属结核
库克群岛（1个）	库克群岛投资公司	CC区	7.5	2016年7月15日	2031年7月14日	多金属结核

国家	承包者	勘探区域	面积／万千米²	生效日期	终止日期	矿产勘探类型
波兰（1个）	波兰	大西洋中脊	—	2018年2月12日	2033年2月11日	多金属硫化物

美国。在深海矿产资源勘探方面，美国至今未加入《联合国海洋法公约》，而是执行其在1980年颁布的《深海海底硬矿物资源法》，由美国国家海洋和大气管理局（NOAA）批准并发放勘探许可证和开采执照，规范深海勘探、商业开采以及深海科研等深海活动。1984年，NOAA先后向以美国为首的KENNECOTT、OMI、OMA和OMCO 4个国际财团颁发勘探执照。2004年7月，美国参议院审议通过《国家海洋勘探法案》，提出优先考虑深海勘探工作。2011年，洛克希德马丁公司获得NOAA勘探许可，勘探区包括共三个区块，面积共约24.3万平方公里。在深海矿产资源开发方面，美国加利福尼亚大学于1960年提出拖斗式采矿系统。1978年，美国KENNECOTT公司在1978年完成集矿机–管道提升组成的模拟系统，并进行了陆地实验室模拟5000 m水深海况的试验。海洋采矿协会（OMA）利用运输船改装的采矿船，在大西洋进行拖曳式吸扬原理水力集矿机–气力提升采矿系统试验。海洋管理公司（OMI）利用改装的钻井船在东太平洋赤道海域进行了拖曳式吸扬原理水力集矿机–气力和水力提升采矿系统试验，试验系统包括采矿船、收放系统、提升系统、海底集矿子系统、海底与提升系统接口和仪器仪表。海洋矿业公司（OMCO）利用改装的潜艇打捞船在5000 m的海域进行自行式机械链齿挖掘–气力和水力提升采矿系统试验。

欧洲。在深海矿产资源开发方面，德国不来梅大学研制了适用水深4000 m、最大钻深能力200 m、岩芯直径67 mm的海底深孔钻机MeBo200；2017年比利时挖泥船巨头德米集团的子公司全球海洋矿产资源公司在国际海底矿区开展4500 m集矿车行走机构海上试验；2018年荷兰IHC公司在红海开展500 m集矿车海上试验；2019年比利时GSR公司在国际海底矿区开展第二代4500 m集矿系统海上试验和环境影响评估，因电缆问题推后执行；比利时GSR公司计划在2023年完成在国际海底矿区开展4500 m采矿系统联动试验，计划在2027年完成在国际海底矿区开展商业规模试开采。

日本。日本于20世纪60年代末提出连续绳斗采矿系统，于20世纪70年代初开展大量海洋试验。该系统由采矿船、拖缆、索斗和牵引机等部分组成，具有系统简单、投资少等优点，但是由于铲斗在海底无法控制，不能适应海底地形和丰度变化，致使资源损失大，工作效率低，于20世纪70年代末被放弃。20世纪80年代开展拖曳式

水力集矿机 – 管道泵水力提升采矿系统的研制，20 世纪 90 年代中期在小笠原春道群岛附近的海域进行了集矿机和扬矿装置的单体试验。2012 年 11 月，日本石油天然气金属矿物资源机构开展 1600 m 水深的多金属硫化物矿床采矿试验，2013 年 8 ～ 9 月以及 2014 年 1 月分别进行了系统改进后的海试与陆地测试，2017 年 9 月在冲绳海域成功进行了 1600 m 水深的硫化物采矿试验。

韩国。韩国海洋研究院即现韩国海洋科学技术院，自 1993 年开始从事深海矿产资源的开发研究，完成了海底采矿集矿机 – 管道提升系统的概念设计，并着重对海底集矿机的研究，完成水力机械复合式集矿机的设计、扬矿系统与集矿机运动控制的研究，以及集矿机与软管提升系统的动力学计算机仿真模拟。2009、2010 年开展集矿机 100 m 级别海试，2013 年 7 月开展 1000 m 级集矿试验系统海试，2015 年开展 1000 m 级输送系统海试，原计划 2016 年开展采矿系统整体联动试验，但因经费等原因搁浅。

中国。目前中国已初步形成 3 种资源、5 个合同区的勘探开发格局。在深海矿产资源勘探方面，中国组织开展了 50 多个航次的大洋科学调查，涉及多金属结核、多金属硫化物、富钴结壳、深海环境等多个领域。2010 年，长沙矿山研究院万步炎教授团队研制出适用水深 4000 m、钻深能力 20 m、岩芯直径 50 mm 的国内首台海底中深孔钻机。2015 年，湖南科技大学研制出适用水深 3500 m、钻深能力 60 m（已在 2017 年扩展至 90 m）、岩芯直径 62 mm 的国内首台海底深孔钻机——"海牛号"海底多用途深孔钻机。自然资源部第一海洋研究所、自然资源部第二海洋研究所、广州海洋地质调查局、青岛海洋地质研究所、中国科学院海洋研究所、浙江大学、中国海洋石油集团有限公司等海底矿产资源物化探的主要研究单位，研发了重力仪、RS–YGB6A 型磁力仪、JS08–BJ57G856T 型高精度质子磁力仪、海底电磁采集站（OBEM）、MTEM–08 海洋瞬变电磁探测系统、Bathy–2010PChirp 浅地层剖面仪和测深仪、深水高分辨率多道地震探测系统、脉冲等离子体震源、激光痕量气体和碳同位素分析仪、激光痕量气体分析仪等海底矿产资源物化勘探设备与仪器，并在海底矿产资源勘探中应用。在深海矿产资源开发方面，"十二五""十三五"期间，科技部将深海多金属结核和富钴结壳采掘与输运关键技术及装备列入 863 计划、国家重点研发计划；2016 年 7 月，长沙矿山研究院有限公司研制的深海富钴结壳采矿头在南海完成富钴结壳采掘试验，验证了螺旋滚筒采矿头采掘富钴结壳矿体的可行性；2018 年，长沙矿山研究院有限公司研制的富钴结壳规模取样器完成富钴结壳规模取样器海上试验；2018 年，中国科学院深海科学与工程研究所在中国南海海域完成富钴结壳规模采样车试验，验证了布放回收、海底矿石破碎等功能。

第二节　深海油气与矿产资源开发研发前沿

2011 ~ 2020 年，美国在深海油气与矿产资源开发领域，其研发前沿一级指标综合排名居首，ESI 论文数量、PCT 专利数量、发明授权专利平均被引次数均排名第 1 位，SCI 篇均被引次数居第 3 位。法国、加拿大、英国、德国、澳大利亚等老牌海洋强国在 SCI 篇均被引次数与发明授权专利平均被引次数均高于平均水平。我国在 ESI 数量排名第 2 位，PCT 专利数量居第 5 位，但 SCI 篇均被引次数与发明授权专利平均被引次数均低于平均值。印度、韩国等新兴海洋国家无论在总体影响力还是平均影响力上均处于较低位次，巴西的 SCI 篇均被引次数高于平均值。ESI 论文数量全球占比与 PCT 专利数量全球占比两个指标之间的差异性分析显示，美国、法国、荷兰在深海油气与矿产资源开发领域基础研究与技术开发方面均具有较高影响力，挪威、巴西则在技术开发方面具有较强实力（图 6-1）。

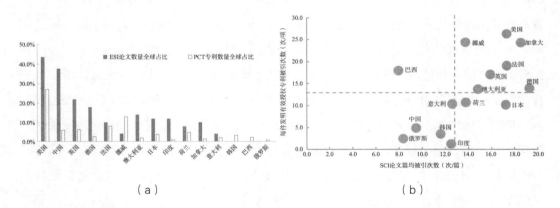

（a）　　　　　　　　　　　　　　（b）

图6-1　（a）深海油气与矿产资源开发领域主要国家ESI论文数量、PCT专利数量全球占比；
（b）深海油气与矿产资源开发领域主要国家在SCI篇均被引频次与授权发明专利平均被引次数指标
上的表现，虚线代表主要国家平均值

一、深海油气资源开发研发热点前沿

（一）基础研究热点前沿

基于 2011 ～ 2020 年深海油气资源开发领域的论文引用网络，可以看出深海油气资源开发领域基础研究主要集中在深海油气钻采风险分析与安全管理、深海油气开发与生态环境两个方向（图 6-2）。

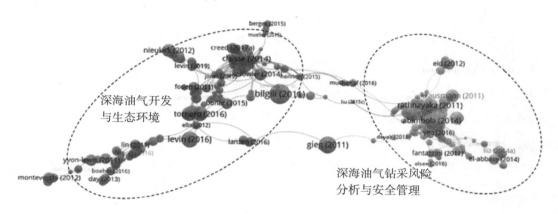

图6-2　深海油气资源开发SCI论文直接引用网络

深海油气资源开发领域 SCI 论文中被引次数排名前 1000 且存在直接引用的论文定义为核心论文。其中，深海油气开发与生态环境研究规模较大、篇均被引次数较高、平均发表年代较新（表 6-6）。

表 6-6　深海油气资源开发领域论文研究主题

序号	研究主题	核心论文数（篇）	篇均被引次数（次/篇）	平均发表时间（年）
1	深海油气钻采风险分析与安全管理	173	21.5	2015.3
2	深海油气开发与生态环境	230	22.9	2015.5

1. 深海油气钻采风险分析与安全管理

高频词和高被引新词分析显示深海油气钻采风险分析与安全管理研究热点与前沿集中在海上钻井作业、油气钻井平台、生产系统、开采设施、运输装备等风险分析、评估和安全性研究，研究方法采用机器学习、贝叶斯网络、数值模拟、有限元模型、动力学分析等。高被引论文包括钻井动态安全风险分析（加拿大纽芬兰纪念大学）、海上石油设施维护的风险建模（挪威科技大学）、贝叶斯网络深水钻井作业风险分析（澳大利亚塔斯马尼亚大学）、海底管道整体屈曲数值模拟（中国天津大学）、FLNG 平台卸载过程的动态风险（澳大利亚塔斯马尼亚大学）、LNG 液化过程中火灾和爆炸的定量风险分析（韩国首尔大学）、海底生产系统油气泄漏的模糊故障树分析（印度理工学院）等。

2. 深海油气开发与生态环境

深海油气开发与生态环境研究热点与前沿集中在油气勘探、开发对海洋生物的影响、退役油气平台转为人工礁石保护深海底栖生物、微生物多样性等。高被引论文包括加利福尼亚沿海石油平台全球生产力最高的海洋鱼类栖息地（美国西方学院、美国加州大学）、海上石油钻井平台转为人工礁石（澳大利亚悉尼科技大学）、海上油气基础设施退役方案（澳大利亚悉尼科技大学）、地震勘探中声波对海豚的影响（英国阿伯丁大学、英国国家海洋中心）、天然气平台对海洋生物的影响（荷兰海洋资源与生态系统研究所）等。

深海油气基础研究还涉及高精度勘探、提高采油率等，高被引论文包括高分辨率 3D 地震数据石油勘探（中国科学院海洋研究所）、沉积物与油气勘探和生产相关性（加拿大麦克马斯特大学）、碱性表面活性剂聚合物提高采油率（尼日利亚拉多基阿金托拉科技大学）等（表 6-7）。

表 6-7　深海油气资源开发领域研究热点与前沿

序号	研究主题	高频词	高被引新词	高被引论文方向
1	深海油气钻采风险分析与安全管理	风险 模拟 管理 安全	机器学习 动态分析 海上天然气平台	海上钻井作业风险分析 海上石油设施维护风险建模 海底管道、生产系统安全评价模拟 油气平台安全监测
2	深海油气开发与生态环境	退役 天然气平台	环境复杂性 微生物多样性 石油平台	石油平台与海洋鱼类栖息 海上油气基础设施退役方案 地震勘探中声波对海豚的影响 天然气平台对海洋生物的影响

（二）技术开发热点前沿

基于深海油气资源开发领域有效发明专利数据相关性排名前 1000 有效发明 Inpadoc 同族专利，绘制专利地图。综合专利地图、IPC 小组分类、词云分析结果，深海油气开发领域的专利主要集中在油气勘探、深水钻井、钻井平台、水下生产系统、液化天然气储运等 5 个方向（图 6-3）。

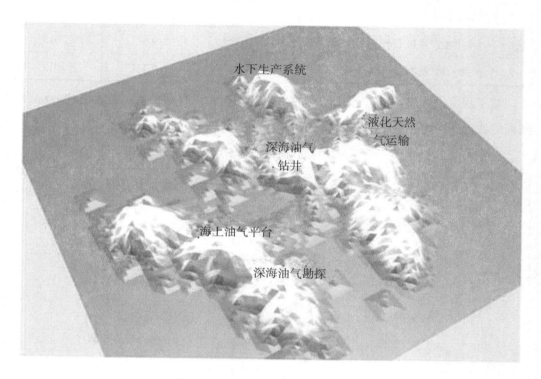

图6-3 深海油气资源开发专利地图

满足以下三项条件之一的有效发明专利被定义为重要专利：一是同族专利数量在 3 项及以上；二是专利存在质押、转移、侵权等法律状态；三是专利同族被引次数在 10 次及以上。5 个专利技术主题中，深海油气勘探平均被引次数最高、专利同族专利数量最多，海上油气平台相关专利公开规模最大（表 6-8）。

表 6-8 深海油气资源开发领域专利技术主题

序号	技术主题	重要专利公开量（项）	专利家族平均被引次数（次/项）	Inpadoc 同族专利数量（项）	平均公开时间（年）
1	深海油气勘探	36	47.6	15.7	2014
2	深海油气钻井	34	25.3	9.6	2015
3	海上油气平台	70	29.4	10.2	2013
4	水下生产系统	62	21.5	9.6	2015
5	液化天然气储运	26	21.2	6.3	2013

基于深海油气资源开发领域的有效发明专利高频词、重要专利技术方向，综合判断领域技术开发的热点和前沿趋势（表 6-9）。

表 6-9 深海油气资源开发领域技术开发热点前沿

序号	技术主题	高频词	重要专利技术方向
1	深海油气勘探	地震数据 观测系统	电磁勘探 地震勘探 地震勘测相干声源
2	深海油气钻井	深水钻井 钻井系统	定向钻井云计算 双梯度压力钻井 钻井控制系统 高压防喷器 钻井压力控制 多分支井
3	海上油气平台	浮式 半潜式 系泊	半潜式浮式海上平台 张力腿平台 TLP 单柱式平台 Spar 系泊装置 FPSO 装置
4	水下生产系统	采油树 深水立管 油气管道	立管系统 水下采油树 水下管道连接装置 柔性管
5	液化天然气储运	LNG 液化天然气 再气化	天然气液化方法 LNG 集成存储/卸载设施 FLNG/FLPG LNG 再气化

1. 深海油气勘探

深海油气勘探专利高频词为地震勘探和观测系统。重要专利涉及电磁勘探（挪威 Equinor 能源公司、挪威 PGS 地球物理公司）、地震勘测用固定式海洋振动源（法国地球物理公司）以及地震勘测相干声源（美国应用物理技术公司）等。

2. 深海油气钻井

重要专利涉及定向钻井装置的云计算方法（美国 Selman & Assoc 公司）、双梯度管理压力钻井（美国 Weatherford Technology 公司）、钻井控制系统（美国 Secure Drilling 公司）、高压防喷器（美国 Hydril 公司）、钻井压力控制（挪威 Enhanced Drilling 公司）、多分支井（澳大利亚 Woodside Energy 公司）、控制泥浆密度的钻井装置（韩国三星重工）、海上液压压裂（美国 Melior Innovations 公司）以及油井钻采感测和通信（美国雪佛龙公司）等。

3. 海上油气平台

高频词显示海上油气平台技术研发集中在浮式平台、半潜式以及系泊系统等关键装置。重要专利涉及半潜式海上平台（美国霍顿惠生深水技术公司、辛格尔浮筒系船公司），张力腿 TLP 平台（法国德西尼布公司），单柱式 Spar 平台（荷兰壳牌石油公司、法国德西尼布公司），浮力装置（意大利 Saipem 公司），单点系泊装置（日本 Modec 公司、挪威 Aker Solutions 公司），分散系泊 FPSO 装置（美国索菲克公司），海上浮动式石油生产、储存及卸载（新加坡裕廊船厂），升降式支撑船只（中集来福士海洋工程有限公司）等。

4. 水下生产系统

水下生产系统是深水油气田开发的主要模式之一，利用水下采油树、水下管汇、脐带缆、海底管道等生产、控制设备将油气就近输送到附近的固定式平台、浮式设施进行处理和外输，或直接输送到陆上终端进行处理。重要专利涉及石油 / 天然气生产系统（荷兰壳牌石油公司），水下采油树（中石化江钻石油机械有限公司），高强度铝合金海洋立管（美国美铝公司），独立式立管系统（巴西石油公司），混合立管（法国 Acergy 公司、英国海底七公司、通用电气石油公司和天然气英国有限公司等），海底柔性管（法国德西尼布公司、国民油井华高 National Oilwell 公司），海底管道连接装置、遥控连接系统（意大利 Saipem 公司、挪威国家石油公司），海底生产线中水合物管理（美国埃克森美孚公司），光纤布拉格光栅（FBG）应变传感器（美国斯伦贝谢公司），检测水下立管偏转/弯曲的曲率传感器（英国 Pulse Structural Monitoring 公司）。

5. 液化天然气储运

高频词集中在 LNG、液化天然气、再气化。重要专利涉及天然气液化方法（英国盖斯康萨特公司）、LNG 生产工厂的集成存储/卸载设施（澳大利亚 Woodside Energy 公司）、FLNG/FLPG（中国海洋石油总公司）、海上 LNG 再气化（美国埃斯马离岸公司 Exmar Offshore 公司）。

二、天然气水合物开发研发热点前沿

（一）基础研究热点前沿

2011～2020 年天然气水合物开发领域的 SCI 论文引文网络显示，近 10 年天然气水合物开发领域的基础研究主要集中在天然气水合物勘探与储量评估、天然气水合物与气候变化的关系、天然气水合物开采试采 3 个方面（图 6-4）。

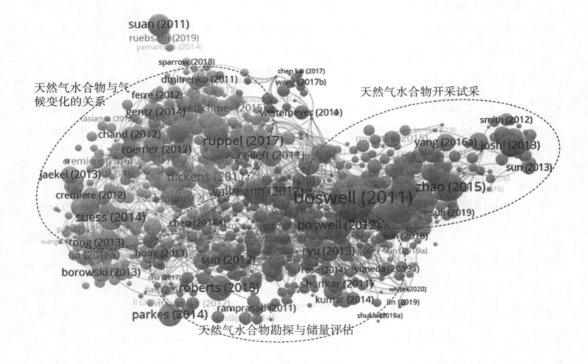

图6-4 天然气水合物开发SCI论文直接引用网络

天然气水合物领域 SCI 论文中引用次数排名前 1000 且存在直接引用的论文定义为核心论文。天然气水合物开采试采是篇均被引次数最高、平均发表年代最新、增长最快的研究方向。天然气水合物勘探与储量评估方向核心论文数量最多（表 6-10）。

表 6-10　天然气水合物开发领域论文研究主题

序号	研究主题	核心论文数（篇）	篇均被引次数（次/篇）	平均发表时间（年）	2010～2020年增长率（%）
1	天然气水合物勘探与储量评估	385	15.1	2016	8.0
2	天然气水合物与气候变化的关系	374	22.0	2015	4.3
3	天然气水合物开采试采	240	25.6	2016	15.5

1. 天然气水合物勘探与储量评估

天然气水合物资源勘探与储量评估是通过地质（钻探、取样、岩心分析等）、地球物理（地震、测井、电磁、热流、多波束、浅剖等）及地球化学等手段，探测天然气水合物目标矿体，并评估天然气水合物的性质和含量等。高频词和新词显示天然气水合物勘探集中在南海神狐海域、印度洋克里希纳－戈达瓦里盆地、美国墨西哥湾等海域，方法以地震勘探、测井、电磁等地球物理勘探法为主，海底模拟反射层为地震勘探识别标志，电磁勘探方法为地震勘测和钻井提供确定水合物饱和度的方法。高被引论文包括墨西哥湾北部的地下天然气水合物研究（美国能源部、美国地质调查局），南海神狐地区粉砂质和粉质黏土沉积物中的天然气水合物饱和度升高研究（中国科学院海洋研究所），从纵波速度和电阻率测井资料看克里希纳－戈达瓦里盆地天然气水合物的饱和度分析（加拿大国家资源局、加拿大太平洋地质调查中心），南海神狐地区岩芯、井下测井和地震资料中天然气水合物发生的地质控制研究（中国科学院海洋研究所），南极洲潜在的甲烷气藏（英国布里斯托大学），南海海峡东部天然气水合物生产的压力岩芯取样和分析（日本石油天然气金属矿物资源机构），南海北部天然气水合物的沉积特征及成藏模式（中国地质大学）等（表 6-11）。

2. 天然气水合物与气候变化的关系

天然气水合物与气候变化的关系研究主要围绕气候变化对海底天然气水合物稳定性影响以及天然气水合物失稳后甲烷释出引起温室效应对气候的影响，并可能改变海底沉积物物理性质、引起海底滑坡、对海底生物造成影响等。高被引论文包括气候变化与天然气水合物的相互作用（美国地质调查局）、北冰洋温度上升导致天然气水合物失稳和海洋酸化（德国基尔大学、德国 GEOMAR 研究所）、阿拉斯加北坡上与多年冻土有关的天然气水合物（美国地质调查局）、墨西哥湾流的最新变化导致天然气水合物失稳（美国南卫理公会大学）等。

3. 天然气水合物开采试采

高频词显示天然气水合物试采海域集中在南海、墨西哥湾、日本海等。高被引论文包括减压法（中国科学院广州科学研究院能源研究所、日本石油天然气金属矿物资源机构、大连理工大学）、二氧化碳置换法（韩国科学技术院、德国 GEOMAR 研究所）等开采方法、日本沿海世界上第一个海上甲烷水合物生产测试——未来的商业化生产（日本天然气与能源部）、天然气水合物矿床天然气生产面临的挑战（美国劳伦斯伯克利国家实验室）。

表 6-11 天然气水合物开发领域研究热点与前沿

序号	研究主题	高频词	高被引新词	高被引论文方向
1	天然气水合物勘探与储量评估	神狐海域 克里希纳 - 戈达瓦里盆地 墨西哥湾 地震数据 地层测试井 似海底反射层	电阻率 电磁测量 测井	天然气水合物饱和度评估 天然气水合物勘探 天然气水合物储量调查
2	天然气水合物与气候变化的关系	海底滑坡 气候变化 水合物解离	甲烷排放 海洋酸化 北冰洋 黑海	气候变化与甲烷水合物的相互作用 北冰洋温度上升导致天然气水合物失稳和海洋酸化 墨西哥湾流 天然气水合物失稳
3	天然气水合物开采试采	南海 墨西哥湾 日本海	水平井 数值分析 流动特性 流变学	降压法 二氧化碳置换法 商业化开采

（二）技术开发热点前沿

近 10 年天然气水合物开发领域相关 624 项有效发明专利家族数据聚类的专利地图显示，天然气水合物领域技术开发主要集中在天然气水合物勘探技术、天然气水合物开采装置和方法以及天然气水合物钻井技术 3 个方面，其中天然气水合物勘探技术方向与论文研究的热点接近（图 6-5）。

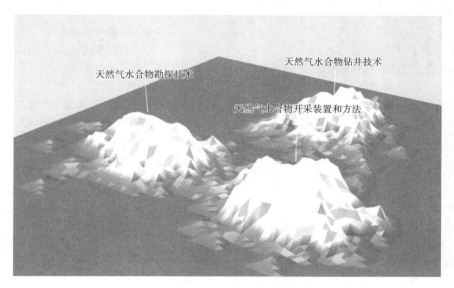

图6-5　天然气水合物开发专利地图

天然气水合物开发领域三个技术主题中天然气水合物开采装置和方法相关专利公开规模最大、平均公开年最新，天然气水合物钻井技术相关专利平均被引次数最高、同族专利数量最多（表 6-12）。

表 6-12　天然气水合物开发领域专利技术主题

序号	技术主题	重要专利公开量（项）	专利家族平均被引次数（次/项）	平均 Inpadoc 同族专利数量（项）	平均公开时间（年）
1	天然气水合物开采装置和方法	69	15.2	3.8	2016
2	天然气水合物勘探技术	61	33.6	10.6	2015
3	天然气水合物钻井技术	33	46.3	22.9	2015

结合专利地图聚类高频词、重要专利，判断天然气水合物开发领域的技术研发前沿方向（表 6-13）。

表 6-13　天然水合物领域技术开发热点与前沿

序号	技术主题	高频词	重要专利技术方向
1	天然气水合物开采装置和方法	开采 分解	水下甲烷开采装置 热激发法 降压分解开采 多方法配合原位开采 海底非成岩 固态形式 绿色开采 海洋粉砂质储层 多分支孔防砂开采
2	天然气水合物勘探技术	地震数据	电磁或地震勘测 无人遥控车辆 + 海底勘探 天然气水合物勘探系统 + 提高测量精度
3	天然气水合物钻井技术	钻井液 深水钻井	钻井系统和方法 钻头、钻具等钻井装备

1. 天然气水合物勘探技术

与论文热点类似，专利高频词显示电磁、地震勘探等地球物理勘探方法是目前最广泛使用的勘探方法。重要专利涉及电磁或地震勘测（美国斯伦贝谢）、无人遥控车辆的声学定位（韩国地质科学与矿产资源研究院）、高精度天然气水合物勘探系统（日本三菱重工）等。

2. 天然气水合物开采装置和方法

天然气水合物开采是利用其由固态分解为天然气和水的相态变化来进行的，如加热法、降压法、化学抑制剂法及 CO_2-CH_4 置换法等。热激发法是在压力变化不大的情况下，将蒸汽、热水、热盐水或其他热流体从地面泵入水合物层，或借助电磁、微波通过管柱来加热提高水合物层的温度，促进水合物分解。降压法通过调节天然气的提取速度来控制储层压力进而控制水合物分解开采，相对其他方法在海上施工较容易实现。重要专利涉及挪威阿科尔公司申请的由潜水泵和立管构成水下甲烷开采装置、哈利伯顿能源服务公司热激发升华烃类气体的自力推进式钻井装置组合件，热激化法、化学试剂催化法和 CO_2 置换法配合使用原位开采海底天然气水合物的装置及其方法（上海交通大学），海洋天然气水合物降压分解开采（大连理工大学）。中国在南海天然气水合物试采中针对泥质粉砂型水合物储层开采做了探索，重要专利有粉砂质储层多分支孔有限防砂开采（青岛海洋地质研究所）、海底非成岩天然气水合物粉碎后以固态形式与海水引射混合为气液固多相混合物流进行绿色开采（中海石油研究中心、西南石油大学）等。

3. 天然气水合物钻井技术

高频词集中在钻具、钻头。重要专利涉及管理压力/温度钻井系统和方法（韦特福特科技控股有限责任公司）、海底天然气水合物岩心保压取芯钻具（中国地质科学院勘探技术研究所）、海底天然气水合物层复合式钻头（西南石油大学）等。

三、深海矿产资源开发研发热点前沿

（一）基础研究热点前沿

基于 2011 ~ 2020 年 SCI 论文中直接引用次数排名前 1000 的核心论文数据生成引文网络，可见深海矿产资源开发领域基础研究主要集中在深海矿产资源勘探开发、深海矿产资源开发对环境的影响评价两个研究主题。深海矿产资源勘探是深海矿产资源开发利用的前提与基础，旨在利用勘探仪器设备对海洋矿产资源的海底分布、品位和丰度特征，海底宏观和微观地形等特征信息进行收集和分析，为圈定远景矿区、确定开采储量、厘清海洋地理环境等提供基础支撑与服务。深海矿产资源开发对环境影响主要研究深海矿产资源开采可能引发的环境风险以及对深海底栖生物多样性影响等（图6-6）。

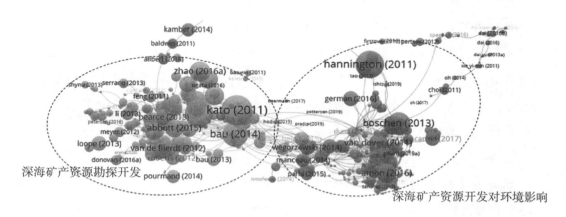

图6-6 深海矿产资源开发SCI论文直接引用网络

深海矿产资源开发领域 SCI 论文中存在直接引用的论文定义为核心论文。分析结果显示，深海矿产资源勘探开发研究起步较早，研究篇均被引次数较高。深海矿产资源开发对环境影响发表年度较新、增长较快（表 6-14）。

表 6-14　深海矿产资源开发方向论文研究主题

序号	研究主题	核心论文数（篇）	篇均被引次数（次/篇）	平均发表时间（年）	2010～2020 年增长率（%）
1	深海矿产资源勘探开发	123	18.2	2016	14.8
2	深海矿产资源开发对环境影响	186	15.4	2016	16.2

1. 深海矿产资源勘探开发

研究主要集中在多金属结核、热液硫化物、深海稀土等矿产资源的勘探和多金属结核中金属元素的选冶开发，热点区域有克拉里昂—克里帕顿（CC 区）、印度洋、大西洋中脊等。其中位于东赤道太平洋的 CC 区是最著名的富含镍和铜的多金属结核区，德国、中国、日本、韩国、法国、俄罗斯、英国、比利时等《联合国海洋法公约》缔约国与国际海底管理局签订的 18 个多金属结核勘探合同中有 17 份在 CC 区。多金属硫化物主要集中在大西洋中脊和印度洋。富钴结壳勘探主要集中在太平洋。此外，多金属结核中不仅富含 Co、Ni 和 Mo 等重要的工业生产稀有金属，其稀土元素含量也相当可观，在深海沉积物稀土资源得到广泛关注的同时，多金属结核本身的稀土资源研究也得到关注。高被引论文涉及海底硫化物矿床（加拿大渥太华大学）；太平洋克拉里昂克利珀顿结核带锰结核形成（德国地球科学与自然资源研究所 BGR）；热液硫化物矿床勘探（美国伍兹霍尔海洋研究所）；印度洋海底热液多金属硫化物勘探（中国自然资源部第二海洋研究所、中国地质大学）；深海锰结核金属酸浸（澳大利亚莫道克大学）；多金属锰结核萃取稀土金属（韩国地质与矿产资源研究院）等（表 6-15）。

2. 深海矿产资源开发对环境影响

研究主要集中在采矿对生物扰动、生物多样性影响的实验模拟，以及前期海试中形成的固体悬浮颗粒海域周围底栖生物、微生物等多样性造成危害等。高被引论文包括深海采矿管理（美国斯坦福大学）、底栖深海动物群对采矿活动的适应力（德国海洋生物多样性研究中心）、海底块状硫化物开采风险（美国杜克大学）、深海多金属结核采矿对生物扰动模拟（英国南安普顿大学）、深海采矿生物多样性损失（美国杜克大学）、深海采矿废物对生态影响（英国苏格兰海洋科学协会）等。目前国际海底区域各矿产资源勘探开发进程，未来 10 年左右极有可能进入商业开采进程，特别是多金属结核资源，开采和冶炼技术已逐步发展成熟，未来深海采矿过程必将会导致矿区内以及周边区域海洋生态系统的影响和破坏，如何降低采矿活动对深海环境的影响将直接影响着深海采矿活动的商业化进程。

表 6-15　深海矿产资源开发方向研究热点与前沿

序号	研究主题	高频词	高被引新词	高被引论文方向
1	深海矿产资源勘探开发	锰结核 深海采矿 太平洋 多金属结核 铁锰结核 铜	稀土 块状硫化物 热液口 克拉里昂—克里帕顿（CC区） 印度洋 大西洋中脊	海底硫化物矿床 锰结核形成 海底热液多金属硫化物勘探 锰结核金属元素选冶
2	深海矿产资源开发对环境影响	沉积物 微量元素 海洋沉积物 重金属 污染	悬浮沉积物 重金属污染	深海采矿管理 采矿对生物扰动模拟 深海采矿对生物多样性影响 深海采矿废物对生态影响

（二）技术研发热点前沿

深海矿产资源开发方向基于 509 项 Inpadoc 有效发明专利绘制了专利地图，结合 IPC 小组分类、专利词云结果分析，深海矿产资源开发方向的专利主要集中在深海矿产采集装备、深海采矿系统、深海矿产勘探及深海矿产选冶 4 个技术主题。其中，深海采矿系统专利规模最大、平均被引次数最高、同族专利数量最多，深海矿产采集装备方向平均公开年最新，是当前深海矿产资源开发领域的技术研发热点（图 6-7、表 6-16）。

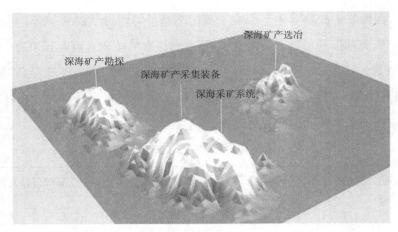

图6-7　深海矿产资源开发专利地图

表6-16　深海矿产资源开发方向专利技术主题

序号	技术主题	重要专利公开量（项）	专利家族平均被引次数（次/项）	Inpadoc 同族专利数量（项）	平均公开时间（年）
1	深海矿产采集装备	42	9.7	6.1	2016
2	深海采矿系统	64	28.8	13.6	2015
3	深海矿产勘探	21	10.6	6.9	2016
4	深海矿产选冶	18	13.1	8.5	2014

1. 深海矿产采集装备

技术研发的高频词为集矿机、收集装置等深海矿产资源采集装备，自行式或拖行式集矿机实现海底矿产采集。重要专利包括结核收集装置（诺蒂勒斯矿物新加坡有限公司）、海底软着陆电缆系统（挪威韦特柯格雷公司）、水下采矿机刀头（日本三菱重工）、富钴结壳脉冲破碎系统（中国中南大学）、双向锰结核浓缩装置（韩国海洋科学技术院）、海底堆存系统（澳大利亚 EDA 科帕索瓦拉公司）、深海稀软底质集矿机行走底盘（中国长沙矿冶研究院）、地下采矿车辆发射装置（荷兰 IHC 公司）。

2. 深海采矿系统

技术研发的高频词为开采系统、提升系统、举升装置等。目前深海矿产资源开采研究集中在管道提升式深海采矿系统，由采矿机、立管和提升系统、支持平台等构成采矿系统，采矿机集矿后通过垂直管道将矿石提升至水面采矿船，管道提升有水力提升和气力提升 2 种方法：水力提升是采用连接在管道上的清水泵或矿浆泵提供动力；气力提升是将压缩的空气注入垂直管形成三相流来提升。重要专利包括深海开采提升系统（法国德西尼布公司、澳大利亚诺蒂勒斯矿物太平洋有限公司）、分布式海底开采系统（澳大利亚诺蒂勒斯矿物太平洋有限公司）、组装式采矿系统（中科院深海科学与工程研究所）、水力式采集机构（中国长沙矿冶研究院）、深海矿产资源开采缓冲系统（韩国海洋科学技术院）、深海采矿海底容器运输系统（荷兰 IHC 公司）、海底资源举升装置（日本海底资源开发株式会社）、深海采矿立管线路的真空控制方法（荷兰 IHC 公司）、原位采集深海热液金属硫化物矿床的系统（青岛海洋地质研究所）等。

3. 深海矿产勘探

与油气勘探技术类似，矿产资源勘探技术研发集中在利用电磁、地震、地球化学等勘探方法，进行海底硫化物、富钴结壳等矿产资源勘探。重要专利涉及基于 GPS 的海洋地震勘探船水下电缆定位（美国 Input/Output 公司）、使用固定远程发射器远程电磁勘探矿物和能源的系统和方法（美国 Technoimaging 公司）、基于地形分析的海底硫化物找矿方法（中国自然资源部第二海洋研究所）、海底离散矿物颗粒勘探器（中国长沙矿冶研究院）。

4. 深海矿产选冶

选冶是决定深海矿产资源能否有商业价值的关键环节，专利高频词显示深海矿产资源选冶主要集中在多金属结核中金属元素选冶，选冶工艺包括还原焙烧 – 氨浸法、亚铜离子氨浸法、高压硫酸浸出法、还原盐酸浸出法、熔炼 –（硫化）浸出法等。重要专利涉及深海多金属结核 + 自催化还原氨浸（北京矿冶研究总院、中国大洋矿产资源研究开发协会）、海底锰结核 + 水性 HNO_3 和聚合氮氧化物（N_2O_3）浸提（新加坡迪普格林工程有限公司）、锰结核 + 盐酸溶液浸出（韩国地质资源研究院）、多金属结核和富钴结壳混合氨浸（北京矿冶研究总院、中国大洋矿产资源研究开发协会）（表 6–17）。

表 6-17　深海矿产资源开发方向技术开发热点与前沿

序号	技术主题	高频词	重要专利技术方向
1	深海矿产采集装备	集矿机 收集装置	结核收集装置 海底软着陆电缆系统 水下采矿机刀头 深海稀软底质集矿机行走底盘 海底堆存系统 地下采矿车辆发射装置
2	深海采矿系统	开采系统 提升系统	深海开采提升系统 分开式海底开采系统 深海矿产资源组装式采矿系统 水力式采集机构 深海矿产资源开采缓冲系统 深海采矿运输系统 海底资源举升装置 深海采矿立管线路的控制方法 原位采集深海热液金属硫化物
3	深海矿产勘探	探测	海洋地震勘探船的水下电缆定位 远程电磁勘探矿物 地球化学方法探测海底硫化物 海底离散矿物颗粒勘探器
4	深海矿产选冶	锰结核 多金属结核 镍钴锰	深海多金属结核 + 自催化还原氨浸 海底锰结核 + 水性 HNO_3 和聚合氮氧化物（N_2O_3）浸提 锰结核 + 盐酸溶液浸出 多金属结核和富钴结壳混合氨浸

三、各国研发热点前沿

（一）基础研究热点前沿国家布局

2011 ~ 2020 年深海油气与矿产资源开发领域 SCI 热点论文总被引次数分析显示，基础研究中影响力最大的 5 个研究方向分别是天然气水合物与气候变化的关系、天然气水合物勘探与储量评估、天然气水合物开采试采、深海油气开发与生态环境、深海矿产资源开发对环境影响（图 6-8）。

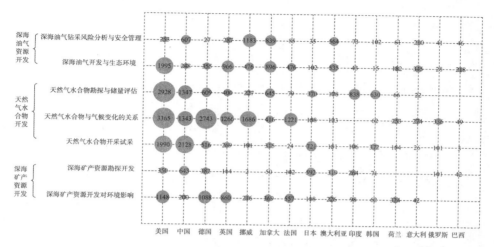

图6-8 深海油气与矿产资源开发领域主要国家研究主题布局
气泡大小代表论文总被引数量

美国覆盖了深海油气资源开发、天然气水合物开发和深海矿产资源开发的全部7个基础研究热点，SCI论文的总影响力全球最高。其中，在深海油气开发与生态环境方向、天然气水合物勘探与储量评估、天然气水合物与气候变化以及深海矿产资源开发对环境影响4个热点方向具有明显优势，论文总影响力排名全球首位。

中国在天然气水合物开采试采和深海矿产资源勘探开发两个方向的SCI总被引数量居首位，在深海油气钻采风险分析与安全管理、天然气水合物勘探与储量评估等方向也具有一定影响力，但在深海油气、天然气水合物和矿产资源开发对环境影响方向，与美国等老牌海洋强国存在较大差距。

在老牌海洋强国中，德国、英国、挪威、加拿大及法国等研发热点普遍集中在天然气水合物与气候变化的关系、深海油气开发与生态环境和深海矿产资源开发对环境影响等方向；挪威在深海油气钻采风险分析与安全管理方向表现突出，论文总影响力排名首位。与老牌海洋强国相比，印度、韩国和巴西等新兴海洋国家的论文影响力存在较大的差距，但印度、韩国在天然气水合物勘探与储量评估，韩国在天然气水合物开采试采，巴西在深海油气开发与生态环境等方向具有一定影响力。

（二）技术开发热点前沿国家布局

2011～2020年深海油气与矿产资源开发领域技术开发热点专利同族总被引次数分析显示，技术开发方向中影响力最大的5方向分别是天然气水合物勘探技术、海上油气平台、深海矿产采集装备、深海油气勘探和水下生产系统（图6-9）。

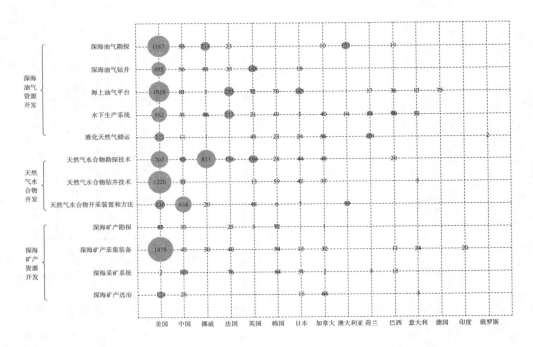

图6-9　深海油气与矿产资源开发领域主要国家技术主题布局
气泡大小代表同族专利被引次数

　　美国覆盖深海油气资源开发、天然气水合物开发和深海矿产资源开发的全部12个技术开发热点，专利总影响力全球最高。其中，美国在深海油气资源的勘探、钻井、油气平台、水下生产系统、液化天然气储运、天然气水合物钻井技术和深海矿产资源勘探、采集装备和矿产选冶等方向具有明显领先优势，专利数量及影响力均高于其他国家。

　　在老牌海洋强国中，挪威在天然气水合物勘探方向专利影响力最高；法国在海上油气平台、水下生产系统、天然气水合物勘探等方面具有优势；英国在深海油气钻井、天然气水合物勘探等方向具有优势。在新兴海洋国家中，韩国在9个技术方向上有所布局，其中重点布局海上油气平台和深海矿产勘探等方向；巴西主要布局在水下生产系统；印度仅在深海矿产采集装备方向有技术开发布局。

　　中国专利数量庞大，在深海油气与矿产资源开发领域布局的技术方向也较为全面，但专利影响力有待提升。其中，在天然气水合物开采装置和方法、深海采矿系统、天然气水合物勘探、深海油气勘探等方向专利影响力有一定优势，但在水下生产系统、液化天然气储运、深海矿产勘探等方面专利影响力有待提升。

第三节 深海油气与矿产资源开发研发力量

2011 ~ 2020 年，美国研发力量一级指标综合排名居首，基础研究机构数量、技术开发机构数量均排名第 1 位。SCI 发文超过 20 篇的机构占比超过 1/5，为 22.9%；PCT 专利排名前 100 的机构占比超过 1/3，达 35%。中国的基础研究机构数量、技术开发机构数量分别排名第 2 位。老牌海洋强国中，英国的基础研究机构数量、技术开发机构数量均排名第 3 位，法国、德国基础研究机构占比较高，挪威、荷兰等技术开发机构数量占比较高。新兴海洋国家中，巴西基础研究力量占比较高，韩国技术开发力量占比较高（图 6-10）。深海油气与矿产资源开发领域主要海洋国家研发力量分布具有以下特征。

中美两国研发机构数量众多，全球占比达 51%。2011 ~ 2020 年，深海油气与矿产资源开发领域发文数量超过 20 篇 SCI 论文的研究机构共 188 家，15 个主要国家研究机构总和占比超过 85%。其中，中国和美国的研究机构数量占比超过半数，研发支撑能力显著。英国研究机构数量占 7.4%，法国、德国分别为 5.9% 和 5.3%，挪威、加拿大、巴西、澳大利亚、俄罗斯、韩国、意大利、日本以及印度等占比在 2% ~ 5%。

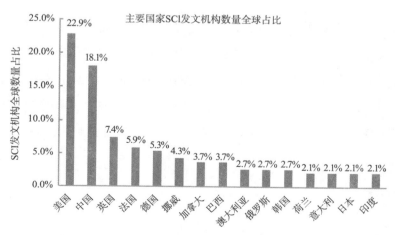

图6-10 深海油气与矿产资源开发领域主要国家SCI发文机构占比

美国基础研究机构规模与影响力居首，主要海洋强国研究机构影响力高，中国研究机构规模大，影响力有待提升。15 个主要国家的 SCI 发文机构中，美国研发机构的 SCI 论文总被引数量居全球首位，篇均被引频次与法国接近，略低于德国和加拿大。德国、法国、英国等 3 个老牌海洋强国篇均被引次数及总被引次数均高于平均水平。我国参与深海油气与矿产资源开发的研发机构数量较多，总被引数量排名第 2 位，但篇均被引次数低于主要国家研发机构的平均值（图 6-11）。

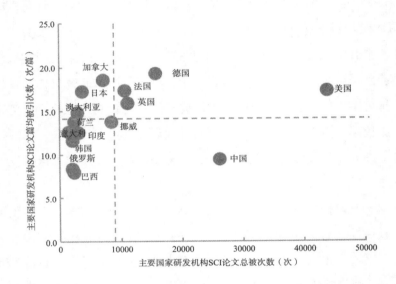

图6-11 深海油气与矿产资源开发领域主要国家研发机构SCI论文总被引数量与篇均被引数量分布。横虚线代表主要国家SCI发文机构篇均被引次数均值；纵虚线代表主要国家SCI发文机构总被引数量均值。

深海油气与矿产资源开发领域的专利申请机构，主要为油气公司、油服公司以及海洋工程装备企业。深海油气与矿产资源开发领域 PCT 专利申请企业主要为挪威 Equinor 能源、美国埃克森美孚、荷兰壳牌石油、英国 BP、意大利埃尼（ENI）、巴西石油等油气公司，美国哈里伯顿、美国斯伦贝谢等油服公司，美国辛格尔浮筒系船公司、英国海底 IP 公司、意大利 Saipem 公司等海洋工程装备企业（图 6-12）。

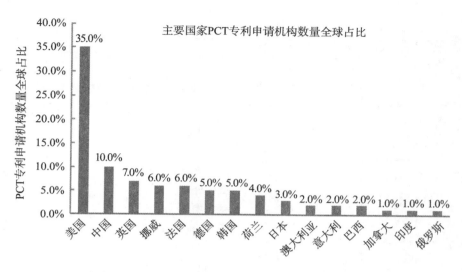

图6-12 深海油气与矿产资源开发领域主要国家PCT专利申请机构数量全球占比

一、国内外主要研发力量

深海油气与矿产资源开发领域国内外主要研发力量见表6-18至表6-20。

（一）深海油气资源开发

表 6-18 深海油气资源开发主要研发力量分布

深海油气资源开发		
国家	科研机构	企业
美国	美国国家海洋大气管理局（政府机构） 美国能源部（政府机构） 美国地质调查局（政府机构）	美国埃克森美孚公司 美国雪佛龙股份有限公司 美国康菲石油公司 美国斯伦贝谢 美国贝克休斯 美国哈里伯顿 美国辛格尔浮筒系船公司 美国 Technip FMC 公司 美国 Geophysical Insights 公司 美国凯昂地球物理集团 美国西方奇科地球物理公司

续表

深海油气资源开发		
国家	科研机构	企业
美国	美国加州大学 美国得克萨斯农工大学 美国佛罗里达州立大学 美国斯坦福大学 美国杜克大学 美国路易斯安那州立大学 美国俄勒冈州立大学 美国北卡罗来纳大学 美国麻省理工学院 美国华盛顿大学 美国休斯敦大学	美国国民油井华高公司 美国国际海洋工程公司 美国索菲克公司 美铝公司 美国埃斯马离岸公司 美国 Shearwater 公司 美国 Fairfield Seismic Technologies 公司 美国 Geospace 公司 美国 Cameron 公司 美国 GE Hydri 公司 美国 FloaTec 公司 美国 OneSubsea 公司
英国	英国南安普顿大学 英国国家海洋中心 英国纽卡斯尔大学 英国克兰菲尔德大学 英国利兹大学 英国伦敦大学 英国杜伦大学	英国石油公司（BP） 英国海底七公司 英国 OneSubsea IP 公司 英国 Datem 公司 英国 2H Offshore 英国伍德油服公司 英国 Petrofac 公司 英国 Pulse Structural Monitoring 公司 英国盖斯康萨特公司
法国	法国海洋开发研究院 法国索邦大学 法国发展研究所	法国德西尼布公司 道达尔公司 法国地球物理公司 法国舍赛尔公司 法国 Seabed Geosolutions 公司
德国	德国亥姆霍兹基尔海洋研究中心 德国亥姆霍兹极地与海洋研究中心 德国不来梅大学	德国西门子公司 德国亚力斯电子公司 德国蒂森克虏伯海运系统公司

续表

深海油气资源开发		
国家	科研机构	企业
挪威	挪威科技大学 挪威斯塔凡格大学 挪威科技工业研究院 挪威奥斯陆大学 挪威卑尔根大学 挪威特罗姆瑟大学	挪威 Equinor 能源公司（原挪威国家石油公司） 挪威钻井集团公司 挪威 Petroleum Geo-Services（PGS）公司 挪威阿科尔解决方案公司 挪威 Magseis 公司
意大利	意大利博洛尼亚大学 意大利国家地理研究所 意大利海洋科学研究所	意大利埃尼集团 意大利赛派姆公司
荷兰	荷兰乌得勒支大学 荷兰瓦赫宁根大学	荷兰皇家壳牌石油公司 荷兰 IHC 公司 荷兰辉固国际集团 荷兰 Geomil 公司
瑞士	瑞士苏黎世联邦理工学院	瑞士威德福公司 瑞士 SBM Offshore-FPSO 公司
加拿大	加拿大纽芬兰纪念大学 加拿大达尔豪斯大学 加拿大麦克马斯特大学	加拿大石油公司 加拿大赫斯基能源公司
澳大利亚	澳大利亚西澳大学 澳大利亚科廷大学 澳大利亚塔斯马尼亚大学	澳大利亚伍德赛德石油公司
日本	日本东京大学	日本国家石油天然气和金属公司 日本三菱重工业株式会社 日本 Modec 公司 日本海洋掘削公司
俄罗斯	俄罗斯科学院	俄罗斯石油公司 俄罗斯卢克石油公司

续表

深海油气资源开发		
国家	科研机构	企业
巴西	巴西里约热内卢联邦大学 巴西圣保罗大学	巴西国家石油公司 巴西盐下层石油天然气管理公司
印度	印度理工学院 印度科学与工业研究理事会	印度石油天然气公司
韩国	韩国釜山大学 韩国首尔大学	韩国 Sevan SSP 公司 韩国三星重工 韩国大宇造船
深海油气资源开发（国内，音序）		
中国	大连理工大学 哈尔滨工程大学 清华大学 上海交通大学 天津大学 西南石油大学 长江大学 浙江大学 中国地质大学 中国地质调查局广州海洋地质调查局 中国海洋大学 中国科学院深海科学与工程研究所 中国石油大学（北京） 中国石油大学（华东） 中科院地质与地球物理研究所	重庆前卫科技集团有限公司 大连船舶重工集团有限公司 迪玛尔海洋工程有限公司 海洋石油工程股份有限公司 河北华北石油荣盛机械制造有限公司 沪东中华造船（集团）有限公司 江汉石油钻头股份有限公司 江南造船（集团）有限责任公司 山东海洋工程装备有限公司 上海外高桥造船有限公司 上海振华重工（集团）股份有限公司 中船集团第 708 研究所 中国船舶重工股份有限公司 中国海洋石油总公司 中国石油宝鸡石油机械有限责任公司 中国石油东方地球物理勘探有限责任公司 中国石油化工集团有限公司 中国石油集团测井有限公司 中国石油天然气集团公司 中海油田服务股份有限公司 中海油研究总院有限责任公司 中集来福士海洋工程有限公司

（二）天然气水合物开发

表 6-19　天然气水合物开发主要研发力量分布

天然气水合物开发（国外）		
国家	科研机构	企业
美国	美国地质调查局（政府机构） 美国国家能源技术实验室 美国俄勒冈州立大学 美国劳伦斯·伯克利国家实验室 美国佐治亚大学 美国科罗拉多矿业学院 美国加州大学伯克利分校 美国哥伦比亚大学 美国得克萨斯大学奥斯汀分校 美国莱斯大学 美国俄亥俄州立大学 美国得克萨斯农工大学 美国伍兹霍尔海洋研究所 美国佛罗里达州立大学 美国华盛顿大学	美国埃克森美孚公司 美国斯伦贝谢 美国 Aumann & Associates 公司 美国 Drillcool 公司 美国阿拉斯加石油资源公司 美国哈利伯顿能源服务公司
英国	英国国家海洋研究中心 英国南安普顿大学	英国 Geotek 公司
法国	法国海洋开发研究院 法国索邦大学	法国德西尼布公司
德国	德国亥姆霍兹基尔海洋研究中心 德国不来梅大学 德国基尔大学	德国 MHWirth 公司
挪威	挪威地质调查局（政府机构） 挪威特罗姆瑟大学	挪威 Equinor 能源公司 挪威 Aker Solutions 公司
荷兰	荷兰乌得勒支大学 荷兰皇家海洋研究所	荷兰辉固国际集团

续表

天然气水合物开发（国外）		
国家	科研机构	企业
加拿大	加拿大地质调查局 加拿大自然资源部 加拿大维多利亚大学	加拿大勘探公司
日本	日本天然气与能源部 日本国立先进工业科学技术研究院 日本东京大学 日本国立海洋研究开发机构	日本国家石油天然气和金属公司 日本三菱重工业株式会社
印度	印度国家地球物理研究所 印度国家海洋研究所 印度理工学院	印度石油与天然气有限公司
韩国	韩国地球科学与矿产资源研究院 韩国科学技术院	韩国天然气公司
天然气水合物开发（国内，音序）		
中国	大连理工大学 吉林大学 上海交通大学 同济大学 西南石油大学 中国地质大学 中国地质科学院勘探技术研究所 中国地质调查局广州海洋地质调查局 中国地质调查局青岛海洋地质研究所 中国海洋大学 中国科学院广州地球化学研究所 中国科学院广州能源研究所 中国科学院海洋研究所 中国科学院南海海洋研究所 中国科学院深海科学与工程研究所 中国石油大学（北京） 中国石油大学（华东） 中山大学	渤海钻探测井公司 四川海洋特种技术研究所 中国海洋石油总公司 中国石油集团东方地球物理勘探有限责任公司 中国石油天然气集团公司 中海石油有限公司北京研究中心

（三）深海矿产资源开发

表 6-20　深海矿产资源开发主要研发力量分布

深海矿产资源开发（国外）		
国家	科研机构	企业
美国	美国国家地质调查局（政府机构） 美国能源部（政府机构） 美国夏威夷大学马诺阿分校 美国加州大学圣地亚哥分校 美国俄勒冈州立大学 美国哥伦比亚大学 美国伍兹霍尔海洋研究所 美国杜克大学	美国洛克希德·马丁公司 美国韦特柯格雷公司 美国国际财团海洋管理公司 美国海洋采矿协会 美国洛克希德海洋矿产公司 美国肯尼柯特铜业公司 美国 Input/Output 公司 美国 Technoimaging 公司
英国	英国国家海洋研究中心 英国南安普顿大学 英国苏格兰海洋科学协会	英国海底资源有限公司
法国	法国海洋开发研究院 法国地球物理与海洋研究所	法国德西尼布公司 法国阿费诺德集团
德国	德国亥姆霍兹基尔海洋研究中心 德国不来梅大学 德国亥姆霍兹极地与海洋研究中心	德国亚力斯电子公司 德国包尔机械有限公司 德国普鲁萨格公司
加拿大	加拿大渥太华大学 加拿大地质调查局（政府机构） 加拿大纽芬兰纪念大学	加拿大鹦鹉螺矿业公司 加拿大深绿公司 加拿大 INCO 公司 加拿大国际镍公司
荷兰	荷兰皇家海洋研究所 荷兰代尔夫特理工大学	荷兰 IHC 公司
澳大利亚	澳大利亚新南威尔士大学 澳大利亚昆士兰大学 澳大利亚莫道克大学	澳大利亚诺蒂勒斯矿物太平洋有限公司
韩国	韩国海洋科学技术院 韩国地质与矿产资源研究院	韩国三星重工业株式会社 韩国大宇造船海洋株式会社
俄罗斯	俄罗斯希尔绍夫海洋研究所 俄罗斯莫斯科大学	俄罗斯海洋地质作业南方生产协会

深海矿产资源开发（国外）		
国家	科研机构	企业
日本	日本东京大学 日本国立海洋研究开发机构	日本石油天然气金属矿物资源机构 日本三菱重工业株式会社 日本古河机械金属株式会社 日本旭化成化学株式会社 日本深海资源开发有限公司
巴西	巴西圣保罗大学	巴西矿产资源研究公司
深海矿产资源开发（国内，音序）		
中国	湖南科技大学 江苏科技大学 南京大学 山东科技大学 上海交通大学 湘潭大学 浙江海洋学院 浙江理工大学 中国大洋矿产资源开发研究协会 中国地质大学 中国地质调查局青岛海洋地质研究所 中国地质科学院 中国海洋大学 中国科学院地质与地球物理研究所 中国科学院广州地球化学研究所 中国科学院贵阳地球化学研究所 中国科学院海洋研究所 中国科学院南海海洋研究所 中国科学院深海科学与工程研究所 中国矿业大学 中南大学 中山大学 自然资源部第二海洋研究所 自然资源部第一海洋研究所	北京矿冶科技集团有限公司 北京矿冶研究总院 北京先驱高技术开发公司 长沙矿山研究院有限责任公司 长沙矿冶研究院有限责任公司 深圳市金航深海矿产开发集团有限公司 武汉船舶设计研究院有限公司 中车株洲电力机车研究所 中船集团第719研究所 中国五矿集团公司

二、国内外主要研发力量概况

（一）国外研发力量概况

1. 美国

美国国家地质调查局（United States Geological Survey，USGS）。美国内政部所属自然科学机构，在深海油气与矿产资源开发领域开展油气资源、天然气水合物、矿产资源的勘探、调查与评价等。在天然气水合物方面主要开展资源详查、生产技术、全球气候变化、安全及海底稳定性等研究。

美国能源部（Department of Energy）。2000 年，美国能源部牵头组织，美国联邦机构、高校、国家实验室、工业界共同参与，启动国家级甲烷水合物研发计划，对美国阿拉斯加北坡和墨西哥湾开展大规模的地质与地球物理调查、资源潜力评价、钻探调查等工作。

美国科罗拉多矿业学院。其化学工程系下设水合物研究中心，利用核磁共振和拉曼光谱、X 射线衍射和分子模拟等开展水合物形成和分解机理、水合物结构等基础研究。科罗拉多矿业学院的地下地球资源模型中心建立地下矿床 3D 地质模型，为矿产资源勘探开发提供定位和表征数据。

美国埃克森美孚公司（Exxon Mobil Corporation）。该公司在挪威、英国、尼日利亚、巴布亚新几内亚、安哥拉等国家海域建立了一系列高质量深水油气田。2013 年以来，先后通过并购和竞标在巴西获得 30 个深水区块勘探权，面积达到 1.65 万平方千米。2019 年在圭亚那海域进行油气资源开发，发现超过 60 亿桶油气当量油气田。

美国斯伦贝谢（Schlumberger）公司。全球最大的油田技术服务公司，主要开展深水油气开发水下井控服务和水下监控，设计开发的 SenTREE 水下井控系统，能解决由于深水、高压和极端温度造成的复杂问题。

美国贝克休斯（Baker Hughes）公司。下设 7 家油田服务公司，提供钻井、完井和油气井生产的各类产品和服务，涉及油田总包服务，钻井、地层评价和钻井液系统，完井、生产、压裂及立管生产系统等。在水下作业领域提供水下生产系统、挠性管系统、水下连接等产品和服务。

美国哈里伯顿（Halliburton Company）公司。全球主要能源服务公司之一，为油气田勘探、开发和钻井提供设备和服务，目前是中国石油和天然气行业最大的设备和服务提供商之一。

美国 Technip FMC 公司。由美国美信达公司（FMC Technologies）和法国德西尼布（Technip）合并为 Technip FMC 公司，业务涵盖深海油气资源开发从概念设计到项目执行全产业链。FMC Technology 为全球最大的水下生产系统供应商；Technip 是全球油气工程总承包（EPC）巨头，主要从事石油、天然气、石油化工及其他工业项目的设计技术和建设服务，水下业务涉及水下生产系统和脐带缆、水下管汇与管线（SURF）、浮动式与固定式平台、停泊服务和钻探服务等。

2. 英国

英国石油公司（BP）。主要开展深海油气资源开发，深水油气年产量已接近 5000 万吨油当量，占公司油气年产量的 31%。2019 年在毛里塔尼亚海上 C8 区块比拉拉地区发现的天然气田成为年度全球最大的深水发现。

英国海底七公司（Subsea7）。提供从海底到水面的工程、施工和服务的公司，主要开展深海油气资源开发基础设施安装，包括浮式生产平台、水下采油树、管道、竖管、脐带、锚泊、管汇等其他海底结构，业务集中在北海、地中海和加拿大，巴西，亚太和中东，非洲和墨西哥湾等四个地区。

英国国际海洋工程公司（Oceaneering）。深水油气资源开发中的海底连接专家，为深水水下生产提供解决方案，并将 ROV 应用于深海油气资源开发。

英国海底资源有限公司（UK Seabed Resources Limited，UKSRL）是洛克希德·马丁英国公司（Lockheed Martin UK）旗下子公司，先后在 2013 年、2016 年获得国际海底管理局 2 块多金属结核区域的勘探许可，分别为夏威夷与墨西哥之间 5.8 万米² 海域、东太平洋克拉里昂—克利帕顿断裂区（CC 区）约 7.5 万千米² 海域。

3. 德国

德国亥姆霍兹海洋研究中心（GEOMAR）。主要开展从海底地质学到海洋气候学的海洋科学有关方向的跨学科研究。GEOMAR 的 MMR 小组开展深海热液矿产资源研究，研究重点是多金属块状硫化物、斑岩和超热铜金矿床等矿产资源的成矿过程、地质勘探以及估计资源潜力。2014 ~ 2018 年承担欧盟第七研发框架计划（FP7）蓝色采矿（Blue Mining）项目。

德国阿尔弗雷·德韦格纳研究所亥姆霍兹极地与海洋研究中心（AWI）。主要从事极地、海洋与气候方面的研究。在深海油气与矿产资源开发领域主要开展深海矿产资源的地球化学及地质学研究，2015 ~ 2017 年承担 BMBF 项目"深海采矿对 CCZ 沉积物氧化还原条件、生物地球化学过程和物质流的影响"、"流体和锰结核对生物地球化学过程的影响以及对锰结核形成和组成的可能影响"等研究。

德国不来梅大学。其海洋环境科学中心主要开展深海地质勘探、矿产资源等深海油气与矿产资源开发研究，设计开发了 MARUM-MeBo70、MeBo200 等海底钻机等海底采样设备，建设的国际核心资源库是全球海洋钻探项目（ODP 和 IODP）三大样品存储库之一，存放欧洲负责的大西洋及北冰洋钻井样品。

4. 法国

法国道达尔公司（TOTAL）。原法国石油公司，在深水油气资源开发领域，道达尔在西非几内亚湾包括安哥拉、刚果、尼日利亚、毛里塔尼亚以及中国北海等国家和地区拥有多个深海油气开发项目。2019 年 2 月在南非莫塞尔湾地区的深水海域获得总储量为 5.58 亿桶油当量凝析油发现。

法国地球物理公司（Compagnie Generale de Geophysique，CGG）。世界最大的地球物理勘探公司之一，主要利用地球物理特别是地震勘探方法进行石油、矿物及地下水的勘探业务。

法国国家科学研究中心（CNRS）。其下属的国家宇宙科学研究所（INSU）开展地球科学、海洋科学等领域相关研究，涉及天然气水合物勘探调查、深海矿产资源勘探、深海采矿环境影响等深海油气与矿产资源开发研究。

法国海洋开发研究院（IFRMER）。法国专门从事海洋开发研究和规划的重要部门，世界六大海洋科研中心之一。其物理资源和深海生态系统（REM）部的海洋地质科学处（GM）主要围绕天然气水合物、矿产资源等开展勘探开发研究。

5. 荷兰

荷兰壳牌石油公司（Royal Dutch Shell）。美国墨西哥湾重要的海上石油和天然气生产商之一，全球深水业务涉及巴西、美国、墨西哥、尼日利亚、马来西亚、毛里塔尼亚和黑海西部等区域。其在深海钻井、开发 SO 系统、立管技术等领域处于领先水平，开发了螺旋脐带式运输管道采油系统。2018 年，壳牌公司在美国墨西哥湾获得两次重大深水油气资源突破，其运营的 Appomattox 海上油气浮动生产平台于 2019 年 5 月投产。

6. 挪威

挪威 Equinor 能源公司。2007 年由原挪威国家石油公司（Statoil）和挪威海德罗公司（Norsk Hydro）油气部门合并而成的世界大型石油企业，是北欧最大的石油公司和挪威最大的公司。

挪威阿科尔解决方案公司。在智能海底技术方面水平领先，主要为深海油气资源开发提供海底生产设备和海上现场设计，包括概念研究、前端工程和海底生产系统。

7. 加拿大

加拿大鹦鹉螺矿产公司。作为探索商业化海底大型硫化物资源的公司，建造了硫化物商业采矿系统，联合巴布亚新几内亚国有公司埃达科帕公司（Eda Kopa），在巴布亚新几内亚海底索尔瓦拉 1 号（Solwara 1）铜金银矿开发项目，于 2019 年 8 月宣告失败。

8. 意大利

意大利埃尼集团。意大利政府成立的国家控股公司，以油气勘探开发、炼油、石油化工为主。2018 年在塞浦路斯海域发现超深水 Calypso 气田，天然气储量约 6.72 亿桶原油当量。

9. 日本

日本石油天然气金属矿物资源机构。在深海石油和天然气开发方面，JOGMEC 将深水和北极冰海油气资源开发作为优先领域之一，开展浮动生产系统、深水系泊技术、冰况观测传感器等研究；与日本产业技术综合研究所等机构成立日本甲烷水合物资源开发研究联盟，是"日本甲烷水合物开发计划"的实施机构。

日本海洋科学技术中心。世界六大海洋研究机构之一，在深海油气与矿产资源开发领域，承担深海资源调查技术研究与开发计划，开展包括稀土泥在内的海洋矿产资源勘探调查与开采技术研究，能够勘探 6000 m 以下水域，实现深海矿产资源的收集和提升。

（二）国内研发力量概况

大连理工大学。海洋科学与技术学院主要开展海洋资源利用与开发装备的设计与研制，包括深海油气开发装备、水下生产系统脐带缆、海洋柔性管道与附属构件、FPSO 单点系泊等装备的关键技术研究。能源与动力学院设有海洋能源利用与节能教育部重点实验室，开展天然气水合物开发研究，牵头承担国家重点研发计划"南海多类型天然气水合物成藏原理与开采基础研究"等项目，完成的"海洋天然气水合物分解演化理论与调控方法"项目荣获国家自然科学二等奖。

湖南科技大学。2016 年，建立海洋矿产资源探采装备与安全技术国家地方联合工程实验室，围绕"海洋矿产资源探采装备与技术""高效智能海工提运装备与技术""海工难加工材料高效精密加工技术""特殊环境安全预警与救援技术"等领域开展研究。实验室拥有模拟全海深（120 MPa）的高压实验装置、试验水池、重型海底钻机收放绞车、高精密深海高压输变电测试设备、深海装备高速数据通信与控制实验设备等实验设施，承担多项国家重点研发计划、国家科技支撑计划和国家自然科学基金等项目，领衔研制了"海牛"号海底 60 m 多用途钻机等，参与"蛟龙"号载人深潜器的研发试验。

西南石油大学。设有石油与天然气工程学院，主要开展深井复杂井钻完井、天然气开发及高危气田安全生产、复杂油气输送工艺技术、油气管道安全及完整性管理技术等研究。2015 年筹建"海洋非成岩天然气水合物固态流化开采实验室"，2018 年与中海油共建西南石油大学海洋油气开发与开采联合研究院。机电工程学院牵头承担"双梯度钻井系统关键技术研究及应用"等国家重点研发计划项目。

中国大洋矿产资源研究开发协会。主要开展海底矿产资源勘探，2001 年在东北太平洋获得 7.5 万千米^2 多金属结核合同区，2011 年在西南印度洋获得面积为 1 万千米^2 的多金属硫化物合同区，2014 年在东北太平洋获得面积为 3000 km^2 的富钴结壳合同区。2016 年以来承担"深海多金属结核采矿试验工程""4500 m 自主潜水器（潜龙二号）技术升级及科学应用"等国家重点研发计划项目。

中国地质大学（北京）。2004 年成立海洋学院，主要开展以海洋地质、海洋地球物理、海洋地球化学、海洋地质资源及相关勘探技术为核心的海洋地学的教学与研究，与广州海洋地质调查局等单位共建"海洋天然气水合物勘探开发技术研究中心"，开展海洋天然气水合物、海底固体矿产、海洋油气资源调查勘探等领域的基础研究。

中国地质调查局广州海洋地质调查局。主要从事海洋地质调查研究、天然气水合物和大洋、极地地质矿产综合调查研究等工作。建有中国地质调查局天然气水合物工程技术中心、中国地质调查局海洋石油天然气地质研究中心、自然资源部海底矿产资源重点实验室等平台。承担"天然气水合物高分辨率三维地震探测技术""天然气水合物海底钻探及船载检测技术研究与应用"等多项国家重点研发计划项目于 2017 年和 2020 年在南海海域完成两轮天然气水合物试采。开展多金属结核、富钴结壳和深海稀土资源状况勘探调查等。

中国地质调查局青岛海洋地质研究所。中国地质调查局的海洋地质专业调查研究机构，开展天然气水合物、海洋油气、数字海洋等领域地质调查，建有自然资源部天然气水合物重点实验室。2017 年承担"水合物试采、环境监测及综合评价应用示范"国家重点专项。

中国科学院广州能源研究所。2014 年，组建成立中国科学院天然气水合物重点实验室，开展天然气水合物基础物性、成藏机制、开采技术（安全控制技术及环境影响评价）、应用技术等四个方向研究，建立天然气水合物基础物性数据库和开采模拟数学模型，探索天然气水合物形成 / 分解及成藏系统理论，研发天然气开采和应用技术与装备等。

中国石油大学（北京）。2006 年成立海洋油气研究中心，承担"基于深水功能舱的全智能新一代水下生产系统关键技术研究""南海深水油气开发示范工程——南海北部陆坡（荔湾 3-1 及周边）深水油气田钻采风险评估及采气关键技术研究"等国家重大科技专项、国家自然科学基金等项目，涉及水下大型装备、海洋平台、海底管线、深水开发模式、水下生产系统、深水安装、深水水下应急维修等关键技术研究。

中国石油大学（华东）。主要开展深水油气勘探、钻井及作业安全等研究，拥有海洋物探及勘探设备国家工程实验室、油气钻井技术国家工程实验室——高压水射流研究室、海洋水下设备试验与检测技术国家工程实验室——深水油气开发装备及井筒安全测试研发实验室等国家级重点实验室。承担"海洋深水油气安全高效钻完井基础研究""深水钻完井关键技术""深水油气开采智能井技术"等国家重大研究项目。

北京先驱高技术开发公司。主要开展多金属结核、富钴结壳以及多金属硫化物等深海矿产资源勘探，采用常压硫酸浸出工艺对多金属结核样品进行冶炼试验，回收并试制了钴、镍、铜、锰等产品。2019 年公司与国际海底管理局签订多金属结核勘探合同，矿区位于西太平洋，面积约 7.4 万千米^2。

海洋石油工程股份有限公司。中国海洋石油集团有限公司控股的上市公司，集海洋石油、天然气开发工程设计、陆地制造和海上安装、调试、维修以及液化天然气、炼化工程为一体的大型工程总承包公司。公司具备海洋工程设计、海洋工程建造、海洋工程安装、海上油气田维保、水下工程检测与安装、液化天然气工程建设等能力，成功实施了 3 万吨级超大型海洋平台、10 万吨级深水半潜式生产储油平台、30 万吨级深水 FPSO 等高端海洋油气装备的总包建设工作。

中国海洋石油集团有限公司。中国最大的海上油气生产商，主要开展油气勘探开发、专业技术服务等业务，在国内拥有渤海（天津）、南海西部（湛江）、南海东部（深圳）和东海（上海）4个主要产油地区，在印度尼西亚、尼日利亚等20多个国家和地区从事油气勘探或拥有油气权益分成矿区。2016年以来，承担"新型深水多功能干树半潜平台关键技术研究""海洋天然气水合物试采技术和工艺"等国家重点研发计划项目专项。

中国五矿集团有限公司。由原中国五矿和中冶集团重组而成，以金属矿产为核心主业。公司依托旗下的长沙矿冶研究院和长沙矿山研究院两家科研机构，开展深海矿产勘探技术研发。2017年与国际海底管理局签订多金属结核勘探合同，在东太平洋克拉里昂—克利帕顿断裂区（CC区）多金属结核保留区内，获得约7.3 km^{2}多金属结核资源勘探合同。

中集来福士海洋工程有限公司。主要开展钻井平台、生产平台、海洋工程船、海上支持船等海洋装备的设计、新建、维修、改造及相关服务，同时涉及装备的运营、租赁等，为客户提供"交钥匙"EPC总包服务。已累计交付近百座各种类型的海洋工程装备，包括11座深水半潜式钻井平台。其中"蓝鲸"系列超深水钻井平台，先后参与完成我国可燃冰首轮和第二轮试采。

第七章

2030 世界深海科技创新格局展望

第一节　2030 世界主要国家和组织战略布局

　　2030 世界主要海洋研究国家将持续探测深海系统性的物理、化学和生物学知识及其与人类经济系统间的相互支持关系作为最关注的科学问题。深海科技的发展整体上呈现出由分散认知到整体认知、由认知为主到开发为主的演进过程，具体来说就是从观测、理解具体的深海现象和过程，逐步过渡到将深海研究纳入全球尺度的完整海洋认知与预测体系，从认知逐步过渡到开发和利用，逐渐开始着眼于研究深海环境与海事安全的关系，以及深海资源开发对人类生命健康、国民经济繁荣的作用。

　　分领域来看，一是未来深海进入技术手段越来越向着无人化、智能化、常态化的方向发展，深潜器正在加快融合人工智能、新型通信组网、水下导航定位、新型动力等新一代技术，利用海洋生物作为载荷搭载平台的新型进入技术也正在逐步兴起，人类正在打破海洋在垂直方向上的距离。二是未来深海探测研究越来越向着综合化、体系化的方向发展，海洋气候相互作用、海洋沉积、海底生态圈框架以及地震和海啸活动等现象的研究将逐步融合起来，各类成套新型传感器、观测装置正在实现商业化、业务化的部署，人类对深海圈层的认知越来越从分散和局部走向整体与综合。三是未来深海资源开发利用技术越来越向着商业化、产业化的方向发展，深水养殖渔业及其装备已经逐步成熟，商业化部署正在稳步推进，针对深海极端环境的生物资源勘探开发的传感器技术、原位装备、基因组学及其分析工具正在兴起，超深水油气及海底矿产将会迎来试验性开采的活跃期，并逐步迈向商业化开采。四是未来深海研究与开发活动热度将达到前所未有的高度，多国家参与、多学科交叉将成为推动深海科技发展进程的有效手段，材料、新型动力、超算、大数据中心等配套技术装备及设施的发展，支撑监管与治理的深海生态环境综合评价体系都将成为影响深海科技发展进程的重要因素。

国际组织。 以联合国下属机构为代表的国际组织重点关注海洋运载技术在海洋污染和灾害防护方面所发挥的作用。此外，目前各海洋强国在海洋运载领域的战略方向已更新为核心装备向网络化、小型化、高精度、低能耗和智能化方向发展。

国际大洋发现计划（International Ocean Discovery Program, IODP, 2013～2023）及其前身综合大洋钻探计划（IODP，2003～2013）、大洋钻探计划（ODP，1983～2003）和深海钻探计划（DSDP，1968～1983），是地球科学历史上规模最大、影响最深的国际合作研究计划，旨在利用大洋钻探船或平台获取海底沉积物、岩石样品和数据，在地球系统科学思想指导下，探索地球的气候演化、地球动力学、深部生物圈和地质灾害等。与综合大洋钻探计划相比，新十年的IODP不局限于钻探一种手段，而是更加强调科学新意、突出社会需求；新计划以探索深部了解整个地球系统为目标、以预测未来为己任。目前，IODP主要依靠包括美国"决心号"、日本"地球号"和欧洲"特定任务平台"在内的三大钻探平台执行大洋钻探任务，中国IODP正在积极推进成为国际IODP第四平台提供者；年预算逾1.5亿美元，来自八大资助单位：美国国家科学基金会（NSF）、日本文部省（MEXT）、欧洲大洋钻探研究联盟（ECORD）（包括14国）、中国科技部（MOST）、韩国地球科学与矿产资源研究院（KIGAM）、澳大利亚－新西兰 IODP 联盟（ANZIC）、印度地球科学部（MoES）和巴西高等教育人员改善协调机构（CAPES）。各国科学家利用所获取的地质资料实现了一系列科学突破，如验证海底扩张和板块构造、重建地质历史时期气候演化、证实洋壳结构、发现深部生物圈等。

国际科学理事会（ICSU）海洋研究科学委员会、国际大地测量和地球物理学联合会（IUGG）海洋物理学协会联合发布的《海洋的未来：关于 G7 国家所关注的海洋研究问题的非政府科学见解（2016）》提出了"跨学科研究、海洋环境塑料污染、深海采矿及其生态系统影响、海洋酸化、海洋变暖、海洋脱氧、海洋生物多样性损失、海洋生态系统退化"等 8 个全球重要海洋研究问题的分析及具体行动建议，指出各个国家（尤其是小岛屿国家）的专家需要积极协同起来，开发环境 DNA、精确取样、压力环境下的生物采样／固定以及高分辨率影像等新的深海探测、监测技术，进一步推动深水机器人及其作业系统等新技术在大尺度深海物种和生态系统功能研究中的应用，进一步加深对深海采矿活动和生态系统潜在影响的认识，尽早形成共识性的深海采矿环境影响评价标准。报告还提出要发展从多种深海矿物开采产物中提取各种金属的加工技术。

2020 年 12 月，由 17 个国家（地区）的 45 个机构组成的国际科学家团队呼吁制订一项长达十年的深海研究计划"挑战者 150"，以促进对深海的探索和研究。该计划主要目标包括在海洋科学领域促进不同国家的科学家之间建立伙伴关系，共享资源和知识；通过现有技术和新技术的应用，获取更多的物理、化学和生物数据，并利用这些数据进一步了解深海的变化，及其如何对更广阔的海洋和整个地球产生影响；利用新知识支持相关国家在深海采矿、捕鱼和海洋生态环境保护等问题上的决策。

欧盟。欧洲海洋委员会 2015 年发布的《潜得更深：21 世纪深海研究面临的挑战》中提出将较高参数（操作深度、范围、自持力和取样能力）的水下自主系统，更好机器智能、行为协调和控制能力（导航、通信、组网）的水下自主潜器，多个自主潜器的行为协调技术作为主要技术开发方向。同时提出未来公共研究投资应该关注深海环境健康，制定创新的治理框架以确保利用深海资源的效率、透明度和公平性，绘制深海地形和生境图，研究深海生物多样性，了解深海生态系统的功能、连通性和复原力，发展可持续的深海观测系统，在加强深水采矿设备研发的同时加快开发深海采矿影响的复杂决策支持系统等一系列关键领域。报告进一步梳理出了更低成本的、准确、可重复的水下定位，视频控制的、适合被取样对象的取样技术，小型、廉价、能够大规模生产的高可靠性传感器，传感器跨平台（浮标、AUV、ROV、电缆网络）的通用适配，水下线缆的仪表化，深水环境调查设备，高带宽的数据传输网络，跨学科的综合数据库，海量参数的高分辨率海洋建模，小型深海全自动台站，水下 LED 光通信技术，处理多传感器数据的软件包，深海观测站等一系列关键技术研发方向。另外，报告强调应当加强高分辨率和可靠性的原位分子工具、深海原位生态实验装置、深海生物标记方法、AI 参与的水下图像处理技术攻关与设施建设。

2018 年欧盟发布《推进欧洲生物经济的创新：海洋生物技术战略研究及创新路线图》，在实现技术及基础设施建设中提到为支持海洋环境勘探、生物质生产和加工以及产品创新和差异化，欧盟要发展远程受控的采样、原位分析系统结合的新一代 AUV，提出要加强海洋生物活性成分的分类学、化学、生化评估新方法，海洋生物分子衍生物产品的循环利用生产技术、工艺，新型海洋生物酶及其制剂开发，海洋生物源可降解塑料替代产品开发，海洋的合成生物学新过程与新系统，元组学与生物信息学结合的高通量组学技术及基础设施，基于网络化基础设施的新一代生物学筛选、分析工具等领域的研发力度。

美国。2015 年发布的《海洋变化：2015 ～ 2025 海洋科学年度调查》中明确提出将水下滑翔机（AUG）、无人自治潜水器（AUV）作为主要技术开发方向。特别地，在军事领域，将海军科学技术发展规划升级为"战略"，发展海洋运输和运载领域的海军特色装备，具有全球重要、复杂和争议海域进入能力、威慑能力、局部沿海地区的封锁和遏制能力，以及国家海事安全保障能力。例如，美国海军积极与国防高级研究计划局（DARPA）开展合作，探索构建以广域反潜探测、水下作战环境保障、潜艇无人协同、海底预置等为代表的新型装备体系（包括 X-Ray/Z-Ray 大型重载水下滑翔机、波浪滑翔机等混合潜水器），创新理念和技术成果频现，可能会对未来水下战装备构成、保障体系和作战模式产生重大影响。总体上，美国在该领域的目标主要集中在逐步更新并保持本国已有的技术优势。同时，《海洋变化：2015 ～ 2025 海洋科学年度调查》聚焦深海探测的关键技术，长时间系泊系统，全局浮标阵列，高分辨率测深制图，高性能计算，无线通信，卫星传感和定位，水面计，海底的敏感和精确化学传感器，先进远程操作和自主平台，长期无人值守的高精度、低功耗、小型化传感器组件，持续、高精度海底大地测量系统，虚拟现实与远程实时在场参与系统等关键技术攻关方向。报告第一次提出研究深海的产品及其获取工艺如何作用于美国社会利益，也强调基因组学、海底样本保存、高压条件下的现场分析技术、"片上实验室"（lab-on-chips）、微型化湿法化学系统、用于海洋生物的智能图像识别技术等关键技术应当作为优先攻关方向。美国 OOI 大型海底观测计划和 IOOS 综合海洋观测系统重点支持海洋观测数据连续、实时地传输等关键技术的研发。

2018 年发布的《美国海洋科技十年规划草案（2018～2028）》进一步提出将海洋供能潜器、先进的远程操作和自主平台作为优先发展项目，把海洋大数据分析和云计算平台、海洋高性能计算、水下噪声测量新技术、多样化海洋观测传感器体系、分布式战略性传感器网络观测新方法／技术、基于柔性材料的全海深传感器、传感器及实时数据技术、南大洋碳气候观测和建模、用于生物化学观测的传感器、早期海啸和地震预警系统、立方体卫星等传感技术作为海洋探测领域的研发重点，加强深海矿物勘探技术、深海采矿影响评估、环境敏感区评估等技术攻关。报告继续探索和发现海洋生境及其相关物种，包括细菌、古菌、真菌、微生物和病毒，从中发现能够改善人类健康和环境的天然产物和过程被列为第一要务，高度重视海洋生物产品开发，利用微生物环境基因组学、宏基因组学、元转录组学、代谢组学等技术，对各种海洋栖息的微生物群落进行编目，了解不同时空海洋微生物种群结构和基因表达，确定浮游动植物及大型海绵和珊瑚的种群结构与功能如何随海洋物化参数的变化而变化，以此为指导，充分开发海洋生物资源，维护海洋生态系统，为海洋渔业、海洋新药、新型海洋食品和化妆品等可持续开发利用奠定基础。

《跨机构可燃冰研发计划（2015～2030）》提出开展天然气水合物基础研究，积极开展勘探开发，在墨西哥湾大西洋海域、东部近海和阿拉斯加北坡地区布局开展钻井开采和评估。

英国。2010 年发布的《英国海洋战略 2010～2025》提出，人类活动及其足迹正在向较深海域延伸，需要消除知识鸿沟，尤其需要更多地掌握关于脆弱的深海生态系统的知识，包括生物多样性在维护特殊生态系统功能（生物地球化学循环）方面所起的作用、海床需要多长时间从受干扰的状态（如海上石油和天然气的开发）中得到恢复、人类活动的加剧对深海大洋产生哪些影响。为了消除战略障碍，《英国海洋战略 2010～2025》进一步明确需要优先完成的任务包括实现可持续的长期监测，使建立长期观测系统的过程更加透明化，使其为优先领域提供长期可靠的交叉数据集，推进海洋资源的可持续开发与利用。

2015 年，《全球海洋技术趋势 2030》提出机器人技术、自主系统、传感器技术、推进和动力系统、先进材料、通信技术、海洋生物技术等将是全球重点关注的技术领域。

为进一步对未来海洋发展指明方向，英国政府科学管理办公室（GOS）于 2018 年发布《预见未来海洋》报告，提出要领导新兴产业和技术（自主航行器和深海采矿技术等）的规则制定；研究现代海洋通信技术，提升数据传输和电池技术；推动系统性、全球合作、协调和可持续的全球海洋观测和海底绘图工作，提升对海洋的认识。

2020 年，英国国家海洋中心发布《2020～2025 战略重点：定义未来》，旨在通过增进对海洋的认知，应对人类和地球面临的重大环境、资源挑战，提出重点关注气候和碳循环、沿海区和陆架海，海底资源和生境，平台、传感器、模型和数据系统开发。

日本。《海洋基本计划第三期 2018～2022》着眼于今后 10 年的海洋政策与理念，将能动地打造有利于日本国家利益的海洋形势与环境，最大限度地利用海洋资源与潜力，完善海洋产业，确保海洋可持续性开发、利用和环境保护，实施最先进的海洋技术创新性研发，并充实海洋观测和调查，强化国民整体海洋意识，促使日本成为"世界海洋的指针"。为此，该计划强调对深海等海洋科学未知领域的科技挑战，同时最大限度活用现有的海洋科技，持续应对自然灾害、气候变动等重大课题，还要维持和强化科技基础上的高效海洋观测网。重点方向涵盖了智能化技术、深海探测、海洋矿产开发以及可燃冰开采技术等领域，在绿色化和智能化领域不断取得重大突破。2019 年 2 月，日本经济产业省修订《海洋能源和矿产资源开发计划》，针对天然气水合物、石油与天然气、海底矿产资源的开发分别提出了具体的目标，制定了时间节点和路线图。

中国。中国海洋战略以建设海洋强国为目标，突出维护海洋主权和权益、开发海洋资源、保障海上安全、保护海洋环境四大需求，《"十三五"海洋领域科技创新专项规划》明确了"立足近海，聚焦深海，拓展远海"的发展思路，重点提出：要实施深海探测技术研究、海洋环境安全保障、深水能源和矿产资源勘探与开发、海洋生物资源可持续开发利用、极地科学技术研究等海洋科技重大任务，聚焦深水、绿色、安全领域，着力大幅提升对全球海洋变化、深渊海洋、极地的科学认知能力；快速提升深海运载作业、海洋资源开发利用的技术服务能力；显著提升海洋环境保护、防灾减灾、航运保障的技术支撑能力；完善以企业为主体的海洋技术创新体系，有效提升海洋科技创新和技术成果转化能力。《国民经济和社会发展第十四个五年规划和 2035 年远景目标纲要》提出：有序放开油气勘探开发市场准入，加快深海、深层和非常规油气资源利用，推动油气增储上产。此外，《能源技术革命创新行动计划（2016～2030 年）》提出：突破天然气水合物勘探开发基础理论和关键技术，开展先导钻探和试采试验；全面提升深海油气钻采工程技术水平及装备自主建造能力，实现 3000 m、4000 m 超深水油气田的自主开发。

第二节　文献计量视角的 2030 世界深海科技创新能力格局特征分析

从各国文献和发明专利的增长速度、国际论文合作关系、专利海外布局、深海领域项目的资助情况分析来看，相对当前"一超多强，中国崛起"的格局，未来深海领域的国家研发实力将逐渐多元化。表现为深海科研领域全球研究活跃，越来越多的国家和地区参与其中，并表现出一定的实力。

一、2030 年深海科技创新格局或将呈现多元化发展态势

2030 年美国仍保持深海科技研发超级大国地位。在研发引领方面，从 ESI 论文数量来看，美国 ESI 论文数量比较稳定，近 10 年，基本保持一年 20 篇左右的水平。目前中国排在第 2 位，美国 ESI 论文数量是我国的 2 倍，优势明显。在增速方面，各国 ESI 论文数量无明显增长，基本保持稳定态势。从 PCT 专利数量来看，美国目前 PCT 专利数量位于全球首位，是排名第 2 位挪威的 3 倍。同时美国深海领域 PCT 专利申请的机构超 50 家，支撑力量雄厚。在研发竞合方面，从 SCI 国际合作论文来看，美国一直是合作网络中心，合作密度为 88.3% 以上，在海外布局专利数量全球第一，同时也是国外专利布局的主要市场。美国在深海领域的研发是全覆盖的，未来美国将主要战略目标聚焦在发展适度超前的深海装备与技术方法、深海环境系统建模能力、支撑深

海矿产与生物资源开发的新技术三个方面，深海装备不断向无人化、网络化、小型化、高精度、低能耗、智能化方向发展，深海环境系统建模能力向着多学科融合、多数据源融合、多尺度融合的方向发展。预计到 2030 年，具有雄厚实力的研发机构将支持美国在研发引领方面持续领先，保持超级大国地位。

2030 年老牌海洋强国在深海科学高水平研发及单项技术方面继续领先。除美国外，老牌海洋强国主要包括英国、法国、挪威、荷兰、德国、意大利、日本、俄罗斯等国家，其深海领域研发机构的优势在于其影响力和市场的竞争力。从深海领域及其细分技术看，SCI 论文引用率较高的机构基本集中在美国、英国、法国等老牌海洋强国。通过对高被引论文深入分析发现，关于深海领域相关理论研究，例如水下声学、深海认知、深海采矿对环境的影响等，仍主要集中在美国高校院所，部分集中在欧洲高校院所。而在技术开发方面，老牌海洋强国在不同技术领域各有所长，拥有大量隐形冠军企业。结合目前的 SCI 论文、ESI 论文、PCT 专利数量以及 SCI 论文和发明专利申请的年均增速来看，英国研发布局主要集中在 ROV、声学、生物调查技术、深海油气资源开发；法国在 AUV、声学、生物调查技术布局专利较多；挪威是深海领域主要的技术输出国家，在 ROV、水下通用技术、深海微生物、深海油气资源开发等方向保持优势；德国侧重水下动力推进、光学、电磁学、天然气水合物开发及深海矿产资源开发等方向。未来，英国、法国、德国等欧洲国家将持续关注深海探测与开发的基础设施及其关键能力建设、深海生物生态资源利用等领域。预计到 2030 年，老牌海洋强国在深海认知、深海技术等若干领域将保持优势地位。

2030 年新兴海洋国家在深海科技领域科技研发地位将会提升。近年来，从发文增速和专利申请增速来看，中国、韩国、巴西、印度都出现了较快的增长，不断有新的研发机构和企业参与到深海领域。从参与深海领域 SCI 发文机构数量来看，中国参与深海领域的发文机构数量已超过美国，且机构十年增长率为 10.4%，同样印度、巴西、韩国也出现了较快的增长，机构十年年均增长率超 5%，其中印度与中国机构增长率接近，为 9.9%。然而老牌的海洋强国特别是英国、德国、法国参与深海研究的机构增长缓慢，加拿大和澳大利亚甚至出现了负增长（图 7-1）。从发文和专利增速来看，中国、印度、巴西 SCI 发文十年年均增速为 23.7%、15.9% 及 13.2%，发明专利申请十年增速分别为 26.1%、23.8%、16.2%，增速在 15 个国家中排前 3 位（图 7-2）。中国、韩国、巴西、印度累计发文数量不断地提高。其中，中国由于从事深海科研机构和人员的增多以及有力的资金资助，在 2018 年 SCI 发文数量已超过美国，论文引用数量约占美国论文引用数量的 80%，PCT 专利数量排名第五位。中国深海科技创新能力快速崛起并持续发展，深海科技领域的研究基本实现了全面覆盖。同时，印度、巴西、韩国也已显现出一定实力。印度主要聚焦在深海进入和深海探测方面，具体涉及深潜器、水下通信，以及水下光、声、磁探测；巴西聚焦在深海开发领域，关注深海生物调查技术、深海生物基因开发与利用、深海微生物、深海油气开发等方向；韩国在经历快速增长之后，目前增速放缓，在深海科技方面重点关注水下潜器、水下通用技术、水下探测技术以及深海生物开发等。

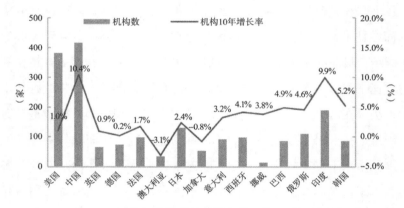

图7-1　深海领域发文数量排名前15位国家机构分布

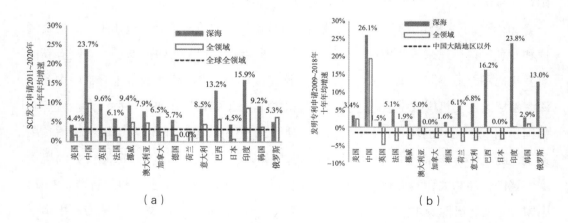

图7-2　（a）主要国家在深海领域及全领域2011～2020年SCI发文十年年均增速；（b）2009～2018年发明专利申请10年年均增速

二、全球在深海研发领域保持活跃态势

全球深海 SCI 发文量和 SCI 发文机构数量均呈现较快增长态势。2011 ～ 2020 年，SCI 年均发文增速为 9.7%，接近全球全领域 SCI 论文年均发文增速的 2.5 倍。SCI 发文机构增速为 7.7%。2012 年至今，SCI 发文量和发文机构增速加快，进入快速增长阶段。在技术开发方面，目前除中国大陆地区以外，全球发明专利申请呈现略微下降趋势，2009 ～ 2018 年发明专利申请的年均增速为 –1.5%，但深海领域的发明专利的申请增速仍高于全球全领域发明专利的申请增速。反映出深海技术的开发同样备受重视，深海是世界科技研发关注的热点，研发保持活跃状态（图 7–3）。

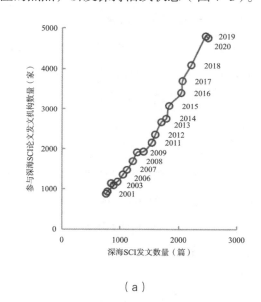

（a）

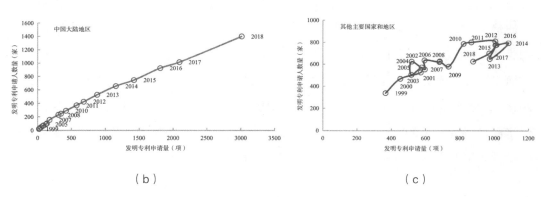

（b）　　　　　　　　　　　　　　　　（c）

图7–3　深海领域研发趋势

（a）全球深海领域SCI发文周期（2001～2020年）；（b）深海领域中国大陆地区发明专利技术生命周期；（c）深海领域其他主要国家和地区发明专利技术生命周期

深海进入子领域，2001年以来SCI的发文数量和相应的SCI发文机构都呈现增长态势，2001～2020年均发文增速为13.1%，高出全球全领域SCI发文增速近10个百分点，SCI发文机构的增长速度达11.9%。深海进入整体处于快速增长的阶段，是四个子领域中增长最快的方向。近20年，中国在深海进入子领域发明专利的申请数量和申请人都呈现快速增长且增速逐年加快态势。1999～2011年，中国的潜水器研究处于起步阶段，2011年之后进入了飞速发展的时期，根据对数据的预测，中国的专利申请仍将保持增长态势。相对而言，其他主要国家和地区起步早于中国，在2008～2013年保持了增长的态势，在2013年之后增速放缓，目前呈现申请人和申请量双重下降的趋势（图7-4）。**深海进入潜水器方向AUV与AUG增长较快。**HOV、AUV、ROV及AUG四个方向的发文都呈现出了增长的态势。其中，HOV相关发文体量最小；AUV相关发文起步早、体量高，增速最快，高达20.8%；ROV相关发文起步早，但在2005年之后，发文增速明显落后；AUG属于起步较晚的技术，在2015年之后进入快速发展阶段，发文增速达19.7%［图7-5（a）］。在技术开发方面，HOV、AUV、ROV及AUG四个方向的发明专利申请趋势与整体的申请趋势基本一致。中国大陆地区HOV、AUV、ROV的研究都是2011年之后出现了快速增长，AUG在2015年之后增长迅速。其他主要国家和地区在HOV、AUV、ROV研究起步都早于中国，特别是ROV领域。其他主要国家和地区在HOV有少量专利，AUV、ROV相关专利在2008～2013年保持了增长的态势，2013年之后基本保持稳定态势。AUG的研发在2015年之后发明专利申请速度增长较快，近期略有下降趋势，估计未来同样保持稳定态势（图7-6）。**深海进入相关通用技术方向水下通信和水下导航定位增长较快。**水下通信领域、水下导航定位领域及水下动力推进领域近10年SCI发文年均增长率分别为23.1%、23.7%及17.7%，高于潜水器的发文增速［图7-5（b）］。在技术开发方面，国外的研究都要早于中国，但中国相关技术研究发展迅速，发明专利申请量在2014～2015年超过了其他的主要国家和地区。根据对数据的预测，中国的专利申请仍将保持持续增长的态势。其他主要国家和地区未来没有明显的增长趋势，在水下动力推进领域专利申请量预计出现下降（图7-6）。

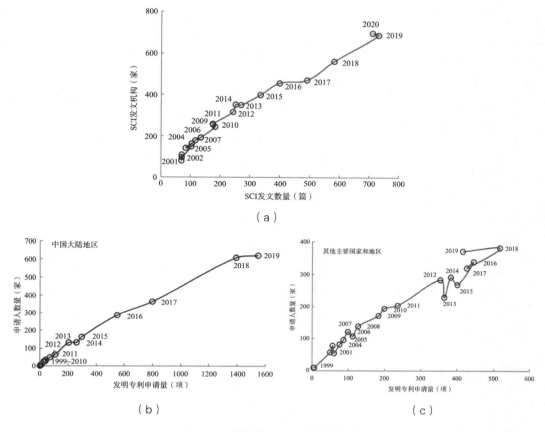

（a）

（b）　　　　　　　　　　　　　（c）

图7-4　深海进入子领域研发趋势

（a）全球深海进入子领域SCI发文周期（2001～2020年）；（b）深海进入子领域中国大陆地区发明
专利技术生命周期；（c）深海进入子领域其他主要国家和地区发明专利技术生命周期

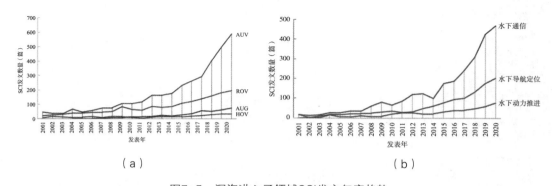

（a）　　　　　　　　　　　　　　（b）

图7-5　深海进入子领域SCI发文年度趋势

（a）载人深潜器（HOV）、无人自治潜水器（AUV）、有缆无人潜水器（ROV）、
水下滑翔机（AUG）SCI发文年度趋势；（b）潜水器相关通用技术水下通信、
水下导航定位、水下动力推进SCI发文年度趋势

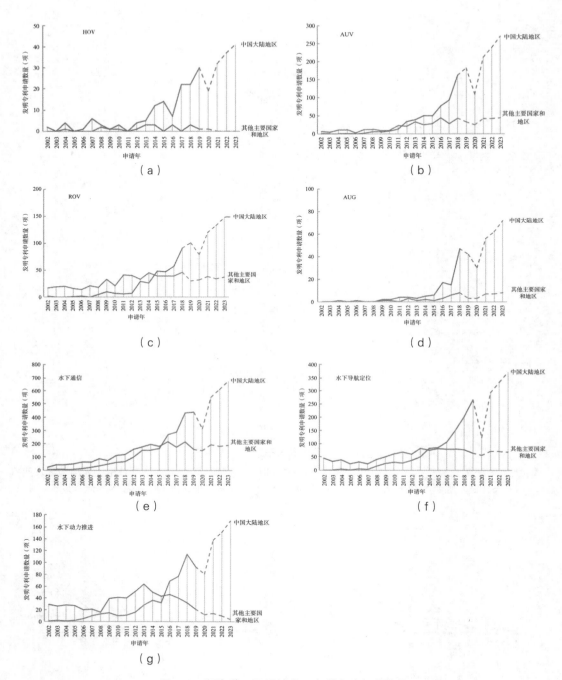

图7-6 深海进入子领域发明专利申请年度趋势

（a）载人深潜器（HOV）发明专利申请年度趋势；（b）无人自治潜水器（AUV）发明专利申请年度趋势；（c）有缆无人潜水器（ROV）发明专利申请年度趋势；（d）水下滑翔机（AUG）发明专利申请年度趋势；（e）水下通信发明专利申请年度趋势；（f）水下导航定位专利申请年度趋势；（g）水下动力推进发明专利申请年度趋势

深海探测子领域，近 20 年全球 SCI 发文数量和相应的 SCI 发文机构都呈现增长态势，年均发文增速为 9.5%，SCI 发文机构的增长速度达 7.7%，整体处于快速成长阶段。2015 年之后全球深海探测子领域的发文增速加快，尤其 2017 年后，发文数量及发文机构急剧增加，2020 年发文数量达 1507 篇，发文机构达 1332 家［图 7-7（a）］。从发明专利来看，近 20 年全球深海探测子领域相关的有效发明专利同族专利家族达 8600余项，发明专利数量及申请人数量整体呈现增长态势，平均增速分别达 9.1%、8.1%。根据对数据的预测，中国发明专利数量和申请人数量将继续保持增长态势，但增速放缓，美国及老牌海洋强国仍将处于平稳发展状态，申请人数量和专利发明数量增长缓慢［图 7-7（b）（c）］。深海探测技术中光学传感探测方向增长最快。从 SCI 发文来看，光学传感探测、声学传感探测、电磁学传感探测三个方向都呈现出了增长态势。其中，光学传感探测技术增速最快，SCI 发文量超过 3400 篇，近 10 年的发文增速达 13.1%，近 3 年的增速达 19.0%；声学传感探测方向的 SCI 发文量超过 8000 篇，近 10 年和近3 年的发文增速分别达 9.2%、17.2%；电磁学传感探测方向的 SCI 发文量超过 3300 篇，近 10 年和近 3 年的发文增速分别达 8.6%、15.9%（图 7-8）。从发明专利申请来看，除中国大陆外，其他国家和地区在这三个方向的专利申请量大致呈平稳发展态势，年均公开量在 100 项以内，而中国大陆地区自 2013 年起，在这三个方向各年度的专利申请量已超过全球其他国家和地区的申请量总和，呈现出快速增长态势。近 20 年，全球在光学传感探测、声学传感探测和电磁学传感探测三个方向的发明专利家族数量已分别达 2725 项、4954 项、1292 项，电磁学领域的专利数量远少于光学和声学领域（图 7-9）。

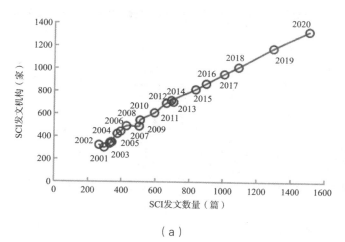

（a）

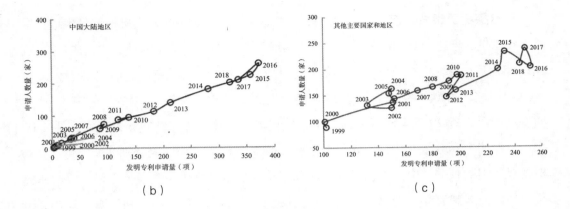

（b）   （c）

图 7-7　深海探测子领域研发趋势

（a）深海探测子领域 SCI 发文周期（2001 ~ 2020 年）；（b）深海探测子领域中国大陆地区发明专利技术生命周期；（c）深海探测子领域其他主要国家和地区发明专利技术生命周期

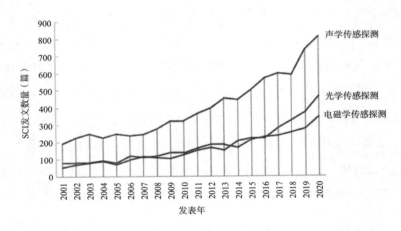

图7-8　光学传感探测、声学传感探测、电磁学传感探测SCI发文年度趋势

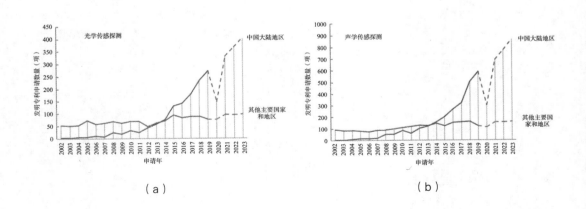

（a）   （b）

图7-9 深海探测子领域发明专利申请年度趋势
（a）光学传感探测方向发明专利申请年度趋势；（b）声学传感探测方向专利申请年度趋势；
（c）电磁学传感探测方向发明专利申请年度趋势

在深海生物资源开发子领域，2001年以来，全球SCI发文量和SCI发文机构数量均呈现增长态势，机构增速略低于发文增速，研发出现相对集中的趋势。2001~2020年，SCI年均发文增速为9.2%，2020年发文数量为2001年的5倍多，近3年的增速则下降到3.7%，发文数量增幅变窄；SCI发文机构的年均增速为7.3%，2020年发文机构数量为2001年的近4倍。近20年，中国在深海生物资源开发子领域发明专利的申请数量和申请人都呈现快速增长态势，且增速逐年加快。中国大陆地区的发明专利申请规模庞大，发明专利申请占到了全球的64.1%，1999~2004年技术研发处于起步阶段，2005~2010年发展加速，2013年之后进入了飞速发展时期，发明专利申请数量在2010、2014、2018年出现明显跃升，根据对数据的预测，中国的专利申请仍将保持持续增长的态势。其他主要国家和地区起步早于中国，1999~2011年期间专利申请量呈现波动增长趋势，在2011年专利申请量和申请人数量均达到峰值，之后迅速下跌，目前仍处于下行态势（图7-10）。深海生物资源开发主要包括深海生物调查技术、深海生物基因开发与利用、深海微生物基础研究与利用三个方向，SCI发文量总体均呈现增长态势，近3年发文增速分别为12.9%、7.1%、14.8%，处于快速增长阶段。2001~2020年，深海生物调查技术共检索相关SCI论文约9500篇，年均增速9.8%，呈现连续增长态势；深海生物基因开发与利用共检索相关SCI论文近7000篇，年均增速11.1%，发文数量在2019年有一个小幅的回落，近3年的增速有所下降；深海微生物基础研究与利用共检索相关 SCI 论文约 5600 篇，年均增速 8.1%，微生物的研究与利用已成为深海生物资源开发的热点，是近 3 年 SCI 发文增速最快的方向（图 7-11）。在技术开发方面，三大研究方向与整体的专利申请趋势基本一致。中国大陆地区发明专利的申请起步较晚，早期专利数量极少，但 2013 年以后发展迅速，在 2012～2013 年中国专利数量反超，差距逐渐加大，根据数据预测，中国深海生物调查技术、深海生物基因开发与利用的专利申请仍将保持高速增长的态势；微生物方向后期将保持增长的态势，但增长的速度相对放缓。其他主要国家和地区的技术研发起步较早，生物调查技术的专利申请数量基本处于平稳发展的状态，基因开发与利用技术则呈现阶段性波动，两大方向的专利申请数量未来也没有明显的增长趋势；微生物方向的专利申请量在 2002～2005 年出现明显下滑，2006～2007 年快速回升，但 2008 年以后则一直处于下降态势（图 7-12）。

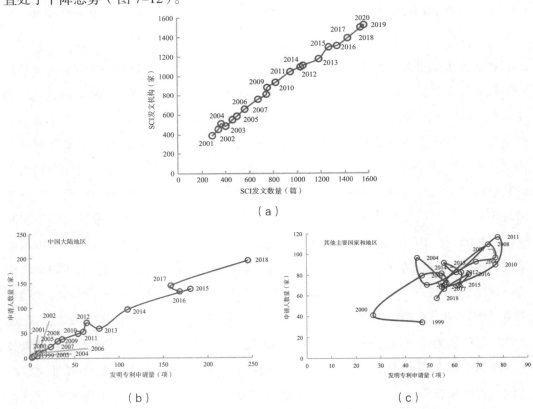

图 7-10　深海生物资源开发子领域研发趋势

（a）深海生物资源开发子领域 SCI 发文周期（2001～2020 年）；（b）深海生物资源开发子领域中国大陆地区发明专利技术生命周期；（c）深海生物资源开发子领域其他主要国家和地区发明专利技术生命周期

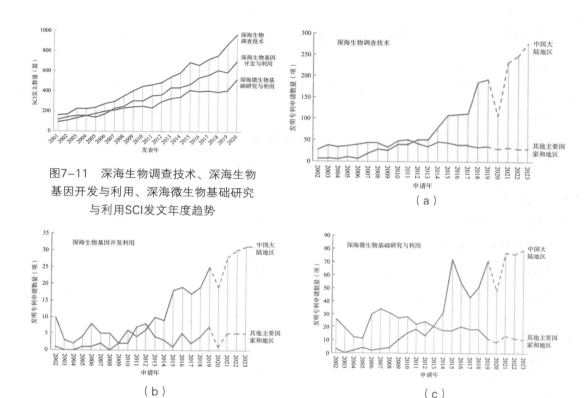

图7-11 深海生物调查技术、深海生物
基因开发与利用、深海微生物基础研究
与利用SCI发文年度趋势

（a）

（b）   （c）

图 7-12 深海生物资源开发子领域发明专利申请年度趋势
（a）深海生物调查技术方向发明专利申请年度趋势；（b）深海生物基因开发方向利用发明专利申
请年度趋势；（c）深海微生物基础研究与利用方向发明专利申请年度趋势

在深海油气与矿产资源开发子领域，2001 年以来，全球 SCI 发文量和 SCI 发文机构数量均呈现较快增长态势。近 20 年 SCI 年均发文增速为 9.7%，SCI 发文机构增速为7.7%，2020 年发文机构数量为 2001 年的 4 倍多。2012 年至今，深海油气与矿产资源开发子领域 SCI 发文量和发文机构增速加快，进入快速增长阶段。近 20 年，中国在深海油气与矿产资源开发子领域发明专利的申请数量和申请人呈现快速增长态势且增速加快。1999 ~ 2006 年，中国在深海油气与矿产资源开发子领域的技术研发处于起步阶段，2007 年之后进入快速成长阶段，有效发明专利数量在 2007 年、2010 年、2012 年、2014年、2017 年等出现多次跃升增长，根据对数据的预测，中国专利申请仍将保持快速增长态势。其他主要国家和地区在深海油气与矿产资源开发子领域的技术研发起步早于中国，1999 ~ 2014 年保持了较快增长，2014 年专利申请量和申请人数量均达到峰值，之后迅速下跌并呈现下降态势（图 7-13）。这主要与 2014 年 8 月美国开始增加页岩油的开采，引发全球原油价持续下跌，深海油气开发进入低迷发展阶段，而天然气水合物和深海矿产资源开发面临多重环境因素影响商业化进程缓慢等原因有一定关系。深海油气与矿产资源开发包括深海油气资源开发、天然气水合物开发和深海矿产资源开发三个方向，其SCI发文量总体均呈现增长态势，近3年发文增速分别为13.9%、14.1%和16.7%，处于快速增长阶段。2001～2020年，深海油气资源开发共检索相关SCI论文5000余篇，年均增速为9.9%，在2001～2006年和2007～2009年两个阶段增长后，受国际油价大幅下跌影响出现下降回调，在2012年之后呈现连续快速增长态势，2012～2020年增速达14.9%。天然气水合物开发共检索相关SCI论文2700多篇，年均增速为9.4%，在2002～2003年、2009～2010年、2017～2020年出现较快增长，特别是2017年中国在南海神狐海域可燃冰试采成功后，近四年发文增速高达18.4%。深海矿产资源开发共检索相关SCI论文1600余篇，2017年之后，发文态势与天然气水合物开发基本一致（图7-14）。在技术开发方面，发明专利申请趋势与子领域整体申请趋势基本一致，2007年之后快速增长；天然气水合物和深海矿产资源开发两个方向研发起步相对较晚，天然气水合物开发在2012年之后增长迅速，深海矿产资源开发方向的快速增长则出现在2014年之后。其他主要国家和地区在三个方向的技术研发起步较早，但在2014年前后达到峰值后，总体呈现下降态势，在2015～2016年中国数量反超，且根据数据预测，未来专利数量差距呈现逐渐加大态势。其中以深海油气资源开发方向最具代表性，2014年之前其他主要国家和地区在该方向的发明专利申请量远远领先中国，2016年之后中国发明专利数量反超，未来中国发明专利数量将继续领先（图7-15）。

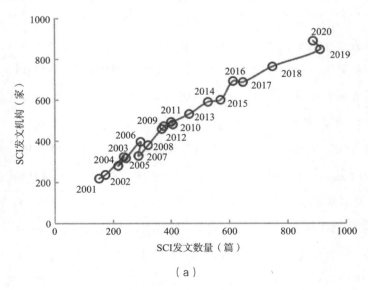

（a）

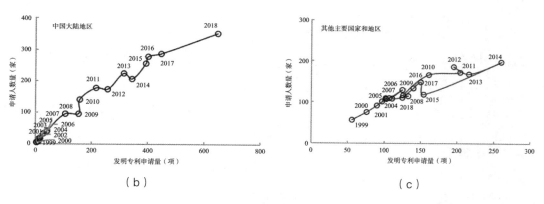

图7-13 深海油气与矿产资源开发子领域研发趋势

（a）深海油气与矿产资源开发子领域SCI发文周期（2001～2020年）；（b）深海油气与矿产资源开发子领域中国大陆地区发明专利技术生命周期；（c）深海油气与矿产资源开发子领域其他主要国家和地区发明专利技术生命周期

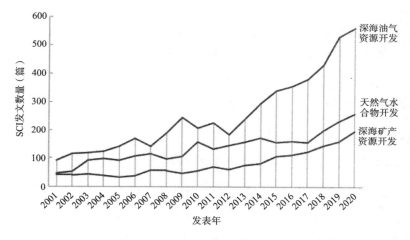

图7-14 深海油气资源、天然气水合物和深海矿产资源开发SCI发文年度趋势

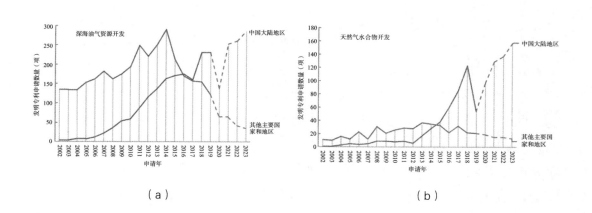

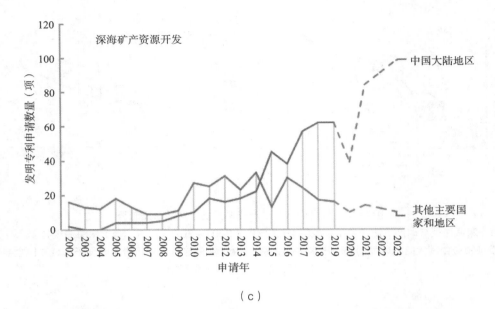

（c）

图7-15　深海油气与矿产资源开发子领域专利申请年度趋势

（a）深海油气资源开发方向发明专利申请年度趋势；（b）天然气水合物开发方向发明专利申请年度趋势；（c）深海矿产资源开发方向发明专利申请年度趋势

三、国际市场竞争力技术差距仍然存在

在深海领域，美国专利的海外布局居全球首位，布局的海外市场包括欧洲专利局、巴西、挪威及澳大利亚。老牌海洋强国一般来说具有较强的海外市场布局能力，海外专利占比基本都在80%以上，美国是布局的主要市场。巴西和印度也非常重视海外专利的布局，其中巴西超80%的专利布局在海外，印度近60%的专利布局在海外。中国、俄罗斯、韩国的发明专利基本都布局在本土，海外专利比重较低。

在深海进入子领域，美国专利的海外布局居全球首位，主要布局的技术方向集中在AUV、ROV、水下通信、水下导航定位及水下动力推进技术方向，但在AUG领域布局市场较少。新兴海洋国家中巴西具有较好的市场布局能力，主要布局在ROV、水下通信技术方向。在深海探测子领域，美国重点布局的领域集中在电磁学探测技术方向。侧重于光学探测技术的全球布局。中国、韩国、俄罗斯、印度的市场布局能力较弱，与欧美海洋国家相比差距明显。在深海生物资源开发子领域，法国在生物调查及基因开发与利用方向的布局能力接近，荷兰则更多的布局在基因开发与利用、微生物研究与利用方向。美国在深海生物调查方向的市场布局能力较强，在基因开发与利用方向的布局市场相对较少。新兴海洋国家中，巴西、印度的体量很小，巴西主要布局在微生物研究与利用方向，印度主要布局在基因开发与利用方向。在深海油气与矿产资源开发子领域，布局的技术方向主要集中在天然气水合物勘探、深海油气钻井、水下生产系统等。美国专利总量较多，保持较高市场布局水平，并且在深海油气与矿产资源开发领域各主要方向均有海外市场布局。新兴海洋国家中巴西具有较好市场布局能力，主要布局在水下生产系统、海上油气平台、深海油气勘探等深海油气资源开发方向（图 7-16）。

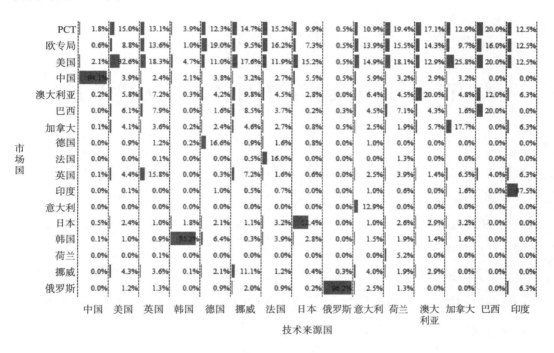

图7-16 深海领域主要海洋国家海外专利布局情况

四、世界主要海洋国家对深海科技持续投入

据不完全统计，美国国家科学基金会（NSF）、美国海军小企业创新与转移计划项目（SBIR/STTR）、欧盟地平线（H2020）、日本科研补助金数据库（KAKEN）、英国研究理事会（UKRI）高度重视深海科学研究，每年持续投入科研项目经费支持深海科技创新。在深海科学研究方向上，2016 年以来，美国国家科学基金会重点资助了海底测绘、无人潜水器海底探测、水下通信、滑翔机开发、深海环境下的生物化学和物理特征等方向；欧盟 H2020 重点资助了深海生态系统、深海资源可持续开发利用、水下探测及信息技术等科学问题；日本 KAKEN 资助科研项目重点开展深海生物多样性、

深海环境下的生物学特征、海底地震观测等方面的研究；英国 UKRI 侧重资助深海环流、海底生物多样性、深海矿产资源开发等方向的研究（参考附录重点项目列表）。"十三五"期间，国家科技重大专项、国家重点研发计划、国家自然科学基金、先导科技专项在海洋领域部署了大批项目，国拨经费投入超 66.64 亿元，各种渠道配套投入经费近 51.23 亿元，总计投入约为 117.87 亿元。

第三节　2030 年我国深海科技创新能力特征分析

海洋领域第六次技术预见结果显示，我国深海科技与国际领先水平差距超过 10 年，我国深海科技处于"三跑并存、跟跑为主、追赶迅速、局部领先"发展阶段。2011 ~ 2020 年，我国 SCI 发文和发明专利申请数量一直保持高速增长，因此研发增速指标位居首位。在研发规模、研发力量方面，我国仅次于美国，排名第二位；但研发引领指标、研发竞合指标方面仍落后于美国及老牌海洋强国。近年来，我国从事深海研究的机构数量、科研人员数量以及相应的 SCI 发文数量均呈现快速增长态势，成为深海科技中一支重要的力量。

一、2030 年我国在深海科学基础研究创新能力将进一步提升

2018 年我国在深海领域相关的 SCI 发文数量已超过美国，论文引用数量约占美国论文引用数量的 80%。我国 SCI 发文增长率远高于其他国家，居第一位。近年来，我国高度重视深海科技创新能力的提升，不断有新的研发机构参与到深海技术研发与装备制造领域，基于论文数据分析显示，我国参与深海科研的研究机构与人员的数量增速明显。目前，我国参与从事深海科研的机构数量仅次于美国，排名第二位。可以预见，2030 年我国在深海基础科学研究领域将形成全球最大的规模，成为深海基础研究最重要的贡献者之一。在高被引论文方面，我国在 2014 年之后出现了快速增长，但近 3 年增速放缓，目前，我国的高被引论文为美国的 50% 左右。科学前沿占有率与高被

引论文数量相关，随着我国持续的投入、研究机构和研究人员的不断增多，按照面向前沿的战略定位，我国在深海科技前沿创新能力将进一步得到提升。

二、2030年我国在深海技术领域由"跟跑"为主向"并跑"为主转变

从我国技术及产业化实现时间上看，根据"海洋领域第六次国家技术预测"海洋全领域现场德尔菲调查，对相关深海技术分析显示，约半数的技术将在未来5年取得突破，10年内得到产业化应用。从技术实现时间看，59%的关键技术将在5年内实现，39.3%的技术需要6～10年时间，1.7%的技术实现时间超过10年。从产业化实现时间看，6.8%的关键技术将在5年内实现产业化，49.6%的技术需要6～10年，27.4%的技术需要10～15年，16.2%的技术需要15年以上（图7-17）。

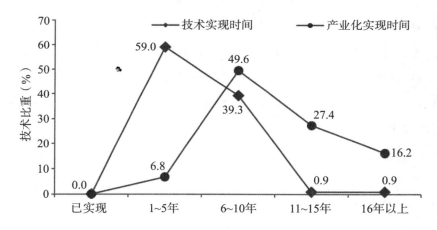

图7-17　深海领域技术预期实现时间和与领先国家的差距时间总体分布

从领跑技术数量上看，根据"海洋领域第六次国家技术预测"技术创新竞争力评价结果，综合深海4个子领域147项关键技术得分，我国深海领域科技竞争力平均得分为78分（领先国家为100分）。结合专家意见，75分为与国际领先水平差距10年，表明我国深海整体科技竞争力水平与国际领先水平差距为8～9年。147项技术中，"领跑""并跑""跟跑"技术占比为12：36：52，表明我国深海科技处于"三跑并存"，以跟跑为主、追赶迅速、局部领先。其中，在深海进入和深海探测两个领域，领跑技术占比约为20%，并跑技术占比远高于跟跑技术；深海生物资源开发和深海油气矿产资源开发两个领域，领跑技术仅占5%，跟跑技术占比超过58%。2019

年国家第六次技术预测与 2014 年国家第五次技术预测结果对比显示，美国在海洋领域的领跑技术比重保持 85% 左右，德国、法国、英国基本为 15%，我国领跑技术占比提升了 2 个百分点，达到 12%。按目前每 5 年提高 2 个百分点估算，2030 年我国约有 16% 的技术实现领跑，接近德国、法国、英国的水平。同时根据技术得分与领先国家差距估算，到 2030 年，"领跑""并跑""跟跑"技术占比为 16：52：32，有望实现我国在深海技术领域由"跟跑"为主向"并跑"为主的转变。

三、未来我国布局将由深海进入转向深海探测与开发，研发重点为深海材料与装备、水下探测和矿产资源勘探

根据"海洋领域第六次国家技术预测"海洋全领域现场德尔菲调查，对相关深海技术分析显示，深海进入、深海探测、深海开发重要度得分依次递增，分别为 82 分、86 分、89 分，而研究基础得分逐级递减，分别为 66 分、64 分、53 分，综合重要度依次为深海探测、深海开发和深海进入，表明我国在深海领域的布局重点应由深海进入逐步转向深海探测与开发领域。从关键技术的综合重要度排名看，深海进入重要度较高的技术集中在深海材料和关键装备，深海探测主要为水下探测分析技术，深海开发为矿产资源勘探。

第四节　我国深海科技研发方向展望

在海洋领域第六次国家技术预测期间，通过组织一线专家，完成了入选关键技术剖面分析工作。深海领域共梳理了 287 项技术剖面，其中，深海进入、深海探测、深海生物资源开发及深海油气与矿产资源开发分别为 112 项、90 项、21 项、64 项技术。通过分析技术的标题和技术描述形成了技术关键词云，用于反映未来我国深海科技的发展趋势，同时综合深海科技四个子领域的研发热点和前沿、全领域德尔菲调查结果，筛选出关键技术并进行专家解读。

一、深海进入

（一）技术发展趋势

基于110位专家深海进入领域112项技术，通过分析技术的标题和技术描述形成了技术关键词云图（图7-18）。从技术关键词云可以看出，智能化、协同化、高精度化、高效率化成为新一代深海进入技术的发展方向。

图7-18　深海进入领域专家调查技术关键词云图

智能化——随着物联网、云计算、大数据、移动互联、超大规模计算等新兴技术的飞速发展，特别是人工智能等新技术的再次兴起，将要或者正在为海洋技术的智能化发展注入新的活力。目前，深潜器正在加快融合人工智能、新型通信组网、水下导航定位等新一代信息技术，利用海洋生物作为载荷搭载平台的新进入技术也正在逐步兴起，人类正在打破海洋在垂直方向上的距离。

协同化——随着智能水下机器人应用的增多，除了单一智能水下机器人执行任务外，还将需要多个智能水下机器人协同作业，共同完成更加复杂的任务。智能水下机器人通过大范围的水下通讯网络，完成数据融合和群体行为控制，实现多机器人磋商、协同决策和管理，进行群体协同作业。多机器人协作技术在海洋科学研究方面潜在的用途很大，美国已经着手研究多个智能水下机器人协同控制技术，其多个相关研究院所联合提出多水下机器人协作海洋数据采集网络的概念，并进行了大量研究，为实现多机器人协同作业打下基础。

高精度化——虽然传统导航方式随着仪器精度和算法优化，精度能够提高，但由于其基本原理决定的误差积累仍然无法消除，所以在任务过程中需要适时修正以保证精度。全球定位系统虽然能够提供精确的坐标数据，但会暴露目标，并容易遭到数据封锁，并不十分适合智能水下机器人的使用。所以需要开发适用于水下应用的非传统导航方式，例如：地形轮廓跟随导航、海底地形匹配导航、重力磁力匹配导航和其他地球物理学导航技术。其中海底地形匹配导航在配有及时更新电子海图的情况下，是非常理想的高效率、高精度的水下导航方式。未来水下导航将结合传统方式和非传统方式，发展可靠性高、集成度高并具有综合补偿和校正功能的综合智能导航系统。

高效率化——为了满足日益增长的任务需求，智能水下机器人对续航能力的要求也越来越高，在优化机器人各系统能耗的前提下，仍需要提升机器人所携带的能源总量。目前所使用的电池无论体积和重量都占智能水下机器人体积和重量的很大部分，能量密度较低，严重限制了各方面性能的提升。所以，急需开发高效率、高密度能源，在整个动力能源系统保持合理的体积和质量的情况下，使水下机器人能够达到设计速度并满足多自由度机动的任务要求。

（二）关键技术解读

1. 载人深潜器（HOV）

下一代载人深潜器智能控制技术。主要包括新型人机交互技术、智能自主控制技术、在线故障诊断与容错控制技术、新型推进驱动技术等。新型人机交互技术主要采用视觉增强现实、作业环境全景影像生成、人机语音互动等手段提升人机交互能力；智能自主控制技术是采用人工智能算法并结合视觉影像信息，实现机器人潜航员自动驾驶功能，能够进行智能路径规划、自动避障行驶、自动目标跟踪等，显著减轻潜航员作业负担；在线故障诊断与容错控制技术通过采集传感器及控制信息分析系统健康状况，并可根据故障程度，进行容错控制；新型推进驱动技术包括轮缘驱动、磁流体驱动等新型驱动原理，能够实现高效率推进驱动。

2. 无人自治潜水器（AUV）

多栖/跨界质航行器。各种传统的潜水器作为深海进入平台，能够完成水下勘探、侦测甚至是军事上的进攻防守等任务，但无法进行空中和水面的探测，并需要复杂的水面支持系统进行吊放和回收。海空两栖无人航行器是一种可以穿越航行于空中、水面和水下高机动性跨介质运载平台。可通过岸基或船舶甲板进行飞行式布放和回收，具有空中飞行控制、定位、指定海域水面降落、自主下潜上浮、水下滑翔和飞行返航的功能，可搭载两栖光学观测和水下监测传感器，进行空中、水面和水下探测。

超高速潜水器技术。超高速潜水器技术主要利用超空泡减阻技术实现潜水器水下100m/s级的超高速航行技术，具体技术包括：超空泡生成和空泡控制技术、超功率推进技术、制导技术等。超空泡生成采用通气空化的方式实现超空化，空泡控制技术指抑制空泡脱体、变形等流体动力突变采用的技术；超功率推进技术指采用水冲压发动机推进技术；制导技术按照特定基准弹道，控制和导引潜水器航行或实现对目标攻击的综合性技术。

3. 有缆无人潜水器（ROV）

极区观测作业ROV。南北极部分海域长年被海冰覆盖。传统的海冰考察方法是在海冰上钻孔，不仅效率较低，且获得的数据也很有限。极区观测作业ROV可不受海冰影响观测海冰特征、冰下水文、环境和生物等，从而获得大量有效的数据。极区ROV顶端加装防护装置，防止关键部件被海冰撞坏。通过携带温盐仪、光通量测量仪和水下摄像机等多种测量设备，具有多种科学观测能力，可获得冰下光透射辐照度、冰底形态、海冰厚度、温度、盐度、深度和海洋环境参数等多种科学观测数据，极大地丰富了现有的北极冰下监测手段。

6000 m以深ROV脐带缆。ROV脐带缆是连接母船与水下ROV的关键连接载体，集光纤通信、遥控指令传递、视频影像传输、电力远供等功能于一身，应用于深海油气田、洋底多金属结核、热液硫化物矿床、海底可燃冰以及海底生物等深海资源勘探和开发，海洋可再生能源与海洋工程服务，海底考古，极地调查，海洋科研及军事领域等。6000 m以深ROV脐带缆技术主要包括结构设计技术、制造工艺技术、超高压环境下纵向密封技术、高电压绝缘技术、动力和信号传输试验技术等。结构设计中根据强度/重量比、动力和信号传输等特殊需求开展动力单元的传输电压、导体截面以及光纤单元的传输容量和光纤选型设计；制造工艺技术包括大长度成缆工艺稳定性、大长度制造纵向密封材料填充一致性等；测试技术主要针对脐带缆的物理性能、光学性能、电气性能、机械性能等基本性能测试方法的研究和试验。

4. 水下滑翔机（AUG）

7000 km 超长续航水下滑翔机技术。水下滑翔机是实现深海大范围、长时序海洋信息观测与探测的有效技术手段。7000 km 超长续航水下滑翔机技术将在我国"十三五"工作深度 1000 m、航程 3000 km 级水下滑翔机技术基础上，进一步开展系统的增能和降耗核心技术优化，开展能源与驱动、控制与通信、耐压与结构、防腐与附着以及长时间运行可靠性与安全保障等技术优化研究，实现我国水下滑翔机工作深度 1000 m，重量约 100 kg，最大滑翔速度 1 节，续航里程 7000 km，观测剖面大于 1200 个，续航时间 12 个月以上的能力水平，为我国海洋科学和海洋安全提供新型超长航程水下滑翔机平台。

可变翼水下滑翔机技术。可变翼水下滑翔机技术主要包括水下滑翔机翼身协同设计、复杂环境感知与多源信息融合决策、自适应变翼控制算法等核心关键技术，水下滑翔机机翼可依据复杂海洋环境智能化地自适应调整其展弦比、后掠角、攻角等关键核心参数，适时实现机翼折展、变形、变刚度等功能，进而具备一机多观探测模式。其中，水下滑翔机翼身协同设计包括变翼构型设计、智能新材料、多体动力学、多目标协同优化等；复杂环境感知与多源信息融合包含多传感器信息融合技术、专家系统、多目标动态寻优、大数据统计与决策技术等；自适应变翼控制算法包括自组织控制、自学习控制、深度学习、神经网络、冗余与补偿算法等。综上，可变翼水下滑翔机能与复杂海洋环境高度自治共融，具备海洋现象多模式高精度稳定观测和探测能力。

5. 水下导航定位

惯性基组合导航技术。水下惯性基组合导航是以捷联惯性导航系统（SINS）为主，辅以全球卫星导航系统、多普勒测速仪、深度计、声学定位系统和地球物理场定位系统等其他导航设备共同构成的导航系统，主要技术包括 SINS 初始对准技术、惯性仪表误差的在线标定技术、多传感器信息融合技术。水下航行器用惯性基组合导航系统的初始对准通常是在动基座条件下完成，主要包括罗经法自对准、传递对准和组合对准；在线标定技术主要指惯性导航系统利用辅助信息对仪表误差进行在线估计；多传感器信息融合主要指利用各类融合滤波器（Kalman 及其各类改进滤波器优化融合方法）对惯性导航系统和各类辅助信息进行不同层次的组合，以充分发挥各类系统的优势，形成优势互补或强强联合。惯性组合导航系统能够综合各单一导航方式的优势，输出高更新频率、高可靠性和全面丰富（速度、位置、姿态、角速度与加速度）的导航定位数据，可用作各类潜水器的导航与操控信息源，亦可以用作潜水器搭载设备的基准信息源。如用作航行器定深、定向与悬停操作的操控信息源，海底作业、目标搜索的导航信息源，侧扫测深声呐探测数据拼图的基准信息源。

　　长基线、超短基线定位系统。目前商业产品主要以长基线、超短基线定位系统以及两者的组合基线为主。长基线定位系统由预先布设的参考声信标阵列和测距仪组成，通过距离交汇解算目标位置。长基线需要事先布阵，作业成本高，主要应用于局部区域高精度定位。超短基线定位系统则是由多元声基阵与声信标组成，通过测量距离和方位定位。其优点为尺寸小、使用方便，缺点是定位误差与距离相关，适用于大范围作业区域跟踪。长基线、超短基线定位技术主要包括换能器及匹配、信号处理、系统参数标定、释放技术等。换能器主要研究重点在宽带深水耐压换能器以及高性能超短基线基阵；信号处理技术包括信号检测、时延估计、方位估计、声速补偿等；系统参数标定技术目前主要以通过水面设计航迹将 GPS 基准传递至水下；释放技术多采用电机驱动以及声学指令控制。

　　地形匹配导航/地球物理导航技术。从导航定位的角度看，地形匹配导航/地球物理场导航均为地球特征场导航定位，具体步骤如下：通过前期测量构建特征场数据库；实时测量特征场；将实时测量值与数据库中相应值进行匹配，获取导航定位数据。地球物理场测量系统：对于地形辅助惯性导航系统，地球物理场测量系统是测高仪器，其技术及产品基本成熟，目前主要有气压高度表、雷达高度表以及无线电高度表等，但对于海底地形地貌测量则主要依赖于声呐设备，尚不成熟。对于磁力/重力辅助惯性导航系统，其测量系统仍存在亟须解决的关键技术。从特征场稳定性角度看，重力辅助导航系统具有长期稳定性、而地磁场辅助导航系统则易被干扰。地球物理场电子地图：描述地形图主要采用数字高程模型；描述地磁场/重力场分布主要采用地磁/重力模型，地磁/重力模型包括国际地磁/重力参考场模型（IGRF）和区域地磁/重力场模型两种。匹配算法：目前地球物理场辅助惯性导航的匹配算法大多是沿用地形匹配的相关技术，水下地形匹配算法可归纳为三类：水下地形批处理匹配导航技术，TERCOM 算法和借鉴于图像配准的 ICP/ICCP 算法及其改进算法；基于扩展卡尔曼滤波的水下地形匹配导航技术，SITAN 算法；基于直接概率准则的水下地形匹配系统。地球物理（特征）场导航的难点和关键在于前期数据库的构建、特征数据的实时测量精度以及特征场分辨率等问题。

6. 水下动力推进

驱动传动技术。水下驱动传动技术主要包括水下电机、大功率推进器、液压驱动系统等。水下电机可以直接在水下把电能转变为机械能，直接驱动推进器或液压泵输出动力。推进器可以把机械能转变为推进力，驱动潜水器等水下设备的移动、转向、升沉、倾斜。液压驱动系统的功能是水下动力的分配与控制，可以把液压泵输出的液压动力分配给各个液压推进器、行走马达、钻具、水下阀门、抓斗、机械手、云台、作业工具等单元，实现无级调速甚至控制目标设备的协调运动和姿态调节。技术有以下发展趋势。①高电压伺服电机：关键瓶颈在于环境压力补偿的嵌入式控制器，需要不断提高使用多个大功率驱动模块搭建高电压伺服电机的可靠性和散热能力。②小尺寸伺服电机：关键瓶颈在于旋转部件的密封，需要解决大压差下密封与驱动效率的矛盾。③伺服控制：关键瓶颈在于抗压型电－机械转换器，需要不断提高电－机械转换器的闭环控制对高压环境下的适应性和鲁棒性。

7. 水下通信

深海蓝绿激光高速通信技术。深海蓝绿激光高速通信技术是利用海水光学透射窗口的蓝绿激光作为信息载体，以无线传输的方式在深海中实现数据的传递。该技术能够实现 Gbps 量级的传输速率，具有速率高、功耗低、体积小、重量轻等突出优势，可以解决深海近距离大容量数据传输难题。目前国外以美国 WHOI 和 MIT、英国 Sonardyne 公司等机构为代表，对此开展了大量的研究，相继解决了蓝绿激光通信信道链路建立、高速信号调制、高灵敏度接收等工程应用中面临的核心问题，开发出了最高传输速率高达 500Mbps 的产品，并进行了海试验证。国内目前针对深海蓝绿激光通信的研究大多集中在实验室关键技术攻关阶段，与国外差距较大。

光量子通信。水下量子通信是利用量子叠加态和纠缠效应进行信息传递的新型通信方式，信息不会被第三方截获。作为一项颠覆性技术，水下光量子通信的挑战性在于突破复杂水下环境的限制，将通信距离提高到与普通水下激光通信距离（数百米）相当的程度，并达到数十 kbps 的成码率。水下光量子通信系统主要由光学系统、控制电路、后处理系统、瞄准捕获跟踪系统等部分组成。待突破的技术包括：蓝绿光波段高重复频率单光子源、纠缠光源的制备，单光子偏振、相位、轨道角动量等调制方式的实现，诱偏态的产生，水下背景噪声的估计及时域、空域、频域滤波，水下及水 – 气界面信道的建模及仿真，蓝绿光波段高性能单光子探测，器件无关量子密钥分配、水下自由空间和光纤量子通信系统接口，系统小型化集成化，水下瞄准捕获跟踪，水下封装供电等技术，从而大大提升水下通信系统的性能和安全性。水下光量子通信将为水下通信提供无条件安全的保密手段，提升水下通信的性能，可用于潜艇之间，潜艇与水面舰船之间，潜艇、舰船与岸上、飞机、卫星等组成量子安全通信网络，还可应用于水下传感器网络各节点数据的高速安全采集及各种小型水下航行器的通信等。

二、深海探测

（一）技术发展趋势

基于 68 位专家深海探测领域 90 项技术，通过分析技术的标题和技术描述形成了技术关键词云图（图 7–19）。深海探测技术的体系化、协同化、智能化作业是新一代深海探测技术的发展方向。为实现精确、可靠和高效的深海探测，我国加大对深海光学通信技术、深海导航定位技术、深海动力能源技术、深海装备材料技术等关键性技术研发的支持力度。

体系化——深海探测技术的进步使大范围、高精度和准同步的全球深海探测成为可能。深海探测技术的体系化有助于获取多学科、多尺度、立体化和长时序的深海探测数据。基于海量数据，采用新理论、新模型和新方法，促进深海动力环境、深海地球物理场和深海工程地质等领域的科学研究。

协同化——深海探测的手段有限且成本极高，协同化作业是新一代深海探测技术的发展方向。结合人工智能、环境感知和通信控制等新兴技术，在特定海区大量布设以无缆自治潜水器为代表的深海运载器，有望实现大规模和多平台的组网作业，提高协同探测能力。

智能化——2010 年以来，以虚拟代理、决策管理、深度学习和生物特征识别等为代表的人工智能技术备受关注并蓬勃发展，已融入和改变人类的生活和生产。在深海探测领域，利用人工智能技术开展探测目标的识别和提取、探测装备的故障诊断和容错控制以及深海环境的高效感知等，推动深海探测技术的全面智能化。

图7-19 深海探测领域专家调查技术关键词云图

（二）关键技术解读

1. 深海声学传感探测技术

海洋生物资源声学监测与评估技术。主要包括基于主动声呐技术的海洋渔业生物、浮游动物、大型海藻等资源的声学监测与评估、基于被动声呐技术用于海洋哺乳类生物保护的声学监测与数量分布评估，以及用于渔业生物和哺乳类生物行为监测的生物声学遥测技术。其中，渔业生物和浮游动物等生物的监测包括声学目标识别技术、高精度宽带多功能主动声呐及水听器开发技术、资源评估使用的声学测量技术以及空间统计可视化软件技术等。

新型材料声学换能器。声学换能器分为发射换能器和接收换能器（即水听器）。声学换能器的发展很大程度上依赖于新型材料的发展。超磁致伸缩发射换能器、压电单晶发射换能器、弛豫铁电单晶发射换能器、压电复合材料发射换能器、铁镓合金材料换能器等新型材料换能器都是因为新材料的出现而随之出现。深海新型材料换能器可以为深远海声学通讯探测装备提供基础保障。新型材料发射换能器如超磁致伸缩发射换能器、压电单晶发射换能器、弛豫铁电单晶发射换能器由于它们的大应变、高能量密度、低声速，通常应用于水声领域中的低频、大功率、小尺寸发射换能器。压电复合材料发射换能器由于其可分电极供电，通常应用在高频阵列中。PVDF 水听器可以应用在潜艇的舷侧阵上，其柔软、易加工的特性，可以很好地与潜艇的外表面进行匹配。压电单晶矢量水听器通常应用于 UUV 的头部中，可以显著提升 UUV 的探测接收性能。美国已有商用与军用的新型材料声学换能器，目前我国在商业与军事上缺少应用。

声学图像在线识别技术。主要包括声学图像校正与增强技术、声学图像降噪复原技术、目标检测识别技术等。其中，声学图像校正与增强技术，主要校正因声音传播衰减所导致的声学强度差异，并使用图像处理技术进行声学图像增强显示；声学图像降噪复原技术，主要利用图像处理过滤海洋环境噪声、舰船自噪声及混响背景噪声；目标检测识别技术包含特征提取、分割、分类等算法，从经典的边缘特征、纹理特征等手工选择特征逐渐发展到基于深度学习的特征，然后采用如支持向量机（SVM）、随机深度分类等机器学习方法进行分类，最新方法采用深度学习方法将检测、识别融为一体实现实时检测。目前技术核心指标为：识别速度（秒级）、识别准确率（80% 以上）。当前，主要研究机构集中在欧美国家，国内研究较少。声学图像在线识别技术可识别海底矿产，应用于洋底多金属结核、热液硫化物矿床、海底可燃冰以及海底生物等深海资源勘探和开发；可对海底的沉船、失事飞机、沉物进行检测识别；可用于水下潜器的导航避障；可用于军方对水下潜艇、鱼雷、水雷等可疑目标的识别追踪。

2. 深海光学观测探测技术

（1）水下光学传感探测

LIBS/ 拉曼光谱探测技术。LIBS/ 拉曼光谱是两种重要的深海原位光谱探测技术，通常借助深海潜水器进行检测。LIBS 水下应用受到关注，从实验室模拟到现场试验、从机理研究到技术发展都取得了很大进展，但目前仍处于研究阶段。激光拉曼光谱技术多应用在冷泉、热液等探测目标物浓度较为异常的区域，尚未在更大范围内取得理想的应用成果。不断增强整体装置的探测精度和探测范围是未来研发重点。

海洋激光雷达。已被广泛应用于海洋科学研究，如浅海水深、海洋叶绿素浓度、海表油污、海洋污染以及海浪特征等测量研究。激光雷达 LIDAR（Light Detection And Ranging）的原理主要是发射单色激光，根据不同探测机制接收不同的返回光，从而获取海洋信息。海洋激光雷达的测量机制主要包括海水的米散射、拉曼（Raman）散射、布里渊（Brillouin）散射、荧光（Fluorescence）、海水吸收等，根据不同的探测机制，出现了各种类型的激光雷达。对标深海的探测需求，激光雷达具有极大的发展潜力，国外舰载激光雷达技术成为探测海洋深处的新眼睛，我国也在努力推进"透明海洋"工程，启动了"观澜"号海洋科学卫星研制项目，制订并实施深海监测计划，构建 100 km 高空到深海 500 m 的天基观测系统，实现从空中把海洋看透明的目标，加强对全球海洋的监测。

（2）水下成像

水下微光成像探测技术。水下微光成像探测技术将线阵列式弱光探测接收器与线扫描激光源分开放置，使经过调制后的激光光源扫描线与接收器视线在被观察区域始终保持固定角度。利用机械同步扫描技术，激光照射线与线阵列弱光探测器同步平行扫描，实现整个目标的面扫描和探测。然后通过立体二维重建技术对扫描图像进行重建得到清晰的水下图像。该技术可有效探测水下小目标，如海洋中的 AUV、蛙人、布雷、灭雷和援潜救生等，以及海底管道的铺设和修理、深海海底地貌和地形的测绘、水合物观测、海洋生物、数据收集等。目前面临的技术难题主要有：如何通过将照明光束扫描线与接收器视线在被观察区域固定一个角度，使其在滤除后向散射光的同时让目标反射光尽量多地进入接收器，从而提高信噪比，改善成像质量；提高接收器的光探测动态范围和灵敏度，利用与光源同步调制和数字滤波、数字平滑算法，从背景中提取有用信息，重构图像。

海洋及深海原位大视场明场荧光成像探测器。以激光二极管为激发光源，整形为条带型激发光束，快速扫描给定区域，原位测量大视场的荧光图像，实现明场荧光成像探测。该技术与发散式光源诱导成像法相比，探测的灵敏度、探测距离和成像分辨率大大提高。已有采用发散式光源诱导水下成像技术的研究，水下工作深度只有十几米，未发现在深海（海平面 1000 m 以下）应用的报道。由于深海与近海环境差异巨大（温度、洋流、自然光等），深海原位激光扫描成像技术主要面临以下技术挑战：一是需要高灵敏宽动态范围荧光探测器；二是对条形光扫描和荧光成像的算法、海量数据的快速处理，提高图像处理速度。

3. 深海电磁学传感探测技术

海洋电磁学在海洋油气资源、海底天然气水合物和海底金属矿产勘探以及海底地质构造研究中发挥着重要作用。

海洋可控源电磁（CSEM）勘探系统装备技术。海洋可控源电磁勘探技术是随着海上油气资源勘探开发而逐渐研发出来的一种新的技术，当岩石孔隙中含有油气时，其电阻率会大大提高。海洋可控源电磁勘探技术就是通过探测出这种电阻率的差异来寻找油气资源的。一般情况下，含油气层位的电阻率比周围岩样高 10 ～ 100 倍，因此通过勘探岩层的电阻率可以勘探出该层位是油气层还是水层。其具体操作办法是在海底放置多个电磁场接收器，然后在近海处拖动一个电偶极发射源，发射出的电磁波在水体和海底岩层中传播，经过地层的电磁波被海底接收器接受，通过最终反馈得到的电阻率分布情况可以判断出该地层是含油气还是含水。海洋可控源电磁勘探技术在海洋石油、天然气水合物、多金属矿勘探以及海洋环境地质调查等领域应用广泛，近些年越来越受到国际大石油公司的重视，并且已在世界范围内的主要海洋油气田进行过数千次商业化勘探作业，对提高海洋钻探的成功率起到了极其重要的作用。目前海洋电磁测量仪器装备和采集的核心技术掌握在挪威、美国、英国等几家石油公司手中，我国自主研制了海洋可控源勘探系统（OBEM），在海洋电磁勘探装备、方法理论研究等领域都有了明显的进步，初步掌握了海洋电磁仪器系统和采集技术，但在技术产品与产业应用方面存在较大差距。

海洋环境电磁监测/探测技术。海洋环境引起的感应电磁场包含有关海洋动力环境方面的丰富信息，相关研究日益被各国所重视。与此同时，海洋环境电磁场又是目标探测/监测的背景噪声和干扰源，海水运动感应电磁场与海洋目标电磁场将会叠加在一起，严重制约对目标弱电磁信号的感知。当今，各军事强国逐渐将战略重心转移到海洋上，越来越重视海洋电磁环境监测设备的研发工作，电磁探测作为重点研究和突破的非声探测手段已成为目前国际上最为热门的研究技术之一，利用该技术可提高海洋目标探测能力，具有深远的战略意义。

三、深海生物资源开发

（一）技术发展趋势

基于 28 位专家深海生物资源开发领域 21 项技术，通过分析技术的标题和技术描述形成了技术关键词云图（图 7-20）。从技术关键词云可以看出，深海生物原位观测、特殊生境生物及基因资源开发以及资源的综合利用是深海生物资源开发技术的重要发展方向。

图7-20 深海生物资源开发领域专家调查技术关键词云图

深海生物原位观测——采用先进的光学、声学、生物芯片和分子杂交等技术，开发基于流式细胞仪计数、全息影像技术、共轴成像技术、背影成像技术、浮游动物扫描技术、声学成像技术、核酸探针技术和抗原抗体技术等多种海洋生物原位监测与识别技术，开展对微生物、藻类、浮游生物和鱼卵仔鱼以及大型海洋动物的原位观测。

特殊生境生物及基因资源——在极端环境下，生物的相互作用不止是完成物质与能量转运的关键，同时也是挖掘特色基因资源的来源。如深海生物在低温、高压、稳定的深海环境，特别是在海沟、热液口、冷泉等特殊深海生境中长期进化，普遍进化出了独特的适应机制。支撑这些生物在生理学和生态学层面表现出各种适应机制的是多种多样陆地和浅海从未发现的功能基因及其表达的生物活性物质。它们具有许多特殊的功能，如耐高盐、耐低温、耐高温、耐高压和抗硫化氢等有毒气体，此外有些深海生物还能产生新型抗生素、抗肿瘤、抗病毒、降压降脂因子，因此通过研究这些微生物的生理机能，及其基因资源的表达机制，有可能制取多种有用物质，在医药、食品、化工、环保和军事等方面都具有良好的应用前景。

深海生物资源的综合利用——深海生物所产生的活性物质，包括极端酶、糖、小分子化合物等，往往具有特殊的结构与功能，是资源开发的创新源头。但由于深海微生物生长慢、培养难，依靠现有技术可培养的微生物还不到总数的 1%，而且深海生物活性物质产量低，以传统发酵技术来生产难度很大，因此需要通过遗传资源，开发快速筛选、高效发现与大量制备等关键技术手段。技术攻关重点包括海洋基因资源获取与大数据集成技术；基于"虚拟筛选"的深海微生物药物挖掘技术；深海真核微生物宏基因组拼接及新资源获取技术；海洋病毒高效分离及其基因资源获取技术；基于序列识别与机器算法的深海微生物新基因挖掘技术；深海生物新型大分子与小分子天然产物的定向筛选技术及其规模化发酵与制备技术；基因组－代谢组偶联表征技术及合成生物学技术等。

（二）关键技术解读

1. 深海生物调查技术

基于人工智能的实时原位海洋生物多样性监测与自动识别技术。利用人工智能技术，开发基于实时视频图像的鱼类物种识别、行为判断和资源量评估技术，能够进行长期原位观测，获得特殊生境物种组成和生物行为的第一手资料，弥补传统调查方法连续性不足的缺点。该技术主要用于水下重点水域（海洋自然保护区、珊瑚礁区、海洋牧场建设区）生物多样性长期实时监测。目前有关浮游生物图像识别技术已较为成熟，但水下弱光环境、海洋生物图像库建设缺乏，有关海洋生物中最重要类群鱼类和海洋哺乳类的实时图像原位多样性监测系统建设尚处于探索阶段。水下机器人 ROV 具有很大的灵活性，移动速度快，能够覆盖大范围的研究区域，是研究深海底栖生物群落的重要装备，将其与远程操作和自主水下航行器 AUV 结合使用，可以更好地了解底栖生物生态，全自动水下 ROV 还可以实现底栖生物样品的采集，因此成为固定的声学接收站的完美补充。图像识别技术是在人工智能基础上，融合了立体视觉、运动分析和数据融合等实用技术，有关海洋浮游生物的创新性的原位和实验室成像系统得到快速发展，使精细时空尺度上的浮游生物研究成为可能，能够快速、自动进行浮游生物的分类识别，目前自动分类系统的准确率可达到 70% ~ 80%，部分分类单元内的物种识别率可以到 90% 以上。我国在相关理论算法上已较为成熟，但受限于海洋生物图像识别库建设，与美国在应用方面存在较大的差距。海洋生物原位识别、分类与计数技术是未来海洋生物资源调查和智慧海洋建设所需的共性技术。从向量机分类到神经网络算法，采用压缩感知、人工智能、大数据和模式识别等新技术，提供海洋生物原位观测的自动分析和处理数据的能力。如海洋浮游生物调查，基于 FlowCam 流式影像的智能分析，就是嵌入了协同深度学习（机器学习）和卷积神经网络（人工智能）两项关键技术，从而实现了海洋浮游生物的自动识别与计数过程。

海洋生物资源量评估技术。海洋生物资源量评估技术经历了日新月异的发展，从传统渔业资源的底拖网 CPUE 估算，到基于有限渔业调查数据的模型分析，再到基于环境 DNA/RNA 技术的生物量评估。基于随机畸变波伯恩近似 SDWBA 理论模型和有效探测深度 RDL 评估算法，建立了渔船声学数据强干扰噪声消除方法，并结合渔业声学数据后处理软件实现其程序化运行，在南极磷虾的声学资源量评估方面展现出极大的优势，现已成功应用于 CCAMLR 渔船声学数据处理规范。

2. 深海生物基因开发与利用

基于单细胞测序的深海微生物基因组挖掘技术。单细胞测序技术以单个细胞为单位，通过全基因组或转录组扩增，进行高通量测序，揭示单个细胞结构的基因表达状态，反映细胞间的异质性。基于单细胞测序的深海微生物基因组挖掘技术，是通过采用先进的单细胞测序技术，对深海未培养微生物的基因组进行测序、分析和挖掘。基于单细胞测序对深海微生物的开发利用主要集中在生物活性代谢产物和新酶，如适应工业高温要求的嗜热微生物高温酶，日化工业中具有重要的实际应用价值的低温微生物脂酶和蛋白酶资源。目前的技术挑战在于定向获取深海微生物单细胞的效率不高，难以实现大规模定向筛选目标微生物；全基因组扩增过程易于污染，扩增存在偏好性和错误，导致覆盖率及准确性不理想；全基因组扩增试剂盒及测序费用昂贵。前沿技术包括荧光激活细胞分选技术、显微操作技术、高通量微流控液滴划板培养法（MSP）。

深海（微）生物基因组－代谢组偶联表征与重要活性产物的合成生物学挖掘技术。该技术主要包括基因组－代谢组偶联表征、活性产物挖掘、合成代谢途径阐释和酶催化机制解析等技术。①基因组－代谢组偶联表征需要获取深海（微）生物的基因组信息和代谢组学信息，建立相应数据库，通过高通量分析获取基因组－代谢组偶联特质；②活性产物挖掘主要是综合利用基因组编辑、表观遗传、异源表达等技术激活深海（微）生物中沉默的生物合成基因（簇），获得活性代谢产物；③通过合成生物学研究手段阐释活性产物的合成代谢途经，并对代谢途经进行重构，实现活性产物的结构优化和高效生物制造；④采用生物化学和结构生物学方法对活性产物合成代谢途径中特殊酶的生物催化机制进行解析。

3. 深海微生物基础研究与利用

深海微生物独特生命特征与极端环境适应的生理遗传机制和结构基础。主要包括典型深海微生物的遗传特性、生理与代谢特性、生化特性与结构基础，及其适应深海极端环境的分子机制及其结构基础。深海微生物资源在医药、食品、轻工、纺织、科研、农业、环保等领域都具有广泛的应用前景，是未来最具开发潜力的微生物资源之一。技术挑战：勘探获取并培养具有重要理论意义和应用潜力的深海微生物菌株；未培养深海微生物资源研究体系的建立；深海模式微生物研究体系的建立；综合运用基因组学、宏基因组学、微生物学、生理与遗传学、生物化学与结构生物学、海洋技术等学科交叉与前沿技术，揭示深海微生物独特生命特征与极端环境适应的生理遗传机制和结构基础。

四、深海油气与矿产资源开发

（一）技术发展趋势

基于 61 位专家深海油气与矿产资源开发领域 64 项技术，通过分析技术的标题和技术描述形成了技术关键词云（图 7–21）。从技术关键词云可以看出，深海油气与矿产资源开发领域技术呈现智能化、商业化、专业化等发展趋势。

深海油气勘探开发智能化——以信息化、数字化、网络化、智能化、大数据、云计算和人工智能为基础，形成集勘探、开发、钻采、工程一体化的海上智能油气田管理技术，实现海上作业和生产运营的全面感知、自动操控、智能预测和优化决策。实现油气田无人化、远程控制、数据共享、科学决策、安全运营，保证油气田全生命周期产量、采收率、效益最大化。

深海油气工程装备大型化、智能化、专业化——未来深水海洋工程浮式钻井和生产装备的技术发展态势表现为钻井深度超过 12000 m，工作水深超过 3600 m，装备趋于大型化，更加强调风险和安全的设计理念，平台管理和设备控制趋于信息化、自动化、智能化。不断创新推出各种新概念水下生产系统的开发方案，海底管道向高温、高压、高强度、大口径、长距离输送发展。海洋天然气开发装备成为海洋工程装备的研发重点。

图7-21　深海油气与矿产资源开发领域专家调查技术关键词云图

天然气水合物安全、高效商业化开采——我国行业专家研判，到2030年天然气水合物有望步入商业性开发。天然气水合物富集区多与油气田共存或伴生，推进浅中深三层一体的大油气系统"同勘共钻"，是实现天然气水合物安全、高效商业化开发的必由之路。具体技术包括以下几点，①海底监测技术：建立海底观测站，进行目标区的动态、精细监测，开展天然气水合物高敏感性、高准确度、高指示性的四维储层监测技术方法和相应仪器装备研发；②测深及定位技术：随着近海底拖缆地震、电磁仪器及水下机器人等装备的投入，精确的海底地形和高效的装备投放亟需更高精度的水下定位技术；③高精度地层探测技术：高精度、高信噪比、高分辨率的数据采集，宽频带、全波形、高保真的数据处理及解释一体化技术研究。

深海矿产资源的安全、高效、智能、环保商业化开采——当前国际上以美国为首的西方国家从技术、环境保护、商业组织模式等方面不断探索进入商业化开发途径。以中国、韩国和印度为代表的新兴国家加大力度开展深海采矿技术集成研究，以期尽早进入商业开采。未来深海矿产资源开发技术将更加注重深海采矿对深海环境的影响评价和生态修复，深海采矿的绿色高效低成本工艺方案以及人工智能、大数据分析、新材料新元器件等新技术新装备的研发等方面。在勘探技术方面，发展大范围矿区可采度快速评价模型和方法、快速构建可采矿区三维海洋环境的生产勘探技术、高效高精度多种探测方法融合的新型装备等。在深海采矿系统方面，发展具备环境友好、低成本、全天候、高可靠、智能型五个基本特征的深海采矿系统，开展商业化采矿系统总体技术、水面支持平台技术、深海矿石输送技术、深海矿石采集技术、采矿系统海上安装与维抢修技术等技术研究，更加侧重系统的可靠性和智能控制。在资源选冶方面，发展满足商业要求的新型绿色选冶方法，探索传统选冶方法之外的新型选冶方式，如生物选冶、精准选冶等，减少环境污染，提高效率。在环境保护方面，发展描述深海采矿作业之前、期间和之后的环境演化模型，建立深海采矿项目风险和环境影响评估的框架与标准。

（二）关键技术解读

1. 深海油气资源开发

深水控压钻井技术。深水控压钻井技术是通过精确控制井口回压、钻井液密度、流变性、排量等实现井筒环空压力剖面及井底压力的精确调节和控制。其是实现深水安全高效钻井的重要支撑技术，按照不同压力控制需求可分为欠平衡钻井技术、井底恒压钻井技术、双梯度钻井技术、加压泥浆帽钻井技术等。深水控压钻井技术主要包括井筒压力精细计算及控制技术和控压钻井关键装备。井筒压力精细计算及控制主要是通过精确计算和描述深水控压钻井过程中复杂温压条件下井筒多相流动参数变化规律，优选最优钻井液流变性、密度、排量及井口回压等参数；控压钻井关键装备包括自动节流管汇系统、回压补偿系统、液气控制系统、自动控制系统、自动控制软件、随钻压力测量工具等。核心技术被斯伦贝谢、哈利伯顿和威德福等国外油服公司所垄断，仅提供高价技术服务，国产控压钻井关键装备稳定性还不够。

深水防喷器技术。深水防喷器系统是保证钻井作业安全最关键的设备，主要作用是在发生井喷、井涌时控制井口压力，在台风等紧急情况下钻井装置撤离时关闭井口，保证人员、设备安全，避免海洋环境污染和油气资源破坏。深水防喷器技术涵盖了机械、液压、电气、自动化、通信等跨学科的集成技术，深水防喷器控制系统复杂庞大，制造技术要求高。目前，深水防喷器及控制系统技术掌握在美国三大家防喷器生产厂家（GE公司，NOV Shaffer公司，Cameron公司）手中，处于垄断地位。中国研制出F48-70防喷器、F48-105防喷器工程样机，以及高性能高抗硫剪切闸板、大范围耐高温变径闸板胶芯、环形胶芯、高性能卡箍、特种密封钢圈等关键配件。未来在深水防喷器方面，耐高压大通径防喷器、耐高温高压胶件、偏心钻杆剪切技术等将是未来的发展方向；在控制系统方面，多路电液复合控制系统、纯电控系统等将是未来的发展方向；在深水防喷器系统检测、维护方面，物联网在线诊断、预防性维护等技术将是未来的发展方向。

海上油田智能钻采及提高采收率技术。由于海上油气资源的开采成本较高，海上油田智能钻采及提高采收率技术作为一种新兴的海上油气田开发技术、油藏经营管理技术、海上油田驱油技术和储层改造技术，通过实时监测、远程操作的方式，可以提高油气田采收率、减少用工人数、降低生产成本、延长油气井寿命。海上油田智能钻采及提高采收率技术主要包括海上油田智能钻采技术和海上油田提高采收率技术。海上油田智能钻采技术主要包括海上智能井井下控制及装备、海上油田储层分层管理、海上智能井井下信息采集与传输、海上智能井井下检测数据处理和解释、海上智能井生产优化决策等技术。海上油田提高采收率技术主要为二次采油技术、三次采油技术和海上油田储藏改造技术，其中包括化学驱提高采收率、聚合物驱提高采收率、热力驱提高采收率、注气驱提高采收率、微生物驱提高采收率、复合驱提高采收率、提高采收率新方法、海上油田酸化压裂、海上油田储层改造装备制造等技术。

新一代水下生产系统。水下生产系统作为深水油气田开发的主要模式，具有布置灵活、可靠性高、后期受自然灾害影响小、维护成本低等特点，在深水油气田开发中具有重要作用。目前，国外水下生产系统设备的研发设计能力已较为成熟，设计水深与压力均较高。国内已研制出包括水下采油树、水下控制模块、水下多相流量计等设备的工程样机，设计压力较低、设计水深较浅，尚不具备水下插拔件等水下设备的自主研发设计能力。未来水下生产系统的水下控制系统向多路电液复合控制系统、纯电控系统等方向发展，水下生产系统设备可靠性分析更多依靠专家决策及数字孪生等智能化算法。

2. 天然气水合物开发

天然气水合物高精度勘探与目标评价技术。天然气水合物高精度勘探与目标评价技术包括三维地震、高精度多波束、深拖旁侧声呐或 AUV、ROV、水体探测、钻探、测井及保真取样等调查技术，以及岩心分析、测井解释、储层反演等目标评价技术。目前，三维地震主要在水合物富集区开展高密度高分辨率采集，进行地质—地球物理的综合解释，获取断层以及异常地球物理反射的分布；采用高精度多波束、深拖侧扫声呐或 AUV 来获得目标区高分辨率的三维地貌、背散射强度以及浅地层剖面资料，研究目标区内异常地貌单元及海底异常反射分布；综合利用精细地貌、沉积、构造、热流、地震速度、地球物理响应及 BSR 特征的综合解释与刻画，开展钻探、测井和取样，获取孔渗饱等储层参数，对水合物储层进行精细评价。未来在提升地震勘探、电磁勘探等技术精度基础上，开展综合勘探和评价。具体包括以下几点，①发展精度更高、具有安全的网络体系与数据传输一体化的仪器设备；提高水合物地质、BSR、地震属性提取与识别技术的精度，提高解释的可信度。②对测井评价模型进行更加精确的参数修正，以达到准确评价水合物储层的目的。③建立和发展快速、在线、原位、立体和高灵敏度的测试方法和探测仪器，提高地球化学技术的准确性。④提高保压取样技术的样品收获率和保压性能，使其能更准确地反映海底各个深度地层所包含的信息。

天然气水合物单筒双分支井钻井技术。天然气水合物单筒双分支井钻井技术摒弃现有的大型钻井平台作业模式，将钻完井和开采作业系统放到海底，形成海底作业工厂，实现天然气水合物未来开发降本增效。天然气水合物单井筒多分支钻井钻机，包含连续油管井架、海水循环系统、地质导向系统、支护系统、随钻测量系统等。海底连续油管钻机是实现天然气水合物低成本开发的核心技术装备，配套研发相应的海底井工厂技术。钻机模块化设计，借助 ROV 及 AUV 技术实现海底安装钻井，分支孔延伸能力累计不小于 500 m。未来将增加分支井数量，研发天然气水合物多分支井钻井技术，以满足更高的开采效率要求。

天然气水合物开采热压传导强化增效技术。天然气水合物开采热压传导强化增效技术包括储层热能传递提升、储层压力传导能力提升和水合物开采增效，主要通过系列创新型技术改造、增强水合物开采过程中储层水合物分解阵面至井筒间的热能传递和压力传递效应，提高注热、降压或抑制剂注入等开采方法的效率，提高产气量。与储层渗透率、储层热交换、泄压面积和泄压速率等提高程度密切相关。已有水合物试采表明扩散型水合物储层以降压法开采最为经济有效。提高试采区渗透率、使用新型热激发或降压技术是强化热压传导的主要方法，也是增加试采效率的关键手段。前沿技术包括以下几点，①高效储层改造技术，借助新型储层改造技术大幅度提高水合物开采过程的热交换和压力传导，包括利用液态 CO_2 在储层中的气化爆破，既改造储层，又实现置换开采同时能够地质封存一定的 CO_2；聚能药包，利用波及范围小，爆破方向角度可控的聚能药包对浅地层水合物破碎造缝，提高渗透率；②新型注热技术，既包括借助太阳能、电磁微波、海底地热等能量供给进行低成本高效率的热激发，也涉及新型化学覆膜砂，在化学反应放热分解水合物的基础上，砂质填充物还能够提高储层的力学强度和渗透性，增强水合物产能；③创新型降压技术，在直井、水平井、多分支井的基础上进行储层改造，并发展井群和海底工厂的开发模式，在水合物储层形成网络化降压通道，大幅提高压力传导效率。

天然气水合物商业化开发技术。天然气水合物商业化开发技术主要包括海域水合物储层开采技术、气－水－砂三相分离与控制技术、环境监测安全评价技术及海底运输技术。储层开采技术是针对不同类型的水合物储层，分别采用降压法、加热法或机械采掘等不同的开采技术；气－水－砂三相分离与控制的技术确保水合物由固态向气态转化过程实现三相分离，并控制气体的产出速率；环境监测安全评价技术监测水合物开采过程中环境参数的变化，并对持续开采的安全性进行预测；海底运输技术将开采的天然气运送至海底天然气管道或陆上中转站。水合物商业化开发的核心指标是其开采成本应与常规天然气开采成本相当。目前国内外对水合物的商业化开发尚处于探索试采阶段，距商业化开发仍有相当的距离。预计未来 10～15 年，随着科技发展水平的提高，会形成一些适用于天然气水合物开采的创新性技术，如：在技术上，采用水下开采机器人、结合机械－热开采法实现浅表层块状水合物开采，采用水平井、多分支井、结合降压－热激法开采深层分散型水合物；在规模上，建立海底工厂，实现海底井群联合开采天然气水合物，可大大提高日产气量，达到水合物商业化开发的经济要求。此外，如果天然气水合物储层的下面有深层天然气，将形成深层油气—浅层水合物一体化开发的创新性技术，实现天然气水合物资源的高效、安全开发利用。

3. 深海矿产资源开发

深海多金属矿提取技术。针对深海多金属结核、锰结核、硫化物等深海矿组成复杂、难选、关键金属多元共生、目标元素含量低、含水高的特性，开展靶向精准提取、海上选冶加工技术及装备研究，将有价元素尽可能富集与其他无用元素分离，将大部分无用元素留在海底，减少矿石运输量，实现低碳短流程绿色提取。同时加强勘探、采矿、选矿、冶金及安全环保专业联合，创建资源主组份生态利用的高效、节能、低耗、清洁的加工新技术，最终推动深海矿产资源开发的技术突破，实现深海矿产资源的可持续利用。国外具有代表性选冶流程包括：还原焙烧 – 氨浸法、亚铜离子氨浸法、高压硫酸浸出法、还原盐酸浸出法、熔炼 – 硫化浸出法等，部分流程针对多金属结核开展了扩大试验。中国主要集中在直接冶炼工艺开发上，包括氨浸法、熔炼 – 合金浸出法、硫酸浸出法等。

深海采矿区环境及生态系统监测与修复技术。深海采矿区环境监测技术是针对采矿区内的作业羽流和排放羽流的扩散速度与范围，沉积物组成特征与沉降机制，海底中深层及底层流速、流向，生物群落与生态系统组成特征等进行的有针对性监测。主要为未来海底矿产资源商业开采提供环境监测背景数据，为商业开采对深海环境的影响评估及开采后的环境修复提供基础数据。未来 10 ~ 15 年，采矿区的环境与生态系统监测与修复技术将可能根据发展成熟的各种平台（深海空间站、深海观测网等），依靠光学、化学等原位观测、监测设备和传感器，建立大数据和人工智能技术支撑下的深海矿区环境全方位、立体化观测 / 监测技术体系，利用人工智能技术对深海采矿区及邻近区域环境进行实时监控和评价，对采矿中出现的环境扰动及污染事故进行及时处理和修复。

参考文献

［1］毕曼，贾增强，吴红钦，等.天然气水合物抑制剂研究与应用进展［J］.天然气工业,2009,（12）:75-78.

［2］曹俊，胡震，刘涛，等.深海潜水器装备体系现状及发展分析［J］.中国造船,2020,61（1）:204-218.

［3］常虹，薛桂芳,Alexander Proelss,等.欧洲水下滑翔机发展应用现状及其法律规制—对中国借鉴意义之思考［J］.中国海商法研究,2012,（1）:109-114.

［4］陈质二，俞建成，张艾群.面向海洋观测的长续航力移动自主观测平台发展现状与展望［J］.海洋技术学报,2016,35（1）:122-130.

［5］陈宗恒，盛堰，胡波.ROV在海洋科学科考中的发展现状及应用［J］.科技创新与应用,2014,（21）:3-4.

［6］程雪梅.水下滑翔机研究进展及关键技术［J］.鱼雷技术,2009,17（6）:1-6.

［7］池永翔.韩国天然气水合物资源调查进展及启示［J］.能源与环境,2020,（5）:12-13.

［8］代安娜，陈硕.深海生物及其基因资源调查动态与我国现状——访国家海洋局第三海洋研究所邵宗泽研究员［J］.科技创新与品牌,2012（6）:80-81.

［9］党倩娜.新兴技术弱信号监测模型及其特点［J］.中国科技论坛,2017（11）:158-164.

［10］第3期海洋基本计画（案）［R/OL］.2018. https://www.kantei.go.jp/jp/singi/kaiyou/dai17/shiryou1_1.pdf

［11］丁忠军，任玉刚，张奕，杨磊，李德威.深海探测技术研发和展望［J］.海洋开发与管理,2019,36（04）:71-77.

［12］董彦邦,刘莉.我国高校高水平论文的机构合作网络演化分析——以1978-2017年的Nature和Science合作论文为例［J］.情报杂志,2019,38（11）:138-144.

［13］窦智,张彦敏,刘畅,等.AUV水下通信技术研究现状及发展趋势探讨［J］.舰船科学技术,2020,42（2）:93-97.

［14］高岩,李波.我国深海微生物资源研发现状、挑战与对策［J］.生物资源,2018,40（1）:13-17.

［15］高艳波,李慧青,柴玉萍,麻常雷.深海高技术发展现状及趋势［J］.海洋技术,2010,29（03）:119-124.

［16］郭金家,卢渊,李楠,刘春昊,田野,薛博洋,张超,郑荣儿.LIBS水下原位探测技术研究进展［J］.大气与环境光学学报,2020,15（01）:13-22.

［17］郭银景,鲍建康,刘琦,等.AUV实时避障算法研究进展［J］.水下无人系统学报,2020,28（4）:351-358.

［18］海洋開発推進計画［R/OL］.2006.http://www.cas.go.jp/jp/seisaku/kaiyou/070613/keikaku.pdf

［19］海洋科学技術に係る研究開発計画［R/OL］.2017.https://www.mext.go.jp/b_menu/shingi/gijyutu/gijyutu5/reports/1382579.htm

［20］海洋エネルギー・鉱物資源開発計画［R/OL］.2013.https://www.meti.go.jp/press/2018/02/20190215004/20190215004-1.pdf

［21］何家雄,钟灿鸣,姚永坚,等.南海北部天然气水合物勘查试采及研究进展与勘探前景［J］.海洋地质前沿,2020,36（12）:1-14.

［22］胡开博,陈丽萍.新兴技术的扫描监测——美国"科学论述的预测解读"项目综述［J］.情报理论与实践,2015,38（8）:85-90.

［23］胡学东,高岩.发展深海生物基因产业 助力蓝色经济腾飞［N］.中国海洋报,2018-04-04（002）

［24］黄河.美国可燃冰研究及开采技术发展现状.全球科技经济瞭望,2017,32（9）;60-64

［25］黄琰,李岩,俞建成等.AUV智能化现状与发展趋势［J］.机器人,2020,42（2）:215-231.

［26］姜秉国.中国深海微生物资源产业化开发模式与发展对策［J］.海洋经

济 ,2012,（3）:22–27.

［27］江怀友 , 齐仁理 , 鞠斌山等 . 世界海洋油气勘探开发技术与装备览观（下）—深海开发技术及装备［J］. 科技信息：石油与装备 ,2012,（2）:126–128.

［28］今後の深海探査システムの［R/OL］. 2018. https://www.mext.go.jp/b_menu/shingi/gijyutu/gijyutu5/013/siryo/attach/1375648.htm

［29］李根生 , 田守嶒 , 张逸群 . 空化射流钻径向井开采天然气水合物关键技术研究进展［J］. 石油科学通报 ,2020,5（3）:349–365.

［30］李红志 , 贾文娟 , 任炜 , 王祎 , 高艳波 , 赵宇梅 . 物理海洋传感器现状及未来发展趋势［J］. 海洋技术学报 ,2015,34（3）:43–47.

［31］李怀印 , 李宏伟 . 中国与巴西海上油气发展比较研究［J］. 中国工程科学 ,2014,16（3）;21–26

［32］李杰 , 周兴华 , 唐秋华 , 等 . 水下滑翔机器人研究进展及应用［J］. 海洋测绘 ,2012,32（1）:80–82.

［33］李清平 , 朱海山 , 李新仲 . 深水水下生产技术发展现状与展望［J］. 中国工程科学 ,2016,18（2）:76–84.

［34］李文跃 , 王帅 , 刘涛 , 等 . 大深度载人潜水器耐压壳结构研究现状及最新进展［J］. 中国造船 ,2016,57（1）:210–221.

［35］李晔 , 常文田 , 孙玉山 , 苏玉民 . 自治水下机器人的研发现状与展望［J］. 机器人技术与应用 ,2007,（1）:25–31.

［36］李一平 , 李硕 , 张艾群 . 自主 / 遥控水下机器人研究现状［J］. 工程研究 – 跨学科视野中的工程 ,2016,8（2）:217–222.

［37］李岳明 , 李晔 , 盛明伟 , 等 . AUV 搭载多波束声纳进行地形测量的现状及展望［J］. 海洋测绘 ,2016,36（4）:7–11.

［38］李岳明 , 王小平 , 张英浩 , 等 . 水中航行器控制分配技术应用现状［J］. 舰船科学技术 ,2020,42（1）:1–5.

［39］连琏 , 魏照宇 , 陶军 , 等 . 无人遥控潜水器发展现状与展望［J］. 海洋工程装备与技术 ,2018,5（4）:223–231.

［40］梁益丰 , 许江宁 , 吴苗 , 等 . AUV 导航技术概述［J］. 舰船科学技术 ,2020,42（15）:152–156.

［41］刘保华,丁忠军,史先鹏,等.载人潜水器在深海科学考察中的应用研究进展［J］.海洋学报,2015,37（10）:1-10.

［42］刘峰.深海载人潜水器的现状与展望［J］.工程研究－跨学科视野中的工程,2016,8（2）:172-178.

［43］刘坤,王金,杜志元,等.大深度载人潜水器浮力材料的应用现状和发展趋势［J］.海洋开发与管理,2019,36（12）:68-71.

［44］刘明雍,赵涛,周良荣.SLAM算法在AUV中的应用进展［J］.鱼雷技术,2010,18（1）:41-48.

［45］刘曙光.当前深海开发问题国际研究动态及启示［J］.人民论坛·学术前沿,2017,（18）:29-36.

［46］刘涛,王璇,王帅,等.深海载人潜水器发展现状及技术进展［J］.中国造船,2012,53（3）:233-243.

［47］刘晓阳,杨润贤,高宁.水下机器人发展现状与发展趋势探究［J］.科技创新与生产力,2018,（6）:19-20.

［48］刘岩,王昭正.海洋环境监测技术综述［J］.山东科学,2001,（3）:30-35.

［49］刘永刚,姚会强,于淼等.国际海底矿产资源勘查与研究进展［J］.海洋信息,2014,（3）:10-16.

［50］刘正元,王磊,崔维成.国外无人潜器最新进展［J］.船舶力学,2011,15（10）:1182-1193.

［51］罗威,谭玉珊,毛彬.数据驱动的技术预测之多维透视［J］.情报理论与实践,2019,42（7）:11-14+29.

［52］吕厚权,郑荣,杨斌,等.水下自主机器人航向控制算法应用研究［J］.舰船科学技术,2020,42（2）:108-114.

［53］莫杰,肖菲.深海探测技术的发展［J］.科学,2012,64（5）:11-15.

［54］庞硕,纠海峰.智能水下机器人研究进展［J］.科技导报,2015,33（23）:66-71.

［55］庞维新,李清平,李迅科.我国海洋油气ROV作业能力现状与展望［J］.油气储运,2015,34（11）:1157-1160.

［56］彭凡嘉,韩森,刘小荷.技术预测和技术预见的应用及启示*——以德国实践为例［J］.中国物价,2019（3）:91-93.

［57］钱洪宝，卢晓亭．我国水下滑翔机技术发展建议与思考［J］．水下无人系统学报，2019,27（5）:474-479.

［58］钱洪宝，徐文，张杰，韩鹏．我国海洋监测高技术发展的回顾与思考［J］．海洋技术学报，2015,34（03）:59-63.

［59］邱银锋，李强，万光芬，等．深水油气田开发长距离大功率供电技术发展综述［J］．中国海上油气，2020,32（3）:157-163.

［60］任福深，杨雨潇，王克宽，等．ROV 发展现状与其在海洋石油行业应用前景［J］．石油矿场机械，2017,46（6）:6-11.

［61］任丽彬，桑林，赵青等．AUV 动力电池应用现状及发展趋势［J］．电源技术，2017,41（6）:952-955.

［62］任玉刚，刘保华，丁忠军，等．载人潜水器发展现状及趋势［J］．海洋技术学报，2018,37（2）:114-122.

［63］任忠涛，王业山，李增辉，等．小型水下机器人的研究发展及其应用现状［J］．新型工业化，2019,9（10）:36-40.

［64］沈克，严允，晏红文．我国深海作业级 ROV 技术现状及发展展望［J］．控制与信息技术，2020,（3）:1-7.

［65］沈新蕊，王延辉，杨绍琼，等．水下滑翔机技术发展现状与展望［J］．水下无人系统学报，2018,26（2）:89-106.

［66］史先鹏，刘保华．美国载人潜水器的应用和管理［J］．船舶经济贸易，2020,（2）:37-41.

［67］宋海斌，江为为，张文生，等．天然气水合物的海洋地球物理研究进展［J］．地球物理学进展，2002,17（2）:224-229.

［68］孙芹东，兰世泉，王超等．水下声学滑翔机研究进展及关键技术［J］．水下无人系统学报，2020,28（1）:10-17.

［69］唐嘉陵，杨一帆，刘晓辉，等．大深度载人潜水器搭载作业工具现状与展望［J］．中国水运（下半月），2018,18（7）:96-99.

［70］汪雪锋，张硕，韩晓彤，乔亚丽．技术预测研究现状与未来展望［J］．农业图书情报，2019,31（6）:4-11.

［71］王力峰，付少英，梁金强，等．全球主要国家水合物探采计划与研究进展．中

国地质 ,2017,44（3）;439–448

［72］王陆新 ,潘继平 ,杨丽丽 .全球深水油气勘探开发现状与前景展望［J］.石油科技论坛 ,2020,39（2）:31–37.

［73］王淑玲 ,白凤龙 ,黄文星 ,等 .世界大洋金属矿产资源勘查开发现状及问题［J］.海洋地质与第四纪地质 ,2020,40（3）:160–170.

［74］王兴旺 ,董珏 ,余婷婷 .基于三螺旋理论的新兴产业技术预测方法探索［J］.科技管理研究 ,2019,39（6）:108–113.

［75］魏翀 ,许肖梅 .国内外深海生物捕获现状综述［J］.海峡科学 ,2010,（9）:3–6.

［76］吴尚尚 ,李阁阁 ,兰世泉等 .水下滑翔机导航技术发展现状与展望［J］.水下无人系统学报 ,2019,27（5）:529–540.

［77］肖其师 ,吴春莹 ,孙志庆 .基于 Altmetrics 的科技项目立项社会影响力评价框架研究及实证分析［J］.图书馆杂志 ,2019,38（5）:79–87.

［78］徐博 ,白金磊 ,郝燕玲 ,等 .多 AUV 协同导航问题的研究现状与进展［J］.自动化学报 ,2015,41（3）:445–461.

［79］许竞克 ,王佑君 ,侯宝科 ,等 .ROV 的研发现状及发展趋势［J］.四川兵工学报 ,2011,32（4）:71–74.

［80］许哲铭 .轻型载人潜水器的发展现状［J］.中国水运（下半月）,2018,18（2）:1–3.

［81］严高超 ,沈孝芹 ,朱宝星 ,等 .带缆遥控水下机器人收放系统研究现状［J］.机械工程与自动化 ,2019,（6）:220–221.

［82］杨建民 ,刘磊 ,吕海宁 ,林忠钦 ,等 .我国深海矿产资源开发装备研发现状与展望［J］.中国工程科学 ,2020,22（6）:1–9.

［83］杨燕 ,孙秀军 ,王延辉 .浅海型水下滑翔机技术研究现状分析［J］.海洋技术学报 ,2015,34（4）:7–14.

［84］羊云石 ,顾海东 .AUV 水下对接技术发展现状［J］.声学与电子工程 ,2013,（2）:43–46.

［85］叶建良 ,秦绪文 ,谢文卫 ,等 .中国南海天然气水合物第二次试采主要进展［J］.中国地质 ,2020,47（3）:557–568.

［86］于森 ,邓希光 ,姚会强 ,等 .2018.世界海底多金属结核调查与研究进展［J］.

中国地质,45（1）:29-38.

[87] 于莹,刘大海.日本深海稀土研究开发最新动态及启示［J］.中国国土资源经济,2019,32（9）:46-51.

[88] 俞建成,刘世杰,金文明,等.深海滑翔机技术与应用现状［J］.工程研究 – 跨学科视野中的工程,2016,8（2）:208-216.

[89] 张功成,屈红军,张凤廉,等.全球深水油气重大新发现及启示［J］.石油学报,2019,40（1）:1-34.

[90] 张农,冯晓巍,等,深海采矿的环境影响与技术展望.矿业工程研究,2019,34（2）:22-28.

[91] 张旭辉,鲁晓兵,刘乐乐.天然气水合物开采方法研究进展［J］.地球物理学进展,2014,（2）:858-869.

[92] 张永勤.国外天然气水合物勘探现状及我国水合物勘探进展［J］.探矿工程:岩土钻掘工程,2010,（10）:1-8.

[93] 张云海.海洋环境监测装备技术发展综述［J］.数字海洋与水下攻防,2018,1（01）:7-14.

[94] 赵俊海,张美荣,王帅,等.ROV 中继器的应用研究及发展趋势［J］.中国造船,2014,55（3）:222-232.

[95] 赵羿羽,金伟晨.深海探测装备发展新动态［J］.船舶物资与市场,2018,（6）:41-43.

[96] 钟广法,张迪,赵峦啸.大洋钻探天然气水合物储层测井评价研究进展［J］.天然气工业,2020,40（8）:25-44.

[97] 周守为,陈伟,李清平.深水浅层非成岩天然气水合物固态流化试采技术研究及进展［J］.中国海上油气,2017,29（4）:1-8.

[98] 周源,刘宇飞,薛澜.一种基于机器学习的新兴技术识别方法:以机器人技术为例［J］.情报学报,2018,37（9）:939-955.

[99] 朱大奇,胡震.深海潜水器研究现状与展望［J］.安徽师范大学学报（自然科学版）,2018,41（3）:205-216.

[100] 朱克超,王海峰,邓希光等.太平洋深海稀土资源调查与研究项目进展［J］.第八届全国成矿理论与找矿方法学术讨论会,2017.

［101］左汝强,李艺.加拿大 Mallik 陆域永冻带天然气水合物成功试采回顾.探矿工程:岩土钻掘工程,2017,44（8）:1-12.

［102］左汝强,李艺.美国阿拉斯加北坡永冻带天然气水合物研究和成功试采.探矿工程:岩土钻掘工程,2017,44（10）:1-17.

［103］20 Year Australian Antarctic Strategic Plan［R/OL］. 2014. https://www.science.org.au/files/userfiles/events/documents/20-year-australian-antarctic-strategic-plan.pdf

［104］2030 年に向けた 海洋開発技術イノベーション戦略［R/OL］. 2018. https://www.project-kaiyoukaihatsu.jp/involvednews/pdf/OffshoreOilandGasInnovationStrategy2030（OGIS2030）.pdf

［105］Aguzzi J,Flexas M M,Lo Iacono C,Tangherlini M,Costa C,Marini S,Bahamon N,Martini S,Fanelli E,Danovaro R,Stefanni S,Thomsen L,Riccobene G,Hildebrandt M,Masmitja I,Del Rio J,Clark E B,Branch A,Weiss P,KleshAT,Schodlok M P.Exo-Ocean Exploration with Deep-Sea Sensor and Platform Technologies.［J］.Astrobiology,2020,20（7）:897-915.

［106］Ahmed, Mukhtiar; Salleh, Mazleena; Channa, M. Ibrahim,et al.Routing protocols based on node mobility for Underwater Wireless Sensor Network（UWSN）: A survey［J］. JOURNAL OF NETWORK AND COMPUTER APPLICATIONS. 2017,78:242-252.

［107］Ali, Mohammad Furqan; Jayakody, Dushantha Nalin K.; Chursin, Yury Alexandrovich,et al.Recent Advances and Future Directions on Underwater Wireless Communications［J］.ARCHIVES OF COMPUTATIONAL METHODS IN ENGINEERING. 2020,27（5）:1379-1412.

［108］Arctic Council.Arctic Ocean Acidification Assessment: Summary for Policymaker ［R/OL］. 2013. https://oaarchive.arctic-council.org/bitstream/handle/11374/2351/aoa18spm.pdf?sequence=1&isAllowed=y

［109］Atyabi, Adham; MahmoudZadeh, Somaiyeh; Nefti-Meziani, Samia,et al.Current advancements on autonomous mission planning and management systems: An AUV and UAV perspective［J］.ANNUAL REVIEWS IN CONTROL.2018,46:196-215

［110］Australian Antarctic Science Program Governance Review［R/OL］. 2017. https://www.environment.gov.au/system/files/pages/7753423c-a411-480e-b1d8-8669a098d33d/files/aus-antarctic-science-program-governance-review.pdf

［111］Awan, Khalid Mahmood; Shah, Peer Azmat; Iqbal, Khalid,et al.Underwater Wireless Sensor Networks: A Review of Recent Issues and Challenges［J］.WIRELESS COMMUNICATIONS & MOBILE COMPUTING.2019（3）: 1–20.

［112］Barker, Laughlin D. L.; Jakuba, Michael, V; Bowen, Andrew D.,et al.Scientific Challenges and Present Capabilities in Underwater Robotic Vehicle Design and Navigation for Oceanographic Exploration Under–Ice.［J］REMOTE SENSING.2020,12（16）,2588.

［113］Boschen, R. E.; Rowden, A. A.; Clark, M. R.,et al.Mining of deep–sea seafloor massive sulfides: A review of the deposits, their benthic communities, impacts from mining, regulatory frameworks and management strategies［J］.OCEAN & COASTAL MANAGEMENT.2013,84:54–67.

［114］Bouk, Safdar Hussain; Ahmed, Syed Hassan; Kim, Dongkyun,et al.Delay Tolerance in Underwater Wireless Communications: A Routing Perspective［J］.MOBILE INFORMATION SYSTEMS.2016.

［115］Bull, Alan T.; Goodfellow, Michael;,et al.Dark, rare and inspirational microbial matter in the extremobiosphere: 16 000 m of bioprospecting campaigns［J］.MICROBIOLOGY–SGM.2019,165（12）:1252–1264.

［116］Canada's Oceans Protection Plan［R/OL］. 2016. https://tc.canada.ca/sites/default/files/migrated/oceans_protection_plan.pdf

［117］Capocci, Romano; Dooly, Gerard; Omerdic, Edin,et al.Inspection–Class Remotely Operated Vehicles–A Review［J］.JOURNAL OF MARINE SCIENCE AND ENGINEERING. 2017,5（1）,13.

［118］Chang, Longfei; Liu, Yanfa; Yang, Qian,et al.Ionic Electroactive Polymers Used in Bionic Robots: A Review［J］.JOURNAL OF BIONIC ENGINEERING.2018,15（5）:765–782.

［119］Chao, Li–Ming; Cao, Yong–Hui; Pan, Guang,et al.A review of underwater bio–mimetic propulsion: cruise and fast–start［J］.FLUID DYNAMICS RESEARCH.2017,49（4）.

［120］Chen, Pengyun; Li, Ye; Su, Yumin,et al.Review of AUV Underwater Terrain Matching Navigation［J］.JOURNAL OF NAVIGATION.2015,68（6）:1155–1172.

［121］Chu, Won–Shik; Lee, Kyung–Tae; Song, Sung–Hyuk,et al.Review of biomimetic underwater robots using smart actuators［J］.INTERNATIONAL JOURNAL OF PRECISION

ENGINEERING AND MANUFACTURING.2012,13（7）:1281-1292.

［122］Convention on Biological Diversity［R/OL］. 2010. https://observatoriop10.cepal. org/sites/default/files/documents/treaties/cbd_eng.pdf

［123］Craig J. Brown,Stephen J. Smith,Peter Lawton,John T. Anderson.Benthic habitat mapping: A review of progress towards improved understanding of the spatial ecology of the seafloorusing acoustic techniques［J］.Estwarine,loastal and shelf sciente.2011,92（3）:502-520.

［124］Dalane, Kristin; Dai, Zhongde; Mogseth, Gro,et al.Potential applications of membrane separation for subsea natural gas processing: A review［J］.JOURNAL OF NATURAL GAS SCIENCE AND ENGINEERING.2017,39:101-117.

［125］Davies, Richard J.; Almond, Sam; Ward, Robert S.,et al.Oil and gas wells and their integrity: Implications for shale and unconventional resource exploitation［J］.MARINE AND PETROLEUM GEOLOGY.2014,56:239-254.

［126］De Freitas, J. M.;;,et al.Recent developments in seismic seabed oil reservoir monitoring applications using fibre-optic sensing networks［J］.MEASUREMENT SCIENCE AND TECHNOLOGY.2011,22（5）:052001.

［127］Debeunne, Cesar; Vivet, Damien;,et al.A Review of Visual-LiDAR Fusion based Simultaneous Localization and Mapping［J］.SENSORS.2020,20（7）.

［128］Delphine Mallet,Dominique Pelletier.Underwater video techniques for observing coastal marine biodiversity: A review of sixty years of publications（1952–2012）［J］. Fisheries Research,2014,154:44-62.

［129］Department of Basic Research,MOST,Beijing 100862. 我国基础研究发展现状及当前国际科学前沿热点分析——总论［J］. 中国基础科学 ,2010,12（4）:3-7.

［130］Diamant, Roee; Lampe, Lutz;,et al.Low Probability of Detection for Underwater Acoustic Communication: A Review［J］.IEEE ACCESS.2018,6:19099-19112.

［131］Dinh-Chi Pham; Sridhar, N.; Qian, Xudong,et al.A review on design, manufacture and mechanics of composite risers［J］.OCEAN ENGINEERING.2016,112:82-96.

［132］Dinh-Chi Pham; Sridhar, N.; Qian, Xudong,et al.The status of exploitation techniques of natural gas hydrate［J］.CHINESE JOURNAL OF CHEMICAL ENGINEERING. 2019,27（9）:2133-2147.

［133］Drumond, Geovana P.; Pasqualino, Ilson P.; Pinheiro, Bianca C.,et al.Pipelines, risers and umbilicals failures: A literature review［J］.OCEAN ENGINEERING.2018,148:412-425.

［134］East Inshore and East Offshore Marine Plans Executive Summary［R/OL］. 2014. https://assets.publishing.service.gov.uk/government/uploads/system/uploads/attachment_data/file/312493/east-plan-executivesummary.pdf

［135］Eleftherakis, Dimitrios; Vicen-Bueno, Raul;,et al.Sensors to Increase the Security of Underwater Communication Cables: A Review of Underwater Monitoring Sensors［J］. SENSORS.2020,20（3）,737.

［136］Ellis, J. I.; Fraser, G.; Russell, J.,et al.Discharged drilling waste from oil and gas platforms and its effects on benthic communities［J］.MARINE ECOLOGY PROGRESS SERIES.2012,456:285-302.

［137］Environment - Environmental Monitoring; Studies from Yonsei University Provide New Data on Environmental Monitoring（A Review On Optical Fiber Sensors for Environmental Monitoring）［J］.Energy & Ecology,2019.

［138］European consortium for ocean research drilling（ECORD）.The Deep-Sea Frontier: Science challenges for a sustainable future［R/OL］. 2007. http://www.ma.ieo.es/deeper/DOCS/deepseefrontier.pdf

［139］European Marine Board,EMB.Delving Deeper Critical challenges for 21st century deep-sea research［R/OL］. 2015. https://www.researchgate.net/publication/284419320_Delving_Deeper_Critical_challenges_for_21st_century_deep-sea_research.

［140］European Marine Board,EMB.Delving Deeper How can we achieve sustainable management of our deep sea through integrated research［R/OL］. 2015. https://www.researchgate.net/publication/284419171_Delving_Deeper_How_can_we_achieve_sustainable_management_of_our_deep_sea_through_integrated_research_EMB_Policy_Brief_2.

［141］European Marine Board,EMB.Enhancing Europe's Capability in Marine Ecosystem Modelling for Societal Benefit［R/OL］. 2018. https://www.marineboard.eu/publications/enhancing-europes-capability-marine-ecosystem-modelling-societal-benefit.

［142］European Marine Board,EMB.Marine Biotechnology Advancing Innovation in Europe's Bioeconomy［R/OL］. 2017. Marine Biotechnology Advancing Innovation in

Europe's Bioeconomy.

［143］European Marine Board,EMB.Navigating the future for European marine research［R/OL］.2013. https://www.marineboard.eu/file/18/download?token=QescBTo6.

［144］European Science Foundation,ESF.Marine Renewable Energy Research Challenges and Opportunities for a new Energy Era in Europe［R/OL］. 2010. http://archives.esf.org/publications/marine−sciences.html.

［145］European Union.International Ocean Governance: an agenda for the future of our oceans［R/OL］. 2016. http://eeas.europa.eu/archives/delegations/china/documents/news/list−of−actions.pdf.

［146］European Union.ORECCA European Offshore Renewable Energy Roadmap［R/OL］. 2011. https://tethys.pnnl.gov/sites/default/files/publications/ORECCA−2011.pdf.

［147］European Union.The Deep Sea and Sub−Seafloor Frontier［R/OL］. 2010. https://cordis.europa.eu/project/id/244099/reporting.

［148］Federal government of the United States.Draft For Public Comment Science And Technology For America's Oceans:A Decadal Vision［R/OL］. 2018. https://www.agu.org/−/media/Files/Share−and−Advocate−for−Science/Letters/AGULetterOSTPOceans−27Aug2018.pdf.

［149］Federal Government of the United States.Science For An Ocean Nation:Update Of The Ocean Research Priorities Plan［R/OL］. 2013. https://obamawhitehouse.archives.gov/sites/default/files/microsites/ostp/2013_ocean_nation.pdf.

［150］Felemban, Emad; Shaikh, Faisal Karim; Qureshi, Umair Mujtaba,et al.Underwater Sensor Network Applications: A Comprehensive Survey.INTERNATIONAL JOURNAL OF DISTRIBUTED SENSOR NETWORKS［J］.2015,11（11）.

［151］Feng, Dong; Qiu, Jian−Wen; Hu, Yu,et al.Cold seep systems in the South China Sea: An overview［J］.JOURNAL OF ASIAN EARTH SCIENCES.2018,168:3−16.

［152］Fisheries and Oceans Canada.Canada's ocean strategy［R/OL］. 2002.

［153］Fisheries and Oceans Canada.Canada's Oceans Action Plan For Present and Future Generations［R/OL］. 2005. http://www.fishharvesterspecheurs.ca/system/files/products/Policy−OceanActionPlan−Eng.pdf

［154］Fisheries and Oceans Canada.Canada's State of the Oceans Report, 2012［R/OL］.2012.

［155］Florian Rauh,Boris Mizaikoff.Spectroscopic methods in gas hydrate research［J］.Analytical and Bioanalytical Chemistry,2012,402:163-173.

［156］Gonzalez-Garcia, Josue; Gomez-Espinosa, Alfonso; Cuan-Urquizo, Enrique,et al.Autonomous Underwater Vehicles: Localization, Navigation, and Communication for Collaborative Missions［J］.APPLIED SCIENCES-BASEL.2020,10（4）.

［157］GOV.UK. marine science strategy 2010-2025［R/OL］.2010. https://www.gov.uk/government/publications/uk-marine-science-strategy-2010-to-2025

［158］Grelowska Graiyna,Kozaczka Eugeniusz.Underwater Acoustic Imaging of the Sea［J］.Archives of Acoustics,2014,39（4）:439-452.

［159］Guangjie Han,Jinfang Jiang,Lei Shu,et al.Localization algorithms of underwater wireless sensor networks:A survey［J］. Sensor（Basel）.2012,12（2）:2026-2061.

［160］Haitao Guo,Renping Li,Feng Xu,Liyuan Liu.Review of research on sonar imaging technology in China［J］.Chinese Journal of Oceanology and Limnology,2013,31(6):1341-1349.

［161］Han, Guangjie; Jiang, Jinfang; Shu, Lei,et al.Localization Algorithms of Underwater Wireless Sensor Networks: A Survey［J］.SENSORS.2012,12（2）:2026-2061.

［162］Han, Guangjie; Zhang, Chenyu; Shu, Lei,et al.A Survey on Deployment Algorithms in Underwater Acoustic Sensor Networks［J］.INTERNATIONAL JOURNAL OF DISTRIBUTED SENSOR NETWORKS.2013.

［163］Han, Min; Lyu, Zhiyu; Qiu, Tie,et al.A Review on Intelligence Dehazing and Color Restoration for Underwater Images［J］.IEEE TRANSACTIONS ON SYSTEMS MAN CYBERNETICS-SYSTEMS.2020,50（5）:1820-1832.

［164］Hauton, Chris; Brown, Alastair; Thatje, Sven,et al.Identifying Toxic Impacts of Metals Potentially Released during Deep-Sea Mining-A Synthesis of the Challenges to Quantifying Risk［J］.FRONTIERS IN MARINE SCIENCE.2017,4.

［165］Hong, Keum-Shik; Shah, Umer Hameed.Vortex-induced vibrations and control of marine risers: A review［J］.OCEAN ENGINEERING.2018,152:300-315.

［166］Huang, Jian-guo; Wang, Han; He, Cheng-bing,et al.Underwater acoustic communication and the general performance evaluation criteria〔J〕.FRONTIERS OF INFORMATION TECHNOLOGY & ELECTRONIC ENGINEERING.2018,19（8）:951–971.

〔167〕Huang, Xiaorong; Ralescu, Anca L.; Gao, Hongli,et al.A survey on the application of fuzzy systems for underactuated systems〔J〕.PROCEEDINGS OF THE INSTITUTION OF MECHANICAL ENGINEERS PART I–JOURNAL OF SYSTEMS AND CONTROL ENGINEERING.2019,233（3）:217–244.

〔168〕Huimin Lu,Yujie Li,Yudong Zhang,Min Chen,Seiichi Serikawa,Hyoungseop Kim. Underwater Optical Image Processing: a Comprehensive Review〔J〕.Mobile Networks and Applications,2017,22（6）:1204–1211.

〔169〕Hwang, Jimin; Bose, Neil; Fan, Shuangshuang,et al.AUV Adaptive Sampling Methods: A Review〔J〕.APPLIED SCIENCES–BASEL.2019,9（15）,3145.

〔170〕Institute for European Environmental Policy,IEEP.Plastics,Marine Litter And Circular Economy Product Briefings〔R/OL〕. 2017. https://ieep.eu/uploads/articles/ attachments/15301621–5286–43e3–88bd–bd9a3f4b849a/IEEP_ACES_Plastics_Marine_ Litter_Circular_Economy_briefing_final_April_2017.pdf?v=63664509972

〔171〕Interagency Arctic Research Policy Committee.Arctic Research Plan FY2017– 2021〔R/OL〕. 2017. https://obamawhitehouse.archives.gov/sites/default/files/microsites/ostp/ NSTC/iarpc_arctic_research_plan.pdf

〔172〕International Energy Agency.Ocean energy: Technology Readiness,Patents,Deployment Status And Outlook〔R/OL〕. 2014.https://www.cbd.int/doc/world/au/au–nbsap–v2–en.pdf

〔173〕International Union of Geodesy and Geophysics.Future of the Ocean and its Seas: a non –governmental scientific perspective on seven marine research issues of G7 interest research〔R/OL〕. 2016. https://globalmaritimehub.com/wp–content/uploads/2018/05/OSC_ Supercluster_Strategy.pdf

〔174〕IOOS.U.S. IOOS Enterprise Strategic Plan 2018–2022〔R/OL〕. 2018. https:// cdn.ioos.noaa.gov/media/2018/02/US–IOOS–Enterprise–Strategic–Plan_v101_secure.pdf

〔175〕Islam, Tariq; Lee, Yong Kyu;,et al.A Comprehensive Survey of Recent Routing Protocols for Underwater Acoustic Sensor Networks〔J〕.SENSORS.2019,19（19）:4256.

〔176〕James Cook University ARC Centre of Excellence for Coral Reef Studies.Marine

Climate Change in Australia［R/OL］. 2012. https://researchonline.jcu.edu.au/25196/1/25196_Munday_et_al_2012.pdf

［177］K. M. Strack.Future Directions of Electromagnetic Methods for Hydrocarbon Applications［J］.Surveys in Geophysics,2014,35（1）:157–177.

［178］Kakani Katija,Rob E.Sherlock,Alana D.Sherman,et al.New technology reveals the role of giant larvaceans in oceanic carbon cycling［J］.Science Advances.2017,3（5）.

［179］Kelasidi, E.; Kohl, A. M.; Pettersen, K. Y.,et al.Experimental investigation of locomotion efficiency and path–following for underwater snake robots with and without a caudal fin［J］.ANNUAL REVIEWS IN CONTROL.2018,46:281–294.

［180］Khadhraoui, Adel; Beji, Lotfi; Otmane, Samir,et al.Stabilizing control and human scale simulation of a submarine ROV navigation［J］.OCEAN ENGINEERING.2016,114:66–78.

［181］Khalid, Muhammad; Ullah, Zahid; Ahmad, Naveed,et al.A Survey of Routing Issues and Associated Protocols in Underwater Wireless Sensor Networks［J］. JOURNAL OF SENSORS.2017.

［182］Kheirabadi, Mohammad Taghi; Mohamad, Mohd Murtadha;,et al.Greedy Routing in Underwater Acoustic Sensor Networks: A Survey［J］.INTERNATIONAL JOURNAL OF DISTRIBUTED SENSOR NETWORKS.2013.

［183］Kohnen, William.Review of Deep Ocean Manned Submersible Activity in 2013［J］. MARINE TECHNOLOGY SOCIETY JOURNAL.2013,47（5）:56–68.

［184］Komatsu, Hiroyuki; Ota, Masaki; Smith, Richard L., Jr.,et al.Review of CO2–CH4 clathrate hydrate replacement reaction laboratory studies – Properties and kinetics［J］.JOURNAL OF THE TAIWAN INSTITUTE OF CHEMICAL ENGINEERS.2013,44（4）:517–537.

［185］Korotkova, Olga;;,et al.Light Propagation in a Turbulent Ocean［J］.PROGRESS IN OPTICS, VOL 64.2019,64:1–43.

［186］Kusum Dhakar,Anita Pandey.Wide pH range tolerance in extremophiles: towards understanding an important phenomenon for future biotechnology［J］.Appl Microbiol Biotechnol.2016:2499–2510.

［187］Lecours, Vincent; Dolan, Margaret F. J.; Micallef, Aaron,et al.A review of marine geomorphometry, the quantitative study of the seafloor.HYDROLOGY AND EARTH SYSTEM

SCIENCES［J］.2016,20（8）:3207-3244.

［188］Lei Qiao,Weidong Zhang.Double-loop integral terminal sliding mode tracking control for UUVs with adaptive dynamic compensation of Uncertainties and Disturbances［J］. IEEE Journal of Oceanic Engineering.2019 44（1）:29-53.

［189］Levin, Lisa A.; Baco, Amy R.; Bowden, David A.,et al.Hydrothermal Vents and Methane Seeps: Rethinking the Sphere of Influence［J］.FRONTIERS IN MARINE SCIENCE.2016,3.

［190］Li, Daoliang; Wang, Peng; Du, Ling,et al.Path Planning Technologies for Autonomous Underwater Vehicles-A Review［J］.IEEE ACCESS.2019,7:9745-9768.

［191］Li, Huidong; Deng, Z. Daniel; Carlson, Thomas J.,et al.Piezoelectric Materials Used in Underwater Acoustic Transducers［J］.SENSOR LETTERS.2012,10（3-4）:679-697.

［192］Li, Shaonan; Qu, Wenyu; Liu, Chunfeng,et al.Survey on high reliability wireless communication for underwater sensor networks［J］.JOURNAL OF NETWORK AND COMPUTER APPLICATIONS.2019,148.

［193］Li, Xinzheng.Taxonomic research on deep-sea macrofauna in the South China Sea using the Chinese deep-sea submersible Jiaolong［J］.INTEGRATIVE ZOOLOGY.2017,12（4）:270-282.

［194］Liam Paull,Sajad Saeedi,Mae Seto,et al.AUV navigation and localization:A review［J］.IEEE Journal of Oceanic Engineering,2014,39（1）:131-149.

［195］Liu Bohan,Liu Zhaojun,Men Shaojie,Li Yongfu,Ding Zhongjun,He Jiahao,Zhao Zhigang.Underwater Hyperspectral Imaging Technology and Its Applications for Detecting and Mapping the Seafloor: A Review［J］.Sensors（Basel）.2020,20（17）:4962.

［196］Liu, Guijie; Wang, Anyi; Wang, Xinbao,et al.A Review of Artificial Lateral Line in Sensor Fabrication and Bionic Applications for Robot Fish［J］.APPLIED BIONICS AND BIOMECHANICS.2016.

［197］Liu, Zhiqiang; Yoo, Kwang; Yang, T. C.,et al.Long-Range Double-Differentially Coded Spread-Spectrum Acoustic Communications With a Towed Array［J］.IEEE JOURNAL OF OCEANIC ENGINEERING.2014,39（3）:482-490.

［198］Lloyd's Register of Shipping,LR.Global Marine Fuel Trends 2030［R/OL］.

2014. https://www.lr.org/en/insights/global—marine—trends—2030/global—marine—fuel—trends—2030/.

［199］Lloyd's Register of Shipping,LR.Global Marine Technology Trends 2030［R/OL］. 2015. Global Marine Technology Trends 2030.

［200］Lloyd's Register of Shipping,LR.Global Marine Trends 2030［R/OL］. 2013. https://www.lr.org/en/insights/global—marine—trends—2030/.

［201］Lu, Huimin; Li, Yujie; Zhang, Yudong,et al.Underwater Optical Image Processing: a Comprehensive Review［J］.MOBILE NETWORKS & APPLICATIONS.2017,22（6）:1204—1211.

［202］Lu, Shyi—Min.A global survey of gas hydrate development and reserves: Specifically in the marine field（Retracted article. See vol. 64, pg. 851, 2016）［J］.RENEWABLE & SUSTAINABLE ENERGY REVIEWS.2015,41:884—900.

［203］Ludvigsen, Martin; Sorensen, Asgeir J.;,et al.Towards integrated autonomous underwater operations for ocean mapping and monitoring［J］.ANNUAL REVIEWS IN CONTROL.2016,42:145—157.

［204］Luo, Junhai; Fan, Liying; Wu, Shan,et al.Research on Localization Algorithms Based on Acoustic Communication for Underwater Sensor Networks［J］.SENSORS.2018,18（1）.

［205］Luo, Junhai; Han, Ying; Fan, Liying,et al.Underwater Acoustic Target Tracking: A Review［J］.SENSORS.2018,18（1）.

［206］M. Legg,M.K. Yücel,I. Garcia de Carellan,V. Kappatos,C. Selcuk,T.H. Gan. Acoustic methods for biofouling control: A review［J］.Ocean Engineering,2015,103（103）:.

［207］Macreadie, Peter I.; McLean, Dianne L.; Thomson, Paul G.,et al.Eyes in the sea: Unlocking the mysteries of the ocean using industrial, remotely operated vehicles（ROVs）［J］. SCIENCE OF THE TOTAL ENVIRONMENT.2018,634:1077—1091.

［208］Marine Energy Action Plan 2010［R/OL］. 2010.https://cdn.ca.emap.com/wp—content/uploads/sites/9/2010/03/MarineActionPlan—1.pdf

［209］Marine Natural Resource Management.OceanWatch Australia［R/OL］. 2017. https://www.oceanwatch.org.au/wp—content/uploads/2017/02/OceanWatch—Marine—NRM—Stakeholder—Engagement—Strategy.pdf

［210］Mat—Noh, Maziyah; Mohd—Mokhtar, Rosmiwati; Arshad, M. R.,et al.Review of sliding mode control application in autonomous underwater vehicles［J］.INDIAN JOURNAL OF GEO–MARINE SCIENCES.2019,48（7）:973–984.

［211］Merey, Sukru.Drilling of gas hydrate reservoirs［J］.JOURNAL OF NATURAL GAS SCIENCE AND ENGINEERING.2016,35:1167–1179.

［212］Miguel Castill ó n,Albert Palomer,Josep Forest,Pere Ridao.State of the Art of Underwater Active Optical 3D Scanners［J］.Sensors,2019,19（23）.

［213］Miller, Kathryn A.; Thompson, Kirsten F.; Johnston, Paul,et al.An Overview of Seabed Mining Including the Current State of Development, Environmental Impacts, and Knowledge Gaps［J］.FRONTIERS IN MARINE SCIENCE.2018,4.

［214］Muhammad Yasar Javaid,Mark Ovinis,T Nagarajan,et al.Underwater gliders:A review［J］.MATEC Web of Conferences,2014,（13）:02020.

［215］Muhammed, Dalhatu; Anisi, Mohammad Hossein; Zareei, Mahdi,et al.Game Theory–Based Cooperation for Underwater Acoustic Sensor Networks: Taxonomy, Review, Research Challenges and Directions［J］.SENSORS.2018,18（2）.

［216］National Marine Research & Innovation Strategy 2017–2021［R/OL］.2017. https://irishoceanliteracy.ie/wp–content/uploads/2019/02/nationalmarineresearchinnovationstrategy2021.pdf

［217］National Marine Science Committee.National Marine Science ｜ Plan Driving the development of Australia's blue economy 2015–2025［R/OL］.2015. https://www.marinescience.net.au/wp–content/uploads/2018/06/National–Marine–Science–Plan.pdf

［218］National Oceanography Centre,NOC.Taking the Lead The strategic priorities of the National Oceanography Centre［R/OL］.2010. https://new.noc.ac.uk/files/documents/about/NOC%20STRATEGY%20–%20WEB.pdf

［219］National Science and Technology Council,NSTC.Charting The Course For Ocean Science In The United States For The Next Decade［R/OL］.2007.https://obamawhitehouse.archives.gov/sites/default/files/microsites/ostp/orppfinal.pdf

［220］Natural Resource Management Ministerial Council.Australia's Biodiversity Conservation Strategy 2010–2030［R/OL］.2010. https://www.atse.org.au/wp–content/uploads/2019/02/20–year–australian–antarctic–strategic–plan.pdf

［221］Neveln, Izaak D.; Bai, Yang; Snyder, James B.,et al.Biomimetic and bio-inspired robotics in electric fish research［J］.JOURNAL OF EXPERIMENTAL BIOLOGY.2013,216（13）:2501-2514.

［222］NOAA.An Ocean Blueprint for the 21st Century［R/OL］. 2004. https://govinfo. library.unt.edu/oceancommission/newsnotices/watkins_testimony.pdf

［223］NOAA.NOAA Fisheries Clinate Science Strategy［R/OL］. 2015. https:// oceanexplorer.noaa.gov/about/what-we-do/program-review/next-gen-str-plan.pdf

［224］NOAA.NOAA Office of Ocean Exploration and Research［R/OL］. 2011. https:// oceanexplorer.noaa.gov/about/what-we-do/program-review/oe-program-history-overview.pdf

［225］NOAA.NOAA Strategic Plan for Deep-Sea Coral and Sponge Ecosystems［R/OL］. 2010. NOAA Strategic Plan for Deep-Sea Coral and Sponge Ecosystems

［226］NOAA.NOAA's Arctic vision and strategy［R/OL］. 2011. https://www.pmel.noaa. gov/arctic-zone/docs/NOAAArctic_V_S_2011.pdf

［227］NOAA.NOAA's Next-Generation Strategy Plan［R/OL］. 2010.NOAA's next-generation strategy plan

［228］NOAA.Ocean Exploration' s Second Decade［R/OL］. 2014. https://oeab.noaa. gov/wp-content/uploads/2020/Documents/noaa-response-to-sab-2014-04-14.pdf"

［229］NOAA.Strategic Human Capital Challenges［R/OL］. 2007.

［230］NOAA.Strategic Plan for Federal arch and Monitoring of Ocean Acidification［R/OL］. 2014. https://www.nodc.noaa.gov/oads/support/IWGOA_Strategic_Plan.pdf"

［231］NOAA.the report of ocean exploration 2020［R/OL］. 2013. https://www. oceanexplorer.woc.noaa.gov/oceanexploration2020/oe2020_report.pdf

［232］Oceans Policy Science Advisory Group.Marine Nation 2025: Marine Science to Support Australia's Blue Economy［R/OL］. 2013. https://www.sydney.edu.au/content/dam/ corporate/documents/faculty-of-science/research/Marine-Nation-2025.pdf

［233］Odijie, Agbomerie Charles; Wang, Facheng; Ye, Jianqiao,et al.A review of floating semisubmersible hull systems: Column stabilized unit［J］.OCEAN ENGINEERING. 2017,144:191-202.

［234］Olajire, Abass A..A review of oilfield scale management technology for oil and gas production ［J］.JOURNAL OF PETROLEUM SCIENCE AND ENGINEERING. 2015,135:723-737.

［235］Orsi William D.Ecology and evolution of seafloor and subseafloor microbial communities.［J］.Nature reviews. Microbiology,2018,16（11）.

［236］Oubei, Hassan M.; Shen, Chao; Kammoun, Abla,et al.Light based underwater wireless communications［J］.JAPANESE JOURNAL OF APPLIED PHYSICS.2018,57（8）.

［237］Parlangeli, Gianfranco; Indiveri, Giovanni;,et al.Single range observability for cooperative underactuated underwater vehicles［J］.ANNUAL REVIEWS IN CONTROL. 2015,40:129-141.

［238］Patil, Devendra; Song, Gangbing;,et al.A review of shape memory material's applications in the offshore oil and gas industry［J］.SMART MATERIALS AND STRUCTURES. 2017,26（9）.

［239］Pengyun Chen,Ye Li,Yumin Su,et al.Review of AUV underwater terrain matching navigation［J］.Journal of Navigation,2015,68（6）.

［240］Pettersen, Kristin Y.;;,et al.Snake robots［J］.ANNUAL REVIEWS IN CONTROL. 2017,44:19-44.

［241］Ping-Yu Chang,Tada-nori Goto,Xiangyun Hu,Evan Um.A review of electromagnetic exploration Techniques and their applications in East Asia［J］.Terrestrial, Atmospheric and Oceanic Sciences,2020,31（5）.

［242］Qiao, Gang; Babar, Zeeshan; Ma, Lu,et al.Channel Estimation and Equalization of Underwater Acoustic MIMO-OFDM Systems: A Review［J］.CANADIAN JOURNAL OF ELECTRICAL AND COMPUTER ENGINEERING-REVUE CANADIENNE DE GENIE ELECTRIQUE ET INFORMATIQUE.2019,42（4）:199-208.

［243］Qiao, Gang; Babar, Zeeshan; Ma, Lu,et al.MIMO-OFDM underwater acoustic communication systems-A review［J］.PHYSICAL COMMUNICATION.2017,23:56-64.

［244］Qiao, Gang; Bilal, Muhammad; Liu, Songzuo,et al.Biologically inspired covert underwater acoustic communication-A review［J］.PHYSICAL COMMUNICATION. 2018,30:107-114.

［245］QU Fengzhong,WANG Shiyuan,WU Zhihui,LIU Zubin.A Survey of Ranging

Algorithms and Localization Schemes in Underwater Acoustic Sensor Network［J］. 中国通信,2016,13（03）:66-81.

［246］R. Bachmayer, N. E. Leonard, J. Graver, E. Fiorelli, P. Bhatta and D. Paley, "Underwater gliders: recent developments and future applications,"?Proceedings of the 2004 International Symposium on Underwater Technology（IEEE Cat. No.04EX869）, 2004, pp. 195-200, doi: 10.1109/UT.2004.1405540.

［247］Raj, Aditi; Thakur, Atul;,et al.Fish-inspired robots: design, sensing, actuation, and autonomy-a review of research［J］.BIOINSPIRATION & BIOMIMETICS.2016,11（3）.

［248］Ramirez-Llodra, Eva; Trannum, Hilde C.; Evenset, Anita,et al.Submarine and deep-sea mine tailing placements: A review of current practices, environmental issues, natural analogs and knowledge gaps in Norway and internationally［J］.MARINE POLLUTION BULLETIN. 2015,97（1-2）:13-35.

［249］Reef 2050 Long-Term Sustainability Plan［R/OL］. 2014. https://www.environment.gov.au/marine/gbr/long-term-sustainability-plan

［250］Rhif, Ahmed.A Review Note for Position Control of an Autonomous Underwater Vehicle［J］.IETE TECHNICAL REVIEW.2011,28（6）:486-492.

［251］Ridao, Pere; Carreras, Marc; Ribas, David,et al.Intervention AUVs: The next challenge［J］.ANNUAL REVIEWS IN CONTROL.2015,40:227-241.

［252］Romano Capocci,Gerard Dooly,Edin Omerdi?,et al. Inspection-class remotely operated vehicles—A review［J］.Journal of Marine.2017,5（1）,13.

［253］Roper, D. T.; Sharma, S.; Sutton, R.,et al.A review of developments towards biologically inspired propulsion systems for autonomous underwater vehicles［J］. PROCEEDINGS OF THE INSTITUTION OF MECHANICAL ENGINEERS PART M-JOURNAL OF ENGINEERING FOR THE MARITIME ENVIRONMENT.2011,225（M2）:77-96.

［254］Rory Gibb,Ella Browning,Paul Glover - Kapfer,Kate E. Jones.Emerging opportunities and challenges for passive acoustics in ecological assessment and monitoring［J］. Methods in Ecology and Evolution,2019,10（2）:169-185.

［255］Rudnick Daniel L.Ocean research enabled by underwater gliders［J］.Annual Review of Marine Science,2016,8（1）:519-541.

〔256〕Rudnick, Daniel L..Ocean Research Enabled by Underwater Gliders〔J〕. ANNUAL REVIEW OF MARINE SCIENCE.2016,8:519–41.

〔257〕Ruppel, Carolyn D.; Kessler, John D..The interaction of climate change and methane hydrates〔J〕.REVIEWS OF GEOPHYSICS.2017,55（1）:126–168.

〔258〕Sahoo, Avilash; Dwivedy, Santosha K.; Robi, P. S.,et al.Advancements in the field of autonomous underwater vehicle〔J〕.OCEAN ENGINEERING.2019,181:145–160.

〔259〕Scaradozzi, David; Palmieri, Giacomo; Costa, Daniele,et al.BCF swimming locomotion for autonomous underwater robots: a review and a novel solution to improve control and efficiency〔J〕.OCEAN ENGINEERING.2017,130:437–453.

〔260〕Seabed 2030 Roadmap for Future Ocean Floor Mapping〔R/OL〕. 2017. https:// seabed2030.org/sites/default/files/documents/seabed_2030_roadmap_v11_2020.pdf

〔261〕Secretariat of the Global Environment Facility.Marine Debris as a Global Environmental Problem〔R/OL〕. 2011. https://www.thegef.org/sites/default/files/publications/ STAP_MarineDebris_–_website_1.pdf

〔262〕Senanayake, G..Acid leaching of metals from deep–sea manganese nodules – A critical review of fundamentals and applications〔J〕.MINERALS ENGINEERING.2011,24 （13）:1379–1396.

〔263〕Shim, Hyungwon; Jun, Bong–Huan; Lee, Pan–Mook,et al.Mobility and agility analysis of a multi–legged subsea robot system〔J〕.OCEAN ENGINEERING.2013,61 （15）:88–96.

〔264〕Shukla, Amit; Karki, Hamad;,et al.Application of robotics in offshore oil and gas industry–A review Part II〔J〕.ROBOTICS AND AUTONOMOUS SYSTEMS.2016,75:508–524.

〔265〕Siddall, R.; Kovac, M.;,et al.Launching the AquaMAV: bioinspired design for aerial–aquatic robotic platforms〔J〕.BIOINSPIRATION & BIOMIMETICS.2014,9（3）.

〔266〕Simetti, E.; Casalino, G.;,et al.Whole body control of a dual arm underwater vehicle manipulator system〔J〕.ANNUAL REVIEWS IN CONTROL.2015,40:191–200.

〔267〕Sivcev, Satja; Coleman, Joseph; Omerdic, Edin,et al.Underwater manipulators: A review〔J〕.OCEAN ENGINEERING.2018,163:431–450.

〔268〕Song, Yongchen; Yang, Lei; Zhao, Jiafei,et al.The status of natural gas hydrate research in China: A review［J］.RENEWABLE & SUSTAINABLE ENERGY REVIEWS.2014,31:778-791.

［269］Su, Xin; Ullah, Inam; Liu, Xiaofeng,et al.A Review of Underwater Localization Techniques, Algorithms, and Challenges［J］.JOURNAL OF SENSORS.2020.

［270］Sustainable Ocean Initiative Global Partnership Meeting Action Plan For The Sustainable Ocean Initiative（2015-2020）［R/OL］. 2014. https://www.cbd.int/doc/meetings/mar/soiom-2014-02/official/soiom-2014-02-actionplan-en.pdf

［271］Sward, Darryn; Monk, Jacquomo; Barrett, Neville,et al.A Systematic Review of Remotely Operated Vehicle Surveys for Visually Assessing Fish Assemblages［J］.FRONTIERS IN MARINE SCIENCE.2019,6.

［272］Tani, G.; Viviani, M.; Hallander, J.,et al.Propeller underwater radiated noise: A comparison between model scale measurements in two different facilities and full scale measurements［J］.APPLIED OCEAN RESEARCH.2016,56:48-66.

［273］Tao, Chunhui; Li, Huaiming; Jin, Xiaobing,et al.Seafloor hydrothermal activity and polymetallic sulfide exploration on the southwest Indian ridge［J］.CHINESE SCIENCE BULLETIN.2014,59（19）:2266-2276.

［274］Teague, Jonathan; Allen, Michael J.; Scott, Tom B.,et al.The potential of low-cost ROV for use in deep-sea mineral, ore prospecting and monitoring［J］.OCEAN ENGINEERING. 2018,147:333-339.

［275］Teixeira, Francisco Curado; Quintas, Joao; Pascoal, Antonio,et al.AUV terrain-aided navigation using a Doppler velocity logger［J］.ANNUAL REVIEWS IN CONTROL. 2016,42:166-176.

［276］The European Wind Energy Association,EWEA.Deep water The next step for offshore wind energy［R/OL］. 2013. https://tethys.pnnl.gov/sites/default/files/publications/EWEA-2013.pdf

［277］Tian, Baoqiang; Yu, Jiancheng;,et al.Current status and prospects of marine renewable energy applied in ocean robots［J］.INTERNATIONAL JOURNAL OF ENERGY RESEARCH.2019,43（6）:2016-2031.

［278］Tortorella Emiliana,Tedesco Pietro,Palma Esposito Fortunato,January

Grant Garren,Fani Renato,Jaspars Marcel,de Pascale Donatella.Antibiotics from Deep-SeaMiceroorganisms: Current Discoveries and perspectives［J］.Marine Drugs.2018,16(10),355.

［279］Tubau, Xavier; Canals, Miquel; Lastras, Galderic,et al.Marine litter on the floor of deep submarine canyons of the Northwestern Mediterranean Sea: The role of hydrodynamic processes［J］.PROGRESS IN OCEANOGRAPHY.2015,134:379-403.

［280］UKERC Marine（Wave and Tidal Current）Renewable Energy Technology Roadmap［R/OL］. 2007. http://ukerc.rl.ac.uk/Roadmaps/Marine/Tech_roadmap_summary%20HJMWMM.pdf

［281］United Nations Educational, Scientific and Cultural Organization.Blueprint for ocean and coastal sustainability［R/OL］. 2011. https://sustainabledevelopment.un.org/index.php?page=view&type=400&nr=792&menu=1515

［282］United Nations Educational, Scientific and Cultural Organization.United Nations Decade of Ocean Science for Sustainable Development（2021-2030）［R/OL］. 2018. https://www.dfo-mpo.gc.ca/campaign-campagne/un-decade-decennie-nu/docs/launch-presentation-evenement-lancement-2021-03-03-eng.pdf

［283］United Nations.Global Ocean Science Report［R/OL］. 2017.https://en.unesco.org/gosr

［284］United States National Research Council.Critical infrastructure for ocean research and societal needs in 2030［R/OL］. 2011. https://www.nap.edu/resource/13081/ocean-infrastructure-report-brief-final.pdf

［285］United States National Research Council.National Ocean Policy Implementation Plan［R/OL］. 2012. https://obamawhitehouse.archives.gov/sites/default/files/national_ocean_policy_implementation_plan.pdf

［286］United States National Research Council.Oceanography in 2025: Proceedings of a Workshop［R/OL］.Oceanography in 2025: Proceedings of a Workshop.

［287］United States National Research Council.Sea Change: 2015-2025 Decadal Survey of Ocean Sciences［R/OL］. 2015. http://www.ccpo.odu.edu/~klinck/Reprints/PDF/oceanNRC2015.pdf"

［288］University of Oregon; UO.Marine Studies Initiative 10-Year Strategic Plan 2016-

2025〔R/OL〕.2016. https://leadership.oregonstate.edu/sites/leadership.oregonstate.edu/files/marine-studies-initiative/strategic-plan/msi_strategic_plan_final_low-v2.pdf

〔289〕Vallicrosa, Guillem; Ridao, Pere;,et al.Sum of gaussian single beacon range-only localization for AUV homing〔J〕.ANNUAL REVIEWS IN CONTROL.2016,42:177-187.

〔290〕Vedachalam, Narayanaswamy; Ramadass, Gidugu Ananada; Atmanand, Malayath Aravindakshan,et al.Review of Technological Advancements and HSE-Based Safety Model for Deep-Water Human Occupied Vehicles〔J〕.MARINE TECHNOLOGY SOCIETY JOURNAL.2014,48（3）:25-42.

〔291〕Waller, Catherine L.; Griffiths, Huw J.; Waluda, Claire M.,et al.Microplastics in the Antarctic marine system: An emerging area of research〔J〕.SCIENCE OF THE TOTAL ENVIRONMENT.2017,598:220-227.

〔292〕Wallmann, Klaus; Pinero, Elena; Burwicz, Ewa,et al.The Global Inventory of Methane Hydrate in Marine Sediments: A Theoretical Approach〔J〕.ENERGIES.2012,5（7）:2449-2498.

〔293〕Wang, YingYing; Zhao, Yu; Zheng, Wei,et al.Beyond Self-Cleaning: Next Generation Smart Nanoscale Manipulators and Prospects for Subsea Production System〔J〕.JOURNAL OF NANOSCIENCE AND NANOTECHNOLOGY.2017,17（12）:8623-8639.

〔294〕Whitt, Christopher; Pearlman, Jay; Polagye, Brian,et al.Future Vision for Autonomous Ocean Observations〔J〕.FRONTIERS IN MARINE SCIENCE.2020,7.

〔295〕WHOI.20 Facts About Ocean Acidification〔R/OL〕.2013. http://wsg.washington.edu/wordpress/wp-content/uploads/outreach/ocean-acidification/20-facts-English.pdf

〔296〕Wolfgang Gl nzel,Koenraad Debackere,Martin Meyer, 刘俊婉."三极对垒"还是"四分天下"——中国在全球科技中的新角色〔J〕.科学观察,2007,2（1）:1-9.

〔297〕Won-Shik Chu,Kyung-Tae Lee,Sung-Hyuk Song,et al.Review of biomimetic underwater robots using smart actuators〔J〕.Intemational Journal of Precision Engineering and Manufacturing.2012,7（13）:1281-1292.

〔298〕World Energy Resources Marine Energy 2016〔R/OL〕.2016. http://large.stanford.edu/courses/2018/ph240/rogers2/docs/wec-2016.pdf

〔299〕Wu, Yinghao; Ta, Xuxiang; Xiao, Ruichao,et al.Survey of underwater robot positioning navigation.APPLIED OCEAN RESEARCH［J］.2019,90.

［300］Xia, Menglu; Rouseff, Daniel; Ritcey, James A.,et al.Underwater Acoustic Communication in a Highly Refractive Environment Using SC-FDE［J］.IEEE JOURNAL OF OCEANIC ENGINEERING.2014,39（3）:491-499.

［301］Xin ZHang.A Review of Advances in Deep-Ocean Raman Spectroscopy［J］. Applied Spectroscopy,2012,66（3）:237-249.

［302］Xu, Chun-Gang; Li, Xiao-Sen;,et al.Research progress on methane production from natural gas hydrates［J］.RSC ADVANCES.2015,5（67）:54672-54699.

［303］Yang, Lei; Liu, Yulong; Zhang, Hanquan,et al.Materials and corrosion trends in offshore and subsea oil and gas production［J］.NPJ MATERIALS DEGRADATION.2017,1(1):-

［304］Yu, Junzhi; Wang, Ming; Dong, Huifang,et al.Motion Control and Motion Coordination of Bionic Robotic Fish: A Review［J］.JOURNAL OF BIONIC ENGINEERING. 2018,15（4）:579-598.

［305］Yuan, Guanghui; Cao, Yingchang; Schulz, Hans-Martin,et al.A review of feldspar alteration and its geological significance in sedimentary basins: From shallow aquifers to deep hydrocarbon reservoirs［J］.EARTH-SCIENCE REVIEWS.2019,191:114-140.

［306］Zereik, Enrica; Bibuli, Marco; Miskovic, Nikola,et al.Challenges and future trends in marine robotics［J］.ANNUAL REVIEWS IN CONTROL.2018,46:350-368.

［307］Zhang, Tongwei; Tang, Jialing; Qin, Shengjie,et al.Review of Navigation and Positioning of Deep-sea Manned Submersibles［J］.JOURNAL OF NAVIGATION.2019,72 （4）:1021-1034.

［308］Zhang, Xin; Kirkwood, William J.; Walz, Peter M.,et al.A Review of Advances in Deep-Ocean Raman Spectroscopy［J］.APPLIED SPECTROSCOPY.2012,66（3）:237-249.

［309］Zhang, Yanwu; Ryan, John P.; Kieft, Brian,et al.Targeted Sampling by Autonomous Underwater Vehicles［J］.FRONTIERS IN MARINE SCIENCE.2019,6.

［310］Zhenwei Guo,Guoqiang Xue,Jianxin Liu,Xin Wu.Electromagnetic methods for mineral exploration in China: A review［J］.Ore Geology Reviews,2020（118）:103357.

附录　深海科技领域相关重点项目列表

以下为深海科技领域相关重点项目不完全统计。

一、美国 NSF 在深海科学及深潜器领域资助的重点项目

1. 深海科学

将检索到的项目按资助金额排序，2016 年以来 NSF 深海科学领域资助金额超过一百万美元的重点项目列表如附表 1 至附表 8。

附表 1　美国 NSF 深海科学领域项目重点项目

序号	项目名称	项目名称（机翻）	起始年份	承担机构	项目金额（美元）
1	Community Seafloor Geodetic Infrastructure for the Measurement of Deformation	用于测量变形的社区海底大地测量基础设施	2019	University of California-San Diego Scripps Inst of Oceanography 加利福尼亚大学圣地亚哥斯克里普斯海洋学研究所	5,467,472
2	Collaborative Research: An Observational and Modeling Study of the Physical Processes Driving Exchanges between the Shelf and the Deep Ocean At Cape Hatteras	合作研究：哈特拉斯角大陆架与深海之间的物理过程的观测与模拟研究	2016	Woods Hole Oceanographic Institution 伍兹霍尔海洋研究所	4,979,871
3	Collaborative research: Quantifying the biological, chemical, and physical linkages between chemosynthetic communities and the surrounding deep sea	合作研究：量化化学合成群落与周围深海之间的生物、化学和物理联系	2016	University of California-San Diego Scripps Inst of Oceanography 加利福尼亚大学圣地亚哥斯克里普斯海洋学研究所	1,824,215

序号	项目名称	项目名称（机翻）	起始年份	承担机构	项目金额（美元）
4	Collaborative Research: dispersal depth and the transport of deep-sea, methane-seep larvae around a biogeographic barrier	合作研究：深海甲烷渗漏幼虫在生物地理屏障周围的扩散深度和转移	2019	North Carolina State University 北卡罗来纳州立大学	1,700,309
5	The energetic assembly of biological communities: a test with deep-sea woodfalls	生物群落的能量聚集：深海森林瀑布的试验	2017	Louisiana Universities Marine Corsortium 路易斯安那大学海洋公司	1,495,650
6	Collaborative Research: Ultraviolet（UV）-MultiSpectral-Polarization 3D Imaging of the Underwater World	合作研究：水下世界的紫外多光谱偏振三维成像	2016	University of Texas at Austin 得克萨斯大学奥斯汀分校	1,438,984
7	Collaborative Research: Hydraulic Control and Mixing of the Deep Ocean Flow through the Samoan Passage	合作研究：萨摩亚航道深海水流的水力控制和混合	2017	University of California-San Diego Scripps Inst of Oceanography 加利福尼亚大学圣地亚哥斯克里普斯海洋学研究所	1,357,532
8	Collaborative Research: A multidimensional approach to understanding microbial carbon cycling beneath the seafloor during cool hydrothermal circulation	合作研究：了解低温热液循环期间海底微生物碳循环的多维方法	2016	Marine Biological Laboratory; Harvard University 海洋生物实验室；哈佛大学	1,353,283
9	NRI: INT: Co-Multi-Robotic Exploration of the Benthic Seafloor - New Methods for Distributed Scene Understanding and Exploration in the Presence of Communication Constraints	NRI:INT:Co 多机器人海底探测－通信约束下分布式场景理解和探索的新方法	2018	Woods Hole Oceanographic Institution 伍兹霍尔海洋研究所	1,337,101

序号	项目名称	项目名称（机翻）	起始年份	承担机构	项目金额（美元）
10	BIGDATA: Collaborative Research: IA: Quantifying Plankton Diversity with Taxonomy and Attribute Based Classifiers of Underwater Microscope Images	BIGDATA：协作研究：IA：利用水下显微镜图像的分类学和基于属性的分类器量化浮游生物多样性	2016	University of California-San Diego Scripps Inst of Oceanography 加利福尼亚大学圣地亚哥斯克里普斯海洋学研究所	1,199,485
11	SBIR Phase II: Megabit-Per-Second Underwater Wireless Communications	SBIR第二阶段：每秒兆位水下无线通信	2016	OceanComm Incorporated 海洋comm公司	1,178,187
12	NRI: INT: COLLAB: Shared Autonomy for Unstructured Underwater Environments through Vision and Language	NRI:INT: COLLAB：通过视觉和语言实现非结构化水下环境的共享自治	2018	Woods Hole Oceanographic Institution 伍兹霍尔海洋研究所	1,173,259
13	MRI: SEANet: Development of a Software-Defined Networking Testbed for the Internet of Underwater Things	MRI:SEANet：为水下物联网开发软件定义的网络试验台	2017	Northeastern University 东北大学	1,107,999
14	Renewal to（NSF）OCE-1262752: Seafloor Samples Laboratory	更新至（NSF）OCE-1262752：海底样品实验室	2016	Woods Hole Oceanographic Institution 伍兹霍尔海洋研究所	1,071,547

2. 深潜器

将检索到的项目按资助金额排序，2015年以来NSF深潜器领域资助金额超过1百万美元的重点项目列表如下。

附表 2　美国 NSF 深潜器领域项目重点项目

序号	项目名称	项目名称（机翻）	起始年份	承担机构	项目金额（美元）
1	National Deep Submergence Facility（CY16-CY20）	国家深潜设施（2016—2020年）	2016	Woods Hole Oceanographic Institution 伍兹霍尔海洋研究所	30,117,852
2	Collaborative Research: Seasonal Sea Ice Production in the Ross Sea, Antarctica	合作研究：南极罗斯海季节性海冰的形成	2015	University of Texas at San Antonio；Woods Hole Oceanographic Institution；University of Colorado at Boulder 德克萨斯大学圣安东尼奥分校；伍兹霍尔海洋学研究所；科罗拉多大学博尔德分校	1,679,690
3	SBIR Phase II: Collaborative Subsea Manipulation Interface	小企业创新研究计划第二阶段项目：海底协同操作界面	2016	BluHaptics Inc BluHaptics 公司	1,396,184
4	Collaborative Research: Developing a profiling glider pH sensor for high resolution coastal ocean acidification monitoring	合作研究：开发用于高精度沿海海洋酸化监测的水下滑翔机 pH 传感器	2016	Rutgers University New Brunswick；University of Delaware 新泽西州立罗格斯大学；特拉华大学	1,144,906
5	SBIR Phase II: Megabit-Per-Second Underwater Wireless Communications	SBIR 第二阶段：每秒兆位水下无线通信	2015	OceanComm Incorporated 海洋 comm 公司	1,100,186
6	Collaborative Research: NCS-FO: A Computational Neuroscience Framework for Olfactory Scene Analysis within Complex Fluid Environments	协作研究：NCS-FO：复杂流体环境中嗅觉场景分析的计算神经科学框架	2016	University of Florida；University of Virginia Main Campus 佛罗里达大学；弗吉尼亚大学	1,012,814
7	S&AS: INT: Taskable and Adaptable Autonomy for Heterogeneous Marine Vehicles	S&AS:INT：异构海上车辆的可任务和自适应自治	2017	Oregon State University 俄勒冈州立大学	1,008,000

序号	项目名称	项目名称（机翻）	起始年份	承担机构	项目金额（美元）
8	NNA: Collaborative Research: Navigating the New Arctic；Advanced Technology for Persistent, Long-Range, Autonomous Under-Ice Observation	国家海洋局：合作研究：在新北极航行；持续、远程、自主冰下观测的先进技术	2018	Woods Hole Oceanographic Institution；Massachusetts Institute of Technology 伍兹霍尔海洋研究所；麻省理工学院	1,001,760
9	NeTS: Cognitive Networking of the Oceans: Localization and Tracking Fundamentals	网络：海洋认知网络：定位和跟踪基础	2017	SUNY at Buffalo；Florida Atlantic University 纽约州立大学布法罗分校；佛罗里达大西洋大学	1,000,000

二、欧盟 H2020 在深海科学及深潜器领域资助的重点项目

1. 深海科学

将检索到的项目按资助金额排序，2016 年以来 H2020 在深海科学领域资助金额超过 1 百万欧元的重点项目列表如附表 3、附表 4。

附表 3　欧盟 H2020 深海科学领域项目重点项目

序号	项目名称	项目名称（机翻）	起始年份	项目协调单位	项目协调国家	项目参与国家	项目金额（欧元）
1	Deep-sea Sponge Grounds Ecosystems of the North Atlantic: an integrated approach towards their preservation and sustainable exploitation	北大西洋深海海绵基地生态系统：保护和可持续开发的综合方法	2016	UNIVERSITETET I BERGEN 卑尔根大学	NO 挪威	PT 葡萄牙；ES 西班牙；IT 意大利；CA 加拿大；NL 荷兰；UK 英国；SE 瑞典；DE 德国；US 美国	10,225,865.25

续表

序号	项目名称	项目名称（机翻）	起始年份	项目协调单位	项目协调国家	项目参与国家	项目金额（欧元）
2	A Trans-AtLantic Assessment and deep-water ecosystem-based Spatial management plan for Europe	欧洲跨大西洋评估和基于深水生态系统的空间管理计划	2016	THE UNIVERSITY OF EDINBURGH 爱丁堡大学	UK 英国	NO 挪威；DK 丹麦；ES 西班牙；UK 英国；IE 爱尔兰；PT 葡萄牙；NL 荷兰；US 美国；BE 比利时；DE 德国；FR 法国	9,207,915.61
3	Breakthrough Solutions for the Sustainable Harvesting and Processing of Deep Sea Polymetallic Nodules	可持续捕捞和加工深海多金属结核的突破性解决办法	2016	IHC MINING BV IHC 矿业公司	NL 荷兰	BE 比利时；DK 丹麦；UK 英国；FR 法国；HU 匈牙利；DE 德国；NL 荷兰；ES 西班牙；NO 挪威	7,991,137.50
4	Autonomous Underwater Explorer for Flooded Mines	水雷自动水下探测器	2016	MISKOLCI EGYETEM 米什科尔茨大学	HU 匈牙利	ES 西班牙；FI 芬兰；PT 葡萄牙；FR 法国；HU 匈牙利；SI 斯洛文尼亚；UK 英国	4,862,865.00

续表

序号	项目名称	项目名称（机翻）	起始年份	项目协调单位	项目协调国家	项目参与国家	项目金额（欧元）
5	Fiber Optic Cable Use for Seafloor studies of earthquake hazard and deformation	海底地震灾害和变形研究用光缆	2018	CENTRE NATIONAL DE LA RECHERCHE SCIENTIFIQUE CNRS 法国国家科学研究中心	FR 法国	FR 法国	3,487,910.63
6	Advanced VR, iMmersive serious games and Augmented REality as tools to raise awareness and access to European underwater CULTURal heritagE.	先进的虚拟现实技术、身临其境的严肃游戏和增强现实技术是提高人们对欧洲水下文化遗产的认识和了解的工具	2016	TECHNOLOGIKO PANEPISTIMIO KYPROU 塞浦路斯科技大学	CY 塞浦路斯	CZ 捷克；CY 塞浦路斯；HU 匈牙利；PT 葡萄牙；BA 波斯尼亚和黑塞哥维那；CA 加拿大；FR 法国；IT 意大利	2,644,025.00
7	Guided（Ultra）sonic Waves for High Performance Deepwater Pipeline Inspection	用于高性能深水管道检测的导（超声）声波	2017	DACON AS 达康	NO 挪威	IT 意大利	2,158,537.50
8	UnderWater Information Technology（UWIT）	水下信息技术	2016	ALLECO OY 阿莱科	FI 芬兰		1,194,875.00

附表 4　欧盟 H2020 深潜器领域项目重点项目

序号	项目名称	项目名称（机翻）	起始年份	项目协调单位	项目协调国家	项目参与国家	项目金额（欧元）
1	Smart and Networking UnderWAter Robots in Cooperation Meshes	协作网格中的智能网络水下机器人	2015	UNIVERSIDAD POLITECNICA DE MADRID 马德里理工大学	ES 西班牙	FR 法国；SE 瑞典；PT 葡萄牙；NO 挪威；DE 德国；ES 西班牙；NL 荷兰；RO 罗马尼亚；IT 意大利；TR 土耳其	17,294,253.50
2	Bringing together Research and Industry for the Development of Glider Environmental Services	汇集研究和工业发展滑翔机环境服务	2015	ASSOCIATION POUR LA RECHERCHE ET LE DEVELOPPEMENT DES METHODES ET PROCESSUS INDUSTRIELS 工业方法和工艺研究与开发协会	FR 法国	FR 法国；NL 荷兰；ES 西班牙；PT 葡萄牙；NO 挪威；CY 塞浦路斯；DE 德国；UK 英国；IL 以色列	7,791,810.00
3	Robotic subsea exploration technologies	机器人海底探测技术	2015	TWI LIMITED TWI 有限责任公司	UK 英国	DE 德国；IT 意大利；ES 西班牙；FR 法国；CY 塞浦路斯	5,986,722.50
4	Dexterous ROV: effective dexterous ROV operations in presence of communication latencies.	灵巧 ROV：在存在通信延迟的情况下有效的灵巧 ROV 操作	2015	SPACE APPLICATIONS SERVICES NV 空间应用服务公司	BE 比利时	IT 意大利；DE 德国；CH 瑞士；FR 法国；NL 荷兰	5,336,006.25

序号	项目名称	项目名称（机翻）	起始年份	项目协调单位	项目协调国家	项目参与国家	项目金额（欧元）
5	Autonomous Underwater Explorer for Flooded Mines	水雷自动水下探测器	2016	MISKOLCI EGYETEM 米什科尔茨大学	HU 匈牙利	ES 西班牙；FI 芬兰；PT 葡萄牙；FR 法国；HU 匈牙利；SI 斯洛文尼亚；UK 英国	4,862,865.00
6	SUBMARINE CULTURES PERFORM LONG-TERM ROBOTIC EXPLORATION OF UNCONVENTIONAL ENVIRONMENTAL NICHES	海底文化进行长期的机器人探索非传统的环境生态位	2015	UNIVERSITAET GRAZ 格拉茨大学	AT 奥地利	IT 意大利；HR 克罗地亚；BE 比利时；FR 法国；DE 德国	3,987,650.75
7	Widely scalable Mobile Underwater Sonar Technology	可扩展的移动式水下声呐技术	2015	UNIVERSITA DEGLI STUDI DI GENOVA 热那亚大学	IT 意大利	DE 德国；UK 英国；IT 意大利；PT 葡萄牙；FR 法国；NL 荷兰	3,970,081.25
8	COMPASS: Climate-relevant Ocean Measurements and Processes on the Antarctic continental Shelf and Slope	COMPASS: 南极大陆架和斜坡上与气候有关的海洋测量和过程	2017	UNIVERSITY OF EAST ANGLIA 东英吉利大学	UK 英国		3,499,270.00

序号	项目名称	项目名称（机翻）	起始年份	项目协调单位	项目协调国家	项目参与国家	项目金额（欧元）
9	Large-scale piloting and market maturation of a disruptive technology comprising a fully automatic survey system dramatically reducing the operational cost of handling swarms of autonomous sensornodes	大规模试点和市场成熟的颠覆性技术，包括一个全自动调查系统，大大降低了处理成群的自主传感器节点的运营成本	2016	Abyssus Marine Services AS 深渊海事服务公司	NO 挪威	NO 挪威	3,289,320.00
10	Guided□Ultra）sonic Waves for High Performance Deepwater Pipeline Inspection	用于高性能深水管道检测的导（超声）声波	2017	DACON AS 达康	NO 挪威	IT 意大利	2,158,537.50

三、日本 KAKEN 在深海科学及深潜器领域资助的重点项目

1. 深海科学

将检索到的项目按资助金额排序，2016 年以来 KAKEN 在深海科学领域资助金额超过 2 千万日元的重点项目如附表 5。

附表 5　日本 KAKEN 深海科学领域项目重点项目

序号	项目名称（日文）	项目名称（中文）	起始年份	承担机构	项目金额（日元）
1	過去 600 万年間にわたる大気中二酸化炭素濃度と気候の相互作用の解明	过去 600 万年间大气中二氧化碳浓度和气候相互作用的阐明	2019	北海道大学	202,150,000
2	巨大地震の裏側～巨大化させないメカニズム	在大地震的幕后－一种使之无法巨大化的机制	2019	東北大学	201,370,000
3	浅海底地形学を基にした沿岸域の先進的学際研究－三次元海底地形で開くパラダイムー	基于浅海地貌学的沿海地区高级跨学科研究－以三维海底地形为基础的的范式	2016	九州大学	164,580,000
4	水圏におけるウイルス－宿主間の感染・共存機構の解明	水域病毒与宿主之间的感染及共存机制的阐明	2016	高知大学	117,650,000
5	革新的再現実験から解読する生命の起源と初期進化を支えた原始地球窒素循環	创新性繁殖实验破译的原始地球氮循环支持生命的起源和早期进化	2017	国立研究開発法人海洋研究開発機構	44,460,000
6	北西太平洋の海溝域に生息する深海底生動物の多様性と進化機構の網羅的解明	居住在西北太平洋海沟的深海海底动物的多样性和进化机制的全面阐明	2019	東京大学	41,860,000
7	サンゴ礁生態系の変動を生物音で観測する	用生物声音观察珊瑚礁生态系统的变化	2017	国立研究開発法人水産研究・教育機構	38,350,000
8	地球第三の生態系＝電気合成微生物生態系の証明とその生態学的意義の解明	地球的第三个生态系统＝电合成微生物生态系统的证明及其生态意义的阐明	2018	国立研究開発法人海洋研究開発機構	25,740,000
9	高感度同位体追跡と分離培養で拓く地下圏炭素・エネルギー動態の基軸をなす新生物機能	高灵敏度同位素跟踪和隔离培养开创的新生物功能，成为地下碳和能量动力学的基础	2016	国立研究開発法人産業技術総合研究所	24,310,000

2. 深潜器

将检索到的项目按资助金额排序，2015 年以来 KAKEN 在深潜器领域资助金额超过 1 千万日元的重点项目如附表 6。

附表 6　日本 KAKEN 深潜器领域项目重点项目

序号	项目名称（日文）	项目名称（中文）	起始年份	承担机构	项目金额（日元）
1	未探查領域への挑戦	挑战未开发地区	2017	国立極地研究所，研究教育系	236,990,000
2	海底センサネットワークとの連携による AUV の長期広域展開手法	与水下传感器网络合作的水下机器人的长期广域部署方法	2016	東京大学，生产技術研究所	45,110,000
3	高性能海底地震計の革新的機能高度化へ向けた開発研究	高性能海底地震仪功能创新的开发研究	2015	東京大学，地震研究所	41,210,000
4	酸素同位体観測による南極沿岸海洋への氷床融解水流入の直接評価	通过氧同位素观测直接评估冰层融解水流入南极沿海海洋的能力	2017	北海道大学，低温科学研究所	41,080,000
5	海底の広域かつ詳細な観測を実現する次世代型 AUV	实现海底广域详细观测的下一代 AUV	2017	東京大学，生产技術研究所	26,000,000
6	高性能 AUV を核とした AUV ネットワークによる海底の協調探査手法	以高性能 AUV 为中心的 AUV 网络海底协调勘探方法	2018	東京大学，生产技術研究所	17,940,000
7	北海道周辺海域におけるメタンハイドレートの生成メカニズムと資源化アプローチ	北海道附近海域甲烷水合物的产生机理和资源回收途径	2017	北見工業大学，工学部	16,900,000
8	単独の基準点との音響測距を基にした効率的・高精度な AUV ナビゲーションの研究開発	基于单参考点声距测量的高效高精度 AUV 导航的研究与开发	2018	国立研究開発法人海洋研究開発機構，海洋工学センター	14,690,000

四、英国 UKRI 在深海科学及深潜器领域资助的重点项目

1. 深海科学

将检索到的项目按资助金额排序，2016 年以来 UKRI 在深海科学领域资助金额超过 50 万英镑的重点项目如附表 7。

附表 7 英国 UKRI 深海科学领域项目重点项目

序号	项目名称（英文）	项目名称（中文）	起始年份	承担机构	项目金额（英镑）
1	USMART-smart dust for large scale underwater wireless sensing	USMART– 用于大规模水下无线传感的智能灰尘	2017	Newcastle University（纽卡斯尔大学）	1,284,428
2	SubSeaLase-Underwater laser cutting for high-speed and lower cost decommissioning of off-shore structures	海底激光 – 水下激光切割，用于海上结构物的高速和低成本退役	2016	Underwater Cutting Solutions Ltd（水下切割解决方案有限公司）	1,062,203
3	Advancing Underwater Vision for 3D Phase 2（AUV3D-P2）	推进水下视觉 3D 第二阶段（AUV3D–P2）	2018	Rovco Limited（洛富克有限责任公司）	1,003,109
4	Collaborative Technology Hardened for Underwater and Littoral Hazardous Environments	针对水下和沿海危险环境强化的协作技术	2018	QinetiQ Limited	947,656
5	Developing a Global Listening Network for Turbidity Currents and Seafloor Processes	为浊流和海底过程开发一个全球听觉网络	2019	Durham University（杜伦大学）	643,714
6	Mapping in the Background: Scalable capabilities using low-cost passive robotic systems for seafloor imaging	背景测绘：使用低成本被动机器人系统进行海底成像的可扩展功能	2018	University of Southampton（南安普顿大学）	622,070
7	Characterization of major overburden leakage pathways above sub-seafloor CO2 storage reservoirs in the North Sea（CHIMNEY）	北海海底二氧化碳储存库上方主要覆盖层渗漏路径特征	2016	University of Southampton（南安普顿大学）	613,314

序号	项目名称（英文）	项目名称（中文）	起始年份	承担机构	项目金额（英镑）
8	Enabling low cost AUV technology: Development of smart networks & AI based navigation for dynamic underwater environments	实现低成本 AUV 技术：针对动态水下环境开发智能网络和基于 AI 的导航	2018	Planet Ocean Limited （星球海洋有限公司）	602,589
9	Deep Water: Hydrous Silicate Melts and the Transition Zone Water Filter	深水：含水硅酸盐熔体和过渡带滤水器	2016	University of Bristol （布里斯托大学）	586,069
10	Southern Ocean Pathways to Deep Ocean Ventilation	南大洋深海通风通道	2017	University of Oxford （牛津大学）	526,515
11	The Changing Arctic Ocean Seafloor□ChAOS）-how changing sea ice conditions impact biological communities, biogeochemical processes and ecosystems	变化的北冰洋海底（ChAOS）-变化的海冰状况如何影响生物群落、生物地球化学过程和生态系统	2017	University of Leeds （利兹大学）	508,106
12	Reconstructing intermediate and deep ocean circulation during the Pliocene warm period	上新世暖期中深海环流的重建	2016	University of Cambridge （剑桥大学）	507,224

2. 深潜器

将检索到的项目按资助金额排序，2015 年以来 UKRI 在深潜器领域资助金额的重点项目如附表 8。

附表 8 英国 UKRI 深潜器领域项目重点项目

序号	项目名称（英文）	项目名称（中文）	起始年份	承担机构	项目金额（英镑）
1	Project Anemoi	Anemoi 项目	2018	Soil Machine Dynamics Limited（土壤机械动力学有限公司）	1,122,355
2	Precise Positioning for Persistent AUVs	持久 AUV 的精确定位	2017	Sonardyne International Limited（索纳达国际有限公司）	822,985
3	Pressure Tolerant Lithium Sulfur Battery for Marine Autonomous Systems	船用自主系统耐压锂硫电池	2015	Steatite Limited（滑石有限公司）	752,497
4	Enabling low cost AUV technology: Development of smart networks & AI based navigation for dynamic underwater environments	实现低成本 AUV 技术：针对动态水下环境开发智能网络和基于 AI 的导航	2018	Planet Ocean Limited（星球海洋有限公司）	602,589
5	Launch & Recovery of Multiple AUVs from an USV	从 USV 发射和回收多个 AUV	2015	Planet Ocean Limited（星球海洋有限公司）	481,389
6	Robots Under Ice: Gathering Ice Hazard Data from Below	冰下机器人：从下面收集冰灾数据	2018	Thurn Group Ltd.（瑟恩集团有限公司）	146,566
7	Advancing Underwater Vision for 3D□AUV3D）	推进 3D 水下视觉（AUV3D）	2017	Rovco Limited（洛富克有限责任公司）	140,469
8	SonarDock - SonarBell aided AUV Docking	声呐坞－声呐钟辅助 AUV 对接	2016	Subsea Asset Location Technologies Limited（海底定位技术有限公司）	83,108